高等学校电子信息类
系列教材

U0210220

单片机原理与应用实用教程

基于Keil C与Proteus

牟淑杰　荆　珂　主编

化学工业出版社

·北京·

内容简介

本书详细介绍了 AT89S51 单片机的硬件结构及工作原理，采用汇编语言和 C51 语言编程，运用了 Proteus 仿真技术，展现了单片机应用实例。全书分为 12 章，主要内容为单片机概述，单片机的硬件结构，MCS-51 系列单片机的指令系统与汇编语言程序设计，MCS-51 系列单片机 C51 语言程序设计，单片机人机交互通道的接口技术，AT89S51 单片机的中断系统与定时器/计数器，单片机的存储器及 I/O 口扩展技术、串行通信接口技术、串行扩展技术、输入输出通道接口技术、应用系统设计，Proteus 可视化设计。

本书内容全面，叙述清楚，理论联系实际，突出实用特色，可作为以应用型人才培养为宗旨的本专科院校的电气类、电子信息类及相近专业单片机课程的教材和教师的参考用书，也可作为单片机爱好者的自学用书。

图书在版编目（CIP）数据

单片机原理与应用实用教程：基于 Keil C 与 Proteus/牟淑杰，荆珂主编. —北京：化学工业出版社，2022.6
高等学校电子信息类系列教材
ISBN 978-7-122-41636-0

Ⅰ. ①单… Ⅱ. ①牟… ②荆… Ⅲ. ①单片微型计算机-高等学校-教材 Ⅳ. ①TP368.1

中国版本图书馆 CIP 数据核字（2022）第 100383 号

责任编辑：郝英华　　　　　　　　　　　　文字编辑：吴开亮
责任校对：李雨晴　　　　　　　　　　　　装帧设计：史利平

出版发行：化学工业出版社（北京市东城区青年湖南街 13 号　邮政编码 100011）
印　　装：大厂聚鑫印刷有限责任公司
787mm×1092mm　1/16　印张 20　字数 521 千字　2022 年 6 月北京第 1 版第 1 次印刷

购书咨询：010-64518888　　　　　　　　　　售后服务：010-64518899
网　　址：http://www.cip.com.cn
凡购买本书，如有缺损质量问题，本社销售中心负责调换。

定　　价：68.00 元

前 言

　　随着计算机技术的飞速发展和普及，单片机以其体积小、功能强大、应用灵活和性能价格比高等优点，在工业控制、智能仪表、数据采集系统和各种家用电器等领域得到了广泛的应用。Intel公司以专利转让或技术交换的形式把 MCS-51 系列单片机的内核技术转让给许多国际上著名的半导体芯片生产厂家，以 MCS-51 系列单片机内核技术为主导的单片机成为许多厂家及公司竞相选用的对象。尽管 16 位和 32 位单片机不断推出，但在目前的单片机应用中，8 位单片机尤其是各种与 MCS-51 系列单片机兼容的单片机仍占主导地位。Atmel 公司生产的 AT89S5×单片机在世界 8 位单片机市场占有很大的份额，是替代 MCS-51 系列单片机的主要机型。该系列中AT89S51 单片机是目前与 MCS-51 系列单片机兼容的最具典型性、代表性的机种，同时也是各种增强型、扩展型等衍生品种的基础。所以，本书重点介绍 Atmel 公司生产的 AT89S51 单片机的工作原理及应用系统设计。

　　本书围绕应用型本科院校加强技术应用能力、培养技术技能型人才的目的，以知识目标、技能目标为主线，在内容的组织上，以应用为导向、完成任务为目的，介绍 AT89S51 单片机的基本知识，将软硬件结合、知识点和技能点结合，既实现了知识的全面性和连贯性，又做到了理论与实践内容的融会贯通。同时将先进的单片机系统设计与仿真平台 Proteus 作为主要教学手段，仿真了大量的实用程序及案例，利用电路仿真图代替电路原理图，使人身临其境。程序经过实践验证，并提供 Proteus 设计文件和源程序，学习单片机容易上手，真正给读者带来学习单片机的乐趣。

　　全书以 AT89S51 单片机为对象，以 Proteus 软件和 Keil 软件为教学、设计开发平台，以实际应用中常见的单片机系统案例为任务，为学生主体动手参与创造了条件。全书共分为 12 章及附录：第 1 章为单片机概述；第 2 章为单片机的硬件结构；第 3 章为 MCS-51 系列单片机的指令系统与汇编语言程序设计；第 4 章为 MCS-51 系列单片机 C51 语言程序设计；第 5 章为单片机人机交互通道的接口技术；第 6 章为 AT89S51 单片机中断系统与定时器/计数器；第 7 章为单片机的存储器及 I/O 口扩展技术；第 8 章为单片机串行通信接口技术；第 9 章为单片机的串行扩展技术；第 10 章为单片机输入输出通道接口技术；第 11 章为单片机应用系统设计；第 12 章为 Proteus

可视化设计。

本书配套有 PPT、源程序代码、习题答案，读者可登录 www.cipedu.com.cn 注册后下载使用。

本书由营口理工学院牟淑杰、荆珂担任主编，牟淑杰编写了第 1 章、第 2 章、第 3 章、第 4 章、第 7 章、第 8 章、第 9 章、第 10 章、第 11 章，荆珂编写了第 5 章、第 6 章及附录部分，营口理工学院封雪老师编写了第 12 章。全书由牟淑杰统稿。同时，编者还参考和引用了参考文献中的部分资料，在此一并向有关作者表示衷心的感谢。

由于编者水平有限，时间比较仓促，书中难免有不足之处，恳请读者通过电子邮箱（2995734393@qq.com）与我们进行联系，提出批评意见和建议。

编者
2022 年 5 月

目 录

第1章 单片机概述

第2章 单片机的硬件结构

第3章 MCS-51 系列单片机的指令系统与汇编语言程序设计

第 4 章 MCS-51 系列单片机 C51 语言程序设计

第 5 章　单片机人机交互通道的接口技术

第 6 章　AT89S51 单片机的中断系统与定时器/计数器

第 7 章　单片机的存储器及 I/O 口扩展技术

第 8 章　单片机串行通信接口技术

第 9 章　单片机的串行扩展技术

第 12 章　Proteus 可视化设计

附录 A　Proteus 常用元器件

附录 B　Proteus 常用快捷键

附录 C　美国标准信息交换代码（ASCII 码）

附录 D　MCS-51 系列单片机指令表

参考文献

第1章 ▶▶
单片机概述

知识目标

（1）了解单片机的特点及发展概况。

（2）了解单片机的发展趋势及应用领域。

（3）熟悉单片机的主流机型。

（4）熟悉相关单片机的基础知识。

技能目标

根据系统要求选择单片机。

1.1 什么是单片机

单片机也称微控制器（MCU），它是将中央处理器（CPU）、程序存储器、数据存储器、输入/输出接口、定时器/计数器、串行口、系统总线等集成在一块半导体芯片上的微型计算机，因此又称单片微型计算机，简称单片机。

单片机按其用途可分为通用型和专用型两大类。

通用型单片机具有比较丰富的内部资源，性能全面且适应性强，可满足多种应用需求。通用型单片机把可开发的内部资源（如 RAM、ROM、I/O 等功能部件）全部提供给用户，用户可以根据实际需要，充分利用单片机的内部资源，以通用型单片机为核心，再配以外部接口电路及其他外围设备（以下简称外设），组成满足各种需要的测控系统。

专用型单片机是针对某些特定用途而制作的单片机，例如打印机、家用电器以及各种通信设备中的单片机等。这种单片机的最大特点是针对性强且数量巨大。为此，单片机制造商常与产品生产厂家合作，设计和生产专用的单片机。专用型单片机是为特定产品或某种测控应用而专门设计的。在设计中，已经对系统结构的最简化、可靠性和成本的最佳化等方面做了全面的考虑，所以专用型单片机具有十分明显的综合优势，也是今后单片机发展的一个重要方向。但是，无论专用型单片机在用途上有多么"专"，其基本结构和工作原理都是以通用型单片机为基础的。

1.2　单片机的特点及发展概况

（1）单片机的特点

单片机作为控制系统的核心部件，除具备数值计算功能外，还具有灵活、强大的控制功能，并且其可靠性高，应用广泛，这些决定了单片机的特点。

① 单片机体积小，应用系统结构简单，能满足很多应用领域对硬件功能的要求。同时单片机的应用有利于产品的小型化、多功能化和智能化，有助于提高劳动生产效率，减轻劳动强度，提高产品质量等。

② 单片机可靠性高。单片机的应用环境比较恶劣，电磁干扰、电源波动、冲击振动、高低温等因素都会影响系统的稳定工作。所以稳定性和可靠性在单片机的应用中具有格外重要的意义。

③ 单片机的指令系统简单，易学易用。

④ 单片机的发展迅速，特别是最近几年，单片机的内部结构越来越完善。

（2）单片机的发展概况

单片机作为微型计算机的一个分支，与微处理器的产生与发展过程大致同步，主要分为以下几个阶段。

预备阶段（1971～1974 年）：1971 年 11 月，Intel 公司设计了集成度为每片 2000 只晶体管的 4 位微处理器 Intel4004，并且配有随机存储器 RAM、只读存储器 ROM 和移位寄存器等，构成了第一台 MCS-4 微型计算机。随后又研制成功了 8 位微处理器 Intel8008。这些微处理器虽然不是单片机，但从此拉开了研制单片机的序幕。

第一阶段 （1974～1978 年）：初级单片机阶段，以 Intel 公司生产的 MCS-48 系列为代表。这个系列的单片机在片内集成了 8 位 CPU、并行 I/O 接口、8 位定时器/计数器、RAM 等，无串行 I/O 接口，寻址范围不大于 4KB。

第二阶段（1978～1983 年）：高性能单片机阶段，以 MCS-51 系列为代表。这个阶段的单片机均带有串行 I/O 接口，具有多级中断处理系统，定时器/计数器为 16 位，片内 RAM 和 ROM 容量相对增大，且寻址范围可达 64 KB。这类单片机的应用领域极其广泛，由于其优良的性能价格比，在相当长的一段时间内处于主流产品地位。

第三阶段（1983～1988 年）：8 位单片机巩固发展及 16 位单片机推出阶段。16 位单片机除 CPU 为 16 位外，片内 RAM 增加为 232B，片内 ROM 增加为 8KB，且带有高速输入/输出部件、多通道 10 位 A/D 转换器和 8 级中断等，允许用户采用面向工业控制的专用语言。

第四阶段（1988 年至今）：32 位单片机阶段。继 16 位单片机出现后不久，几大公司先后推出了代表当前最高性能（精简指令系统计算机）的 32 位单片机，其 CPU 可与其他微控制器兼容，主频频率可达 32MHz 以上，指令系统进一步优化，运算速度可动态改变，设有高级语言编译器，具有性能强大的中断控制系统、定时/事件控制系统、同步/异步通信控制系统。

1.3　单片机的应用领域

由于单片机软硬件结合，体积小，很容易嵌入应用系统中，因此，以单片机为核心的控制系统在工业控制、智能仪表、消费类电子产品、国防工业、分布式多机系统、汽车电子设备等领域中得到了广泛的应用。

（1）工业控制

在工业控制领域，单片机的主要应用领域有各种测控系统、数据采集系统、工业机器人、机电一体化产品等。机电一体化产品是指集机械技术、微电子技术、自动化技术和计算机技术于一体，具有智能化特征的机电产品，例如数控机床。

（2）智能仪表

单片机广泛地应用于实验室、交通运输工具、计量等各种仪器仪表之中，使仪器仪表智能化，提高测量精度，加强功能，简化结构，便于使用、维护和改进，加速仪器仪表向数字化、智能化、多功能化方向发展。

（3）消费类电子产品

单片机在家用电器中的应用已经非常普及。目前家电产品的一个重要的发展趋势是智能化。洗衣机、电冰箱、热水器、微波炉、消毒柜等，在这些家用产品的控制系统中嵌入单片机后，其功能和性能大大提高，并实现了智能化控制，给人民的生活带来很大的方便。

（4）国防工业

由于单片机的可靠性高、温度范围宽、能适应各种恶劣环境的特点，其广泛应用于飞机、军舰、坦克、导弹、鱼雷、智能武器装备等领域。

（5）分布式多机系统

在比较复杂的多节点测控系统中，常采用分布式多机系统。多机系统一般由若干台功能各异的单片机组成，各自完成特定的任务，它们通过串行通信相互联系、协调工作。在这种系统中，单片机往往作为终端机，安装在系统的某些节点上，对现场信息进行实时测量和控制。

（6）汽车电子设备

单片机已经在汽车安全系统、智能驾驶系统、自动泊车系统、导航系统及汽车防撞监控系统等电子设备中广泛地应用。

综上所述，从工业自动化、自动控制、智能仪器仪表、消费类电子产品等方面直至国防尖端技术领域，单片机都发挥着十分重要的作用。

1.4　MCS-51 系列单片机与 AT89 系列单片机

（1）Intel 公司的 MCS-51 系列单片机

MCS-51 系列单片机是 Intel 公司于 1980 年推出的 8 位单片机。基本型产品主要包括 8031、8051 和 8751 单片机；增强型产品包括 8032、8052 和 8752 单片机。它们的片内 RAM 和 ROM 容量、I/O 功能的扩展能力以及指令系统都很强。MCS-51 系列产品在我国已经得到了广泛的应用。

MCS-51 系列单片机典型产品见表 1-1。

表 1-1 MCS-51 系列单片机典型产品

型号	片内存储器			I/O 口线		中断源/个	定时器/计数器
	ROM/KB	EPROM/KB	RAM/B	并行口	串行口		
8031	—	—	128	4 个×8 位	1 个	5	2 个×16 位
8051	4	—	128	4 个×8 位	1 个	5	2 个×16 位
8751	—	4	128	4 个×8 位	1 个	5	2 个×16 位
8032	—	—	128	4 个×8 位	1 个	6	3 个×16 位
8052	8	—	128	4 个×8 位	1 个	6	3 个×16 位
8752	—	8	128	4 个×8 位	1 个	6	3 个×16 位

（2）AT89 系列单片机

AT89 系列单片机是美国 Atmel 公司生产的 8 位单片机产品。它们以 MCS-51 系列单片机为内核，与 MCS-51 系列单片机软硬件兼容。AT89 系列单片机典型产品见表 1-2。

表 1-2 AT89 系列单片机典型产品

型号	片内存储器		f_{max}/MHz	V_{CC}/V	定时器/计数器	中断源/个	I/O 口线		WDT	ISP
	Flash ROM	RAM					并行口	串行口		
AT89C51	4KB	128B	24	4.0~6	2 个×16 位	5	4 个×8 位	1 个	×	×
AT89C52	8KB	256B	24	4.0~6	3 个×16 位	8	4 个×8 位	1 个	×	×
AT89S51	4KB	128B	33	4.0~5.5	2 个×16 位	5	4 个×8 位	1 个	√	√
AT89S52	8KB	256B	33	4.0~5.5	3 个×16 位	8	4 个×8 位	1 个	√	√

1.5 其他的 MCS-51 系列单片机

（1）C8051F×××单片机

C8051F×××系列单片机是完全集成的混合信号系统级芯片，具有与 8051 单片机兼容的微控制器内核，与 MCS-51 系列单片机指令集完全兼容。此外，片内还集成了数据采集和控制系统中常用的模拟部件和其他数字外设及功能部件。C8051F×××系列单片机部分元件参数见表 1-3。

表 1-3 C8051F×××系列单片机部分元件参数

型号	Flash ROM	片内 RAM	外部存储器接口	SPI	UART	定时器(16 位)/个	可编程计数器阵列	数字 I/O 端口/位	ADC 分辨率/位	ADC 输入	温度传感器/个	DAC 分辨率/位
C8051F000	32KB	256B	—	1	1	4	1	32	12	8	1	12
C8051F005	32KB	2304B	—	1	1	4	1	32	12	8	1	12
C8051F007	32KB	2304B	—	1	1	4	1	8	12	4	1	12
C8051F010	32KB	256B	—	1	1	4	1	32	12	4	1	12
C8051F016	32KB	2304B	—	1	1	4	1	16	10	8	1	12
C8051F020	64KB	4352B	√	1	2	5	1	64	12	8	1	12
C8051F021	64KB	4352B	√	1	2	5	1	32	12	8	1	12
C8051F206	8KB	1280B	—	1	1	3	1	32	12	32	—	—
C8051F300	8KB	256B	—	—	1	3	1	8	8	8	1	—

（2）ADμC 类单片机

ADμC 类单片机是美国 ADI 公司生产的高性能单片机，其把 ADC、DAC 以及 8051 单片机高度集成在一起，其核心仍然是单片机内核。如 ADμC812 单片机，其内核与 8051 单片机兼容，内部存储器组织、片内设备等，与 8051 单片机的结构相似，指令系统与 8051 单片机的指令系统完全一样，定时器/计数器和串行接口等的工作方式也与 8051 单片机完全一样。同时，ADμC 类芯片还具有闪速/电擦除程序存储器和数据存储器，特别是 ADμC812 单片机所继承的模/数转换器（ADC）的工作方式，与传统的 ADC 芯片的工作方式相比更加灵活，这使得用户利用 ADμC812 单片机开发数据采集系统更加方便。另外，ADμC812 单片机还具有 8 通道 12 位 A/D 和 2 通道 D/A 转换器，利用串口就可以对器件进行现场调试/编程或者升级，同时还有高达 16MB 的存储器空间、片内看门狗定时器和电压监测器、温度传感器，为系统安全运行提供了保障。

（3）华邦公司 W78 系列和 W77 系列单片机

华邦公司（Winbond）生产的产品为 W78 系列和 W77 系列。W78 系列与 AT89C 系列完全兼容。W77 系列为增强型，对原有的 8051 单片机的时序做了改进，每个机器周期从 12 个时钟周期改为 4 个周期，使速度提高了 3 倍，同时，晶振频率最高可达 40MHz。W77 系列还增加了看门狗定时器（WDT）、两组 UART、两组 DPTR 数据指针、ISP 等。

1.6 AVR 系列单片机与 PIC 系列单片机

（1）AVR 系列单片机

1997 年，由 Atmel 公司挪威设计中心的两位工程师利用 Atmel 公司的 Flash 新技术，共同研发出了精简指令集（RISC）的高速 8 位单片机，简称 AVR。

与其他 8 位单片机相比，AVR 系列最大的特点如下。

① 采用哈佛结构，具备 1MIPS / MHz 的高速运行处理能力。

② 精简指令集（RISC）具有 32 个通用工作寄存器，克服了 MCS-51 系列单片机采用单一 ACC 进行处理造成的瓶颈。

③ 快速的存取寄存器组、单周期指令系统，大大优化了目标代码的大小、执行效率，部分型号 Flash ROM 容量非常大，特别适用于使用高级语言进行开发。

④ 片内集成多种频率的 RC 振荡器，有上电自动复位、看门狗、启动延时等功能，外围电路更加简单。多数 AVR 单片机片上资源丰富，系统更加稳定可靠。

⑤ 大部分 AVR 除有 ISP 功能外，还有 IAP 功能，方便升级或销毁应用程序。

AVR 单片机已经发展成为一个大家族，包括 Tiny AVR、Mega AVR、LCD AVR、USB AVR、DVD AVR、RF AVR、Secure AVR、FPGA AVR 等类型。AVR 的引脚从 8 脚发展到 64 脚，还有各种不同封装供选择。目前，AVR 系列单片机在智能家电、医疗器械及 GPS 等方面已经得到了广泛的应用。

（2）PIC 系列单片机

Microchip 公司生产的 PIC 系列单片机有 8 位和 16 位两种。其中 8 位单片机分成基本级、中级、高级三个档次，具体为 PIC10F、PIC12F、PIC16F、PIC18F 四大系列。PIC 的 16 位单片机是近些年推出的产品，包括 PIC24F、PIC24H、dsPIC30F、dsPIC33F 四个系列。

1.7　各类嵌入式处理器简介

（1）嵌入式微控制器

嵌入式微控制器（Embedded Microcontroller Unit，EMCU）的典型代表是单片机。单片机具有体积小、功耗低、成本低、可靠性高等特点，其内部集成 ROM/EPROM、RAM、总线、定时器/计数器、看门狗、I/O、A/D、D/A 等。

（2）嵌入式数字信号处理器

嵌入式数字信号处理器（Embedded Digital Signal Processor，EDSP）是专门用于信号处理的处理器，其在系统结构和指令算法方面进行了特殊设计，具有很高的编译效率和指令执行速度，在数字滤波、FFT、谱分析等方面获得了广泛的应用。

数字信号处理器（DSP）是由大规模或超大规模集成电路芯片组成的用来完成某种信号处理任务的处理器。它是为适应高速实时信号处理任务的需要而逐渐发展起来的。随着集成电路技术和数字信号处理算法的发展，数字信号处理器的实现方法也在不断变化，处理功能不断提高和扩大。DSP 经过单片化、电磁兼容性（EMC）改造、增加片上外设，或在通用单片机或 SOC 中增加 DSP 协处理器，从而发展成为嵌入式 DSP。推动嵌入式 DSP 发展的因素主要是嵌入式系统的智能化。目前 TI、ADI、NXP、CEVA 等半导体厂商在这一领域拥有很强的实力。

（3）嵌入式微处理器

嵌入式微处理器（Micro Processor Unit，MPU）是由通用计算机中的 CPU 演变而来的。它的特征是具有 32 位以上的处理器，具有较高的性能。嵌入式微处理器具有体积小、重量轻、成本低、可靠性高等优点。主要的嵌入式微处理器有 Am186/88、386EX、SC-400、Power PC、68000、MIPS、ARM/ StrongARM 系列等。

嵌入式微处理器比较有代表性的产品为 ARM 系列。ARM 是 Advance RISC Machine 的缩写，其中 RISC 是精简指令集的缩写。同时 ARM 也是设计 ARM 处理器的公司的简称。ARM 是一个不断发展的微处理器家族，主要有 ARM7、ARM9、ARM9E、ARM10 和 SecurCore 5 个产品系列。

（4）嵌入式片上系统

随着半导体工艺的发展，设计者能够将越来越复杂的功能集成到一块芯片上，嵌入式片上系统正是在集成电路向集成系统转变的过程中产生的。

一般来说，嵌入式片上系统称为系统级芯片，也称片上系统，是有特定目标的集成电路的芯片。同时，它又是一种技术，用以实现从确定系统功能开始到软硬件划分并完成设计的整个过程。从狭义角度讲，它是信息系统核心的芯片集成，是将系统关键部件集成在一块芯片上；从广义角度讲，嵌入式片上系统是一个微小型系统。

具体地说，嵌入式片上系统设计的关键技术主要包括总线架构技术、知识产权核（IP 核）可复用技术、软硬件协同设计技术、嵌入式片上系统验证技术、可测性设计技术、低功耗设计技术、超深亚微米电路实现技术等，此外，还要做嵌入式软件移植及开发研究，因而其是一个跨学科的研究领域。

思考题与习题

一、填空题

    1. 单片机按照用途通常分为＿＿＿＿＿＿和＿＿＿＿＿＿＿＿。

    2. 单片机也称为＿＿＿＿＿＿和＿＿＿＿＿＿＿＿。

二、简答题

    1. 什么是单片机？

    2. 简述单片机的特点和应用领域。

    3. 写出 AT89S51 与 AT89S52 芯片的主要区别。

第2章▶▶
单片机的硬件结构

 知识目标

(1) 熟悉 AT89S51 单片机的片内硬件基本结构。

(2) 了解 AT89S51 单片机的引脚，熟悉并掌握各引脚的功能。

(3) 掌握 AT89S51 单片机的存储器结构。

(4) 熟悉 AT89S51 单片机的特殊功能寄存器功能。

(5) 了解 4 个并行 I/O 口的结构，熟悉其特点。

(6) 熟悉单片机时序的相关概念。

(7) 了解节电工作模式。

技能目标

(1) 掌握 AT89S51 单片机的存储器分配。

(2) 掌握 AT89S51 单片机的 4 个并行 I/O 口的应用。

(3) 熟悉复位电路和时钟电路的设计。

2.1　AT89S51 单片机的硬件组成

AT89S51 是 Atmel 公司生产的低功耗、高性能 CMOS 8 位单片机，采用 Atmel 公司的高密度、非易失性存储技术生产，兼容标准 8051 单片机指令系统及引脚。

AT89S51 单片机在一块芯片上集成了 CPU、RAM、ROM、定时器/计数器和多种 I/O 功能部件，具有以下功能部件和特性。

① 8 位微处理器。

② 与 MCS-51 系列产品指令系统完全兼容。

③ 内部数据存储器 128B。

④ 4 个 8 位可编程 I/O 口。

⑤ 2 个 16 位定时器/计数器。

⑥ 5 个中断源。

⑦ 1 个全双工的异步串行口。

⑧ 在线可编程功能（ISP）的 4KB 闪速存储器。

⑨ 工作电压 4.0～5.5V。

⑩ 看门狗定时器。

⑪ 双数据指针。

⑫ 3 个程序加密锁定位。

⑬ 低功耗空闲和掉电模式。

AT89S51 单片机片内的各个功能部件通过单一总线连接，如图 2-1 所示。CPU 对各功能的控制采用特殊功能寄存器（SFR）的集中控制方式，现对各组成部分的情况介绍如下。

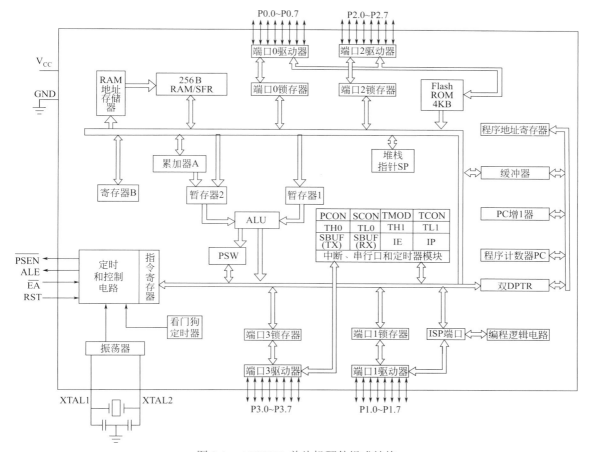

图 2-1　AT89S51 单片机硬件组成结构

① 中央处理器（CPU）　AT89S51 单片机的中央处理器是 8 位的，用于完成运算和控制操作。

② 内部数据存储器　实际上 AT89S51 单片机中共有 256B RAM 单元，但其中后 128B 被特殊功能寄存器占用，供用户使用的只有前 128B，用于存放可读写的数据。因此，通常所说的内部数据存储器是指前 128B，简称"片内 RAM"。

③ 内部程序存储器　如图 2-1 所示，AT89S51 单片机共有 4KB Flash ROM，用于存放程序和原始数据，简称"片内 ROM"。

④ 定时器/计数器　AT89S51 共有 2 个 16 位的定时器/计数器，以实现定时或计数功能，并以其定时或计数结果对单片机进行控制。

⑤ 并行 I/O 口　AT89S51 共有 4 个 8 位的 I/O 口（P0、P1、P2、P3），以实现数据的并行输入、输出。

⑥ 串行口　AT89S51 单片机有一个全双工的串行口，以实现单片机和其他数据设备之间的串行

数据传送。该串行口功能较强，既可作为全双工异步通信收发器使用，也可作为同步移位器使用。

⑦ 中断控制系统　AT89S51 单片机有 5 个中断源、2 个中断优先级。

⑧ 看门狗定时器（WDT）　WDT 提供了当 CPU 由于干扰使程序陷入死循环或跑飞状态时而使程序恢复正常运行的有效手段。

⑨ 特殊功能寄存器（SFR）　AT89S51 单片机共有 26 个特殊功能寄存器，用于 CPU 对片内各功能部件进行管理、控制和监视。特殊功能寄存器实际上是片内各个功能部件的控制寄存器和状态寄存器，这些特殊功能寄存器映射在片内 RAM 区 80H～0FFH 的地址区间内。

⑩ 在线可编程功能（ISP）　灵活的在线编程方式使得现场程序调试和修改更加方便灵活。

2.2　AT89S51 单片机的引脚功能

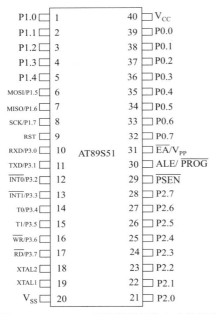

图 2-2　AT89S51 双列直插封装方式的引脚

AT89S51 单片机与 MCS-51 系列单片机中各种型号芯片的引脚是互相兼容的。AT89S51 单片机多采用 40 个引脚双列直插封装（DIP）方式，如图 2-2 所示。另外还有采用 PLCC 封装方式的芯片，44 个引脚中有 4 个引脚是无用引脚；采用 TQFP 封装方式的芯片，44 个引脚中有 3 个引脚是无用引脚，有 2 个接地引脚。

（1）电源及时钟引脚

① 电源引脚 V_{CC} 和 V_{SS}。

V_{CC}（40 脚）：电源端，接+5V 电源。

V_{SS}（20 脚）：接地端，接数字地。

通常，V_{CC} 和 V_{SS} 之间应接高频和低频滤波电容。

② 时钟电路引脚 XTAL1 和 XTAL2。

XTAL1（19 脚）：当使用片内振荡器时，该引脚接外部石英晶振和微调电容一端。若使用外部时钟时，该引脚接外部时钟信号。

XTAL2（18 脚）：当使用片内振荡器时，接外部石英晶振和微调电容的另一端。若使用外部时钟时，该引脚悬空。

（2）控制引脚

① RST（9 脚）：复位信号输入端，高电平有效。当振荡器工作时，RST 引脚出现两个机器周期以上高电平将使单片机复位。WDT 溢出也使该引脚输出高电平，设置特殊功能寄存器 AUXR 的 DISRTO 位（地址 8EH，将在本章后面介绍），可打开或关闭该功能。DISRTO 位默认 RST 输出高电平为打开状态。

② ALE/$\overline{\text{PROG}}$（30 脚）：地址锁存控制信号/编程脉冲输入端。当访问外部程序存储器或数据存储器时，ALE 输出脉冲用于锁存低 8 位地址。即使不访问外部存储器，ALE 仍以时钟振荡频率的 1/6 输出固定的正脉冲信号，因此它可对外输出时钟或用于定时目的。需要注意的是：每当访问外部数据存储器时，将跳过一个 ALE 脉冲。

$\overline{\text{PROG}}$ 为该引脚的第二功能，对 Flash ROM 编程期间，该引脚用于输入编程脉冲。

如有必要，可通过对特殊功能寄存器（SFR）区中的 AUXR 的 D0 位置位，禁止 ALE 操作。该位被置位后，只有执行 MOVX 或 MOVC 指令，ALE 才会被激活。此外，该引脚会被微弱拉高，单片机执行外部程序时，应设置 ALE 无效。

③ $\overline{\text{PSEN}}$（29 脚）：程序储存允许输出端，是外部程序存储器的读选通信号，低电平有效。当 AT89S51 单片机从外部程序存储器取指令时，每个机器周期出现两次 $\overline{\text{PSEN}}$ 有效信号，即输出两个脉冲。当访问外部数据存储器，不会出现两次有效的 $\overline{\text{PSEN}}$ 信号。

④ $\overline{\text{EA}}$ / V_{PP}（31 脚）：$\overline{\text{EA}}$ 为该引脚的第一功能，是访问程序存储器控制信号。当 $\overline{\text{EA}}$ 信号为低电平时，对 ROM 的读操作限定在外部程序存储器；而当 $\overline{\text{EA}}$ 信号为高电平时，则对 ROM 的读操作是从内部程序存储器开始，并可延续至外部程序存储器。

V_{PP} 为该引脚的第二功能，在对片内 Flash ROM 进行编程时，V_{PP} 引脚接入编程电压。

（3）并行 I/O 口引脚

① P0 口，P0.0～P0.7（39～32 脚），为 8 位双向三态 I/O 口。当 AT89S51 单片机扩展片外存储器或扩展 I/O 端口时，P0 作为地址总线低 8 位及数据总线分时复用端口。除此之外，P0 口也可以作为通用的 I/O 端口使用。

② P1 口，P1.0～P1.7（1～8 脚），为 8 位准双向 I/O 口，作为通用的 I/O 端口使用。

MOSI/P1.5、MISO/P1.6 和 SCK/P1.7 也可用于对片内 Flash ROM 串行编程和校验，它们分别是串行数据输入、串行数据输出和移位脉冲的引脚。

③ P2 口，P2.0～P2.7（21～28 脚），为 8 位准双向 I/O 口，可作为通用 I/O 口使用，还可直接连接外部 I/O 设备；当扩展外部存储器或 I/O 端口时，P2 口作为地址总线的高 8 位，输出高 8 位地址。

④ P3 口，P3.0～P3.7（10～17 脚），为 8 位准双向 I/O 口，可作为通用 I/O 口使用，还可以将每位用于第二功能。P3 口的第二功能定义见表 2-1。

表 2-1　P3 口的第二功能定义

引脚	第二功能	名称
P3.0	RXD	串行口输入端
P3.1	TXD	串行口输出端
P3.2	$\overline{\text{INT0}}$	外部中断 0 输入端口
P3.3	$\overline{\text{INT1}}$	外部中断 1 输入端口
P3.4	T0	定时器/计数器 0 外部计数脉冲输入端口
P3.5	T1	定时器/计数器 1 外部计数脉冲输入端口
P3.6	$\overline{\text{WR}}$	写选通输出口
P3.7	$\overline{\text{RD}}$	读选通输出口

2.3　AT89S51 单片机的 CPU

中央处理器（CPU）是单片机的核心，包括运算器和控制器，用于完成运算和控制的功能。

（1）运算器

运算器主要是对操作数进行算术运算、逻辑运算和位操作运算。它以算术逻辑运算单元（ALU）

为核心，包括累加器 A、寄存器 B、程序状态字 PSW、位处理器等部件。

① 算术逻辑运算单元（ALU） ALU 不仅能进行加、减、乘、除等基本运算，还可以对 8 位变量进行逻辑与、逻辑或、逻辑异或、循环移位、求补、清 0 等操作。

② 累加器 A 累加器 A 又称 ACC，它通过暂存器和 ALU 相连，它是 CPU 中工作最繁忙的寄存器，因为在进行算术运算、逻辑运算时，运算器的输入多为 ACC 的输出，而运算结果大多数也要送到 ACC 中。

③ 寄存器 B 寄存器 B 在做乘除运算时用来存放一个操作数，它也用来存放乘除运算后的一部分结果；不进行乘除操作时，寄存器 B 可用作通用寄存器。

④ 程序状态字（PSW） PSW 是 8 位寄存器，属于特殊功能寄存器，字节地址是 D0H，用来存放运算结果的一些特征，其格式见表 2-2。

表 2-2   PSW 各位的定义

PSW.7	PSW.6	PSW.5	PSW.4	PSW.3	PSW.2	PSW.1	PSW.0
CY	AC	F0	RS1	RS0	OV	F1	P

其中每位的具体含义如下。

CY（PSW.7）：进位标志位，常用 C 表示。在进行加法（或减法）运算时，若运算结果最高位有进位（或借位）时，C 置 1，否则清 0；在进行位操作时，C 作为位操作累加器。

AC（PSW.6）：半进位标志位。在进行加法（或减法）运算时，若低半字节向高半字节有进位（或借位）时，AC 置 1，否则清 0；AC 还作为 BCD 码运算调整时的判别位。

F0（PSW.5）：用户标志位，由用户置 1、清 0。在编写程序时，用户可以充分地使用该位。

RS1（PSW.4）、RS0（PSW.3）：工作寄存器指针，用来选择当前工作的寄存器组。由用户用指令改变 RS1、RS0 的组合，以选择当前的工作寄存器组。工作寄存器共有 4 组，其对应关系见表 2-3。

表 2-3   RS1、RS0 与工作寄存器组对应的关系

RS1	RS0	所选的寄存器组	片内 RAM 地址
0	0	第 0 组	00H～07H
0	1	第 1 组	08H～0FH
1	0	第 2 组	10H～17H
1	1	第 3 组	18H～1FH

单片机复位时，RS1=RS0=0，CPU 选中第 0 组作为当前工作寄存器。

OV（PSW.2）：溢出标志位，反映运算结果是否溢出，溢出时 OV=1，否则 OV=0。

在有符号数的两个数进行加减法运算时，结果超出了-128～+127，此时运算结果是错误的，则 OV=1；如果 OV=0，说明运算结果是正确的。

在乘法运算中，当乘积大于 255 时，OV=1，否则 OV=0；在除法运算时，如果除数为 0，则 OV=1，否则 OV=0。

在有符号数进行加减法运算时，常用的判别方法是：两个有符号数在进行加法（或减法）运算时，第 6 位或第 7 位中仅有 1 位发生进位（或借位）现象，则 OV=1；第 6、7 位都没进位（或借位）或都有进位（或借位），则 OV=0。

F1（PSW.1）：保留位，未用。

P（PSW.0）：奇偶标志位，反映累加器 A 中内容的奇偶性。若 A 中有奇数个"1"，则 P=1，

否则 P=0。此标志位对串行口通信中的数据传输有重要的意义,在串行通信中,常用奇偶检验的方法来检验数据传输的可靠性。例如:

$$
\begin{array}{r}
01010110\ (+86) \\
+)\quad 01111010\ (+122) \\
\hline
0\quad 11010000\ \rightarrow A
\end{array}
\qquad
\begin{array}{r}
11001000\ (-56) \\
+)\quad 11000111\ (-57) \\
\hline
1\quad 10001111\ \rightarrow A
\end{array}
$$

则:

(A)=0D0H,CY=0,AC=1,OV=1,P=1　　　　(A)=8FH,CY=1,AC=0,OV=0,P=1

(2)控制器

控制器是 CPU 的大脑中枢,它包括定时和控制电路、指令寄存器、指令译码器、双数据指针(双 DRTR)、程序计数器(PC)、堆栈指针(SP)以及程序地址寄存器、缓冲器等。它的功能是对逐条指令进行译码,并通过定时和控制电路在规定的时刻发出各种操作所需的内部和外部控制信号,协调各部分的工作,完成指令规定的操作。下面介绍控制器中主要部件的功能。

① 程序计数器(Program Counter,PC) PC 是控制器中最基本的寄存器,是一个独立的计数器,存放着下一条要执行的指令在程序存储器(ROM)中的地址,是不可访问的,即用户不能直接使用指令对 PC 进行读或者写的操作。在 MCS-51 系列单片机中,PC 是一个 16 位的计数器,故可对 64 KB(64 K=2^{16}=65536)的程序存储器进行寻址。

程序计数器(PC)的工作过程是:CPU 读指令时,PC 的内容作为所取指令的地址输出给程序存储器,然后 ROM 按此地址输出指令字节,同时 PC 本身内容自动增加,指向下一条指令在 ROM 中的首地址。

② 堆栈指针(Stack Pointer,SP) 所谓堆栈就是只允许在其一端进行数据插入和数据删除操作的线性表。数据写入堆栈称为入栈(PUSH)。数据从堆栈中读出称为出栈(POP)。堆栈是按照"后进先出"的规则读取数据。

堆栈的主要功能有两个:保护断点和保护现场。在单片机转去执行子程序或中断服务之前,必须考虑其返回问题和现场保护问题。为此应预先把主程序的断点和单片机中各有关寄存器单元的内容保护起来,为程序的正确运行做准备。此外,堆栈也可用于数据的临时存放,在程序设计中时常用到。

堆栈可有两种类型:向上生长型和向下生长型。在 MCS-51 系列单片机中为向上生长型,如图 2-3 所示。向上生长型堆栈,栈底在低地址单元,随着数据进栈,地址递增;反之,随着数据的出栈,地址递减。

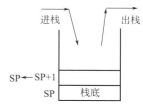

图 2-3 向上生长型堆栈

堆栈指针(SP)是一个 8 位的专用寄存器,用来存放栈顶的地址。进栈时,堆栈指针(SP)自动加 1,然后将数据压入 SP 所指定的地址单元;出栈时,先将 SP 所指向单元中的数据弹出,然后 SP 自动减 1。堆栈区通常设置在片内 RAM 30H~7FH 区间。

2.4　AT89S51 单片机的存储器结构

通用微型计算机系统采用程序存储器和数据存储器统一编址的普林斯顿结构,而单片机中使用程序存储器和数据存储器相互独立编址的哈佛结构。MCS-51 系列单片机存储器结构如图 2-4 所示。

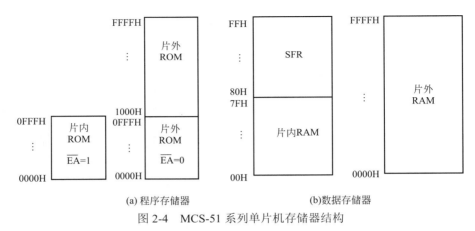

(a) 程序存储器   (b)数据存储器

图 2-4　MCS-51 系列单片机存储器结构

MCS-51 系列单片机的存储器分为程序存储器和数据存储器，其中程序存储器为片内与片外统一编址，数据存储器分为片内数据存储器、片外数据存储器和特殊功能寄存器。

（1）程序存储器空间

程序存储器主要用于存放程序和常数。AT89S51 单片机的程序存储器从空间上分为片内程序存储器和片外程序存储器，但是片内程序存储器和片外程序存储器是统一编址。片内程序存储器是 4KB，地址范围为 0000H～0FFFH。片外程序存储器根据用户需要进行扩展，最大可以扩展 64KB，地址范围为 0000H～FFFFH。CPU 访问片内程序存储器或片外程序存储器由单片机 $\overline{EA}$ 引脚的电平决定。当 $\overline{EA}$=0 时，CPU 从片外程序存储器 0000H 开始读取指令，而片内 ROM 中的内容不被理会。当 $\overline{EA}$=1 时，CPU 从片内程序存储器 0000H 开始读取指令，但是当 PC 的值大于 0FFFH 时，PC 自动读取片外 ROM 1000H～FFFFH 空间内的指令，而片外程序存储器 0000H～0FFFH 存储器空间中的内容不会被读取。

AT89S51 单片机复位后，程序计数器 PC 为 0000H，系统从 0000H 开始执行程序。AT89S51 单片机的程序存储器中有 5 个地址单元被固定用于中断源的中断服务子程序的入口地址，见表 2-4。

表 2-4　5 个中断源的中断服务子程序的入口地址

中断源	中断入口地址
外部中断 0	0003H
定时器/计数器 0 溢出中断	000BH
外部中断 1	0013H
定时器/计数器 1 溢出中断	001BH
串行中断	0023H

中断程序响应后，自动转到各个中断入口地址执行程序，但是由于两个中断入口地址之间只有 8 个单元，通常情况下，8 个单元很难存储一个中断服务子程序。因此通常在该地址区的开始存放一条无条件转移指令，跳向中断服务子程序。用户的主程序一般存储在 0030H 单元以后。

（2）数据存储器空间

数据存储器主要用来存储输入/输出数据、中间结果等信息。MCS-51 系列单片机的数据存储器分为片内数据存储器、片外数据存储器和特殊功能寄存器。

① 片内数据存储器　片内数据存储器共有 128B，地址为 00H～7FH，分为工作寄存器区、位寻址区和用户 RAM 区。

00H～1FH 为工作寄存器区，共 32 个单元，如表 2-5 所示，被分为 4 组，每组有 8 个寄存器（R0～R7）。任意一刻，CPU 只能使用其中的一组寄存器，称当前正在使用的寄存器组为当前寄存器。具体使用哪组寄存器由 PSW 中的 RS1 和 RS0 位决定，CPU 复位后使用 0 组工作寄存器。如果是在程序的运行过程中不使用的寄存器，也可以作为 RAM 使用。

20H～2FH 为位寻址区，共 16 个单元。这 16 个单元可以作为字节单元使用，同时这 16 个单元中的每一位也可以单独使用，即位寻址，如表 2-5 所示。位地址可以使用位地址直接表示，也可以使用字节地址和位相结合的方法表示。如 00H 位可以直接使用位地址表示，也可以使用 20H.0 表示。需要注意的是，位地址 00H～7FH 和片内 RAM 中的字节地址 00H～7FH 的编码表示相同。但是在位操作指令中的地址是位地址，而不是字节地址，同理，在字节操作指令中的是字节地址。

表 2-5　AT89S51 单片机片内数据存储器结构

分类	字节地址	位地址及数据							
用户 RAM 区	7FH … 30H	堆栈、数据缓冲							
位寻址区	2FH	7FH	7EH	7DH	7CH	7BH	7AH	79H	78H
	2EH	77H	76H	75H	74H	73H	72H	71H	70H
	2DH	6FH	6EH	6DH	6CH	6BH	6AH	69H	68H
	2CH	67H	66H	65H	64H	63H	62H	61H	60H
	2BH	5FH	5EH	5DH	5CH	5BH	5AH	59H	58H
	2AH	57H	56H	55H	54H	53H	52H	51H	50H
	29H	4FH	4EH	4DH	4CH	4BH	4AH	49H	48H
	28H	47H	46H	45H	44H	43H	42H	41H	40H
	27H	3FH	3EH	3DH	3CH	3BH	3AH	39H	38H
	26H	37H	36H	35H	34H	33H	32H	31H	30H
	25H	2FH	2EH	2DH	2CH	2BH	2AH	29H	28H
	24H	27H	26H	25H	24H	23H	22H	21H	20H
	23H	1FH	1EH	1DH	1CH	1BH	1AH	19H	18H
	22H	17H	16H	15H	14H	13H	12H	11H	10H
	21H	0FH	0EH	0DH	0CH	0BH	0AH	09H	08H
	20H	07H	06H	05H	04H	03H	02H	01H	00H
工作寄存器区	1FH … 18H	3 组工作寄存器							
	17H … 10H	2 组工作寄存器							
	0FH … 08H	1 组工作寄存器							
	07H … 00H	0 组工作寄存器							

30H～7FH 为用户 RAM 区。用于存放各种数据、中间结果，起到数据缓冲的作用。在实际使用中，常需要把堆栈设在用户 RAM 区。

② 片外数据存储器　如果片内 RAM 不够用，可根据用户需求扩展片外数据存储器，最大范围为 0000H～FFFFH，共 64KB。由于在单片机中片内 RAM 和片外 RAM 是独立编址的，访问的指令也不相同，在使用过程中是不会造成混乱的。

③ 特殊功能寄存器 （Special Function Register，SFR）　片内 RAM 的高 128B 单元称为特殊功能寄存器区。在此区中离散地分布着 26 个特殊功能寄存器，AT89S51 单片机对片内各个功能的控制是采用这 26 个特殊功能寄存器集中控制的。特殊功能寄存器（SFR）在片内 RAM 中的分布见表 2-6。特殊功能寄存器的字节地址能被 8 整除的单元可以位寻址。

需要注意的是，尽管在特殊功能寄存器区还有空闲单元，但是用户不能使用。

表 2-6　SFR 的名称及分布

序号	地址	符号	名称	位地址
1	F0H	B	寄存器 B	F7H～F0H
2	E0H	A 或 ACC	累加器 A	E7H～E0H
3	D0H	PSW	程序状态字	D7H～D0H
4	B8H	IP	中断优先级控制器	BFH～B8H
5	B0H	P3	P3 口锁存器	B7H～B0H
6	A8H	IE	中断允许控制寄存器	AFH～A8H
7	A6H	WDTRST	看门狗复位寄存器	—
8	A2H	AUXR1	辅助寄存器	—
9	A0H	P2	P2 口锁存器	A7H～A0H
10	99H	SBUF	串行数据缓冲器	—
11	98H	SCON	串行控制寄存器	9FH～98H
12	90H	P1	P1 口锁存器	97H～90H
13	8EH	AUXR	辅助寄存器	—
14	8DH	TH1	定时器/计数器 1 高字节	—
15	8CH	TH0	定时器/计数器 0 高字节	—
16	8BH	TL1	定时器/计数器 1 低字节	—
17	8AH	TL0	定时器/计数器 0 低字节	—
18	89H	TMOD	定时器/计数器工作方式寄存器	—
19	88H	TCON	定时器控制寄存器	8FH～88H
20	87H	PCON	串行口控制寄存器	—
21	85H	DP1H	数据指针 DPTR1 高字节	—
22	84H	DP1L	数据指针 DPTR1 低字节	—
23	83H	DP0H	数据指针 DPTR0 高字节	—
24	82H	DP0L	数据指针 DPTR0 低字节	—
25	81H	SP	堆栈指针	—
26	80H	P0	P0 口锁存器	87H～80H

特殊功能寄存器区中的累加器 A、寄存器 B、程序状态字 PSW 及堆栈指针 SP 在前面章节已经介绍，先对其中的一部分做简单说明，余下的 SFR 将在后续章节中介绍。

a. AUXR　AUXR 是辅助寄存器，位地址为 8EH，其各位定义见表 2-7。

表 2-7　AUXR 的各位定义

D7	D6	D5	D4	D3	D2	D1	D0
—	—	—	WDIDLE	DISRTO	—	—	DISALE

DISALE：ALE 禁止/允许位。DISALE=0，ALE 以时钟振荡频率的 1/6 输出脉冲；DISALE=1，ALE 仅在执行 MOVX 或 MOVC 指令期间输出脉冲。

DISRTO：禁止/允许 WDT 溢出时的复位输出。DISRTO=0，在 WDT 溢出时复位引脚输出高电平；DISRTO=1，复位引脚仅为输入。

WDIDLE：WDT 在空闲模式下的禁止/允许位。WDIDLE=0，在空闲模式下 WDT 继续计数；WDIDLE=1，在空闲模式下 WDT 停止计数。

b. AUXR1　AUXR1 是辅助寄存器，字节地址为 A2H，此寄存器中只定义了 D0 位，见表 2-8。

表 2-8　AUXR1 的各位定义

D7	D6	D5	D4	D3	D2	D1	D0
—	—	—	—	—	—	—	DPS

DPS：数据指针选择位。DPS=0，选择数据指针 DPTR0；DPS=1，选择数据指针 DPTR1。

c. 数据指针 DPTR0 和 DPTR1　与 AT89C51 单片机不同的是，AT89S51 单片机是双数据指针寄存器，即 DPTR0 和 DPTR1。DPTR0 为 AT89C51 单片机原有的数据指针，DPTR1 为 AT89S51 单片机新增的数据指针。通过设置 AUXR1 的 DPS 位选择使用两个数据指针中的一个，默认选用 DPTR0。

在实际使用中，统一用 DPH 表示 DPTR 的高 8 位，用 DPL 表示 DPTR 的低 8 位。DPTR 可以对 16 位进行整体操作，也可以分开使用。

d. WDT（看门狗定时器）　WDT 是为了解决 CPU 程序运行时可能进入混乱或死循环而设置，它由一个 14 位计数器和看门狗复位（WDTRST）位构成。外部复位时，WDT 默认为关闭状态，要打开 WDT，用户必须按顺序将 1EH 和 E1H 写到 WDTRST 中，当启动 WDT，它会随晶体振荡器在每个机器周期计数，除硬件复位或 WDT 溢出复位外，没有其他方法关闭 WDT。当 WDT 溢出时，将使 RST 引脚输出高电平的复位脉冲。

（3）位地址空间

AT89S51 单片机共有 211 个可寻址位，其中一部分有 128 个可寻址位，分布在片内 RAM 位寻址区，如表 2-5 所示；另一部分有 83 个可寻址位，分布在特殊功能寄存器区，见表 2-9。

表 2-9　特殊功能寄存器中位地址的分布

SFR	位地址/位定义								字节地址
	D7	D6	D5	D4	D3	D2	D1	D0	
B	F7H	F6H	F5H	F4H	F3H	F2H	F1H	F0H	F0H
A 或 ACC	E7H	E6H	E5H	E4H	E3H	E2H	E1H	E0H	E0H
PSW	D7H	D6H	D5H	D4H	D3H	D2H	D1H	D0H	D0H
	CY	AC	F0	RS1	RS0	OV	F1	P	
IP	BFH	BEH	BDH	BCH	BBH	BAH	B9H	B8H	B8H
	—	—	—	PS	PT1	PX1	PT0	PX0	

SFR	位地址/位定义								字节地址
	D7	D6	D5	D4	D3	D2	D1	D0	
P3	B7H	B6H	B5H	B4H	B3H	B2H	B1H	B0H	B0H
	P3.7	P3.6	P3.5	P3.4	P3.3	P3.2	P3.1	P3.0	
IE	AFH	AEH	ADH	ACH	ABH	AAH	A9H	A8H	A8H
	EA	—	—	ES	ET1	EX1	ET0	EX0	
P2	A7H	A6H	A5H	A4H	A3H	A2H	A1H	A0H	A0H
	P2.7	P2.6	P2.5	P2.4	P2.3	P2.2	P2.1	P2.0	
SCON	9FH	9EH	9DH	9CH	9BH	9AH	99H	98H	98H
	SM0	SM1	SM2	REN	TB8	RB8	TI	RI	
P1	97H	96H	95H	94H	93H	92H	91H	90H	90H
	P1.7	P1.6	P1.5	P1.4	P1.3	P1.2	P1.1	P1.0	
TCON	8FH	8EH	8DH	8CH	8BH	8AH	89H	88H	88H
	TF1	TR1	TF0	TR0	IE1	IT1	IE0	IT0	
P0	87H	86H	85H	84H	83H	82H	81H	80H	80H
	P0.7	P0.6	P0.5	P0.4	P0.3	P0.2	P0.1	P0.0	

2.5　AT89S51 单片机的并行 I/O 口

AT89S51 单片机有 4 个 8 位的 I/O 接口，分别为 P0、P1、P2、P3。

（1）P0 口

P0 口的字节地址为 80H，位地址为 80H～87H。P0 口的各位口线具有完全相同但又相互独立的逻辑电路，P0 口的位电路结构如图 2-5 所示。

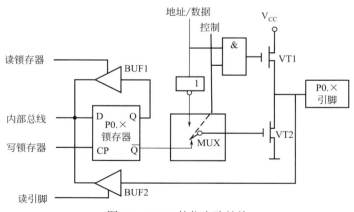

图 2-5　P0 口的位电路结构

P0 口的位电路结构主要由一个数据输出锁存器、两个三态输入缓冲器 BUF1 和 BUF2、一个多路转换开关 MUX 及两个场效应管 VT1 和 VT2 组成。设置多路转换开关是因为 P0 口既可以作为地址/数据线使用，又可以作为通用 I/O 口线使用。由图 2-5 中可知，MUX 由控制信号实现锁存器的输出或地址/数据线的输出。

当 P0 口作为地址/数据线输出时，控制信号为高电平，MUX 接反相器的输出。如果输出的地址/数据为 "1"，场效应管 VT2 截止，场效应管 VT1 导通，此时 P0.× 引脚输出的是 "1"。如果输出的地址/数据为 "0"，场效应管 VT1 截止，场效应管 VT2 导通，此时 P0.× 引脚输出的是 "0"。P0 口的各个引脚上的状态跟随着地址/数据线的状态而变化。输出驱动电路由于两个场效应管处于反相，形成推拉式电路结构，大大提高了负载能力。

当 P0 口作为地址/数据线输入时，控制信号为低电平，MUX 接锁存器的 $\overline{Q}$ 端，场效应管 VT1 截止。当 P0 口作为地址/数据线，访问外部存储器时，CPU 自动向 P0 口写入 FFH，使场效应管 VT2 截止。此时，数据信息高阻抗输入，外部数据信息从 P0.× 引脚经过输入缓冲器 BUF2 进入内部总线。由此可见，P0 口作为地址/数据线时具有高电平、低电平和高阻抗三种状态，是双向口。

当 P0 口作为通用 I/O 口使用时，控制信号为低电平，MUX 接锁存器的 $\overline{Q}$ 端，场效应管 VT1 截止。在 P0 口作为输出端口的情况下，当内部总线输出的是 "1"，那么 $\overline{Q}$ 端为 "0"，使场效应管 VT2 截止。由于 P0 口输出为漏极开路，若使 P0.× 引脚输出为高电平，P0 口必须外接上拉电阻。当内部总线输出的是 "0"，那么 $\overline{Q}$ 端为 "1"，使场效应管 VT2 导通。P0.× 输出为 "0"。

当 P0 口作为输入端口时，由于该电平信号既加到场效应管 VT2 上，又加到三态缓冲器 BUF2 上，如果此端口上一个状态输出锁存数据为 "0"，则 VT2 导通，引脚上的电位就被场效应管 VT2 钳在 "0" 电平上，使输入的 "1" 无法读入。因此，当 P0 口作为输入端口时，在输入数据前，应先通过内部总线使锁存器 $\overline{Q}$ 端为 "0"，使 VT2 截止，即 CPU 向锁存器写入 "1"。

P0 口的特点如下。

① P0 口地址为 80H，可以进行位操作。

② P0 口既可以作为数据/低 8 位地址总线，也可以作为通用 I/O 口使用。

③ P0 口采用漏极开路输出作通用 I/O 口时，需接上拉电阻，可推动 8 个 LS TTL（Low-power Schottky Transistor Logic）电路。

④ P0 口作为输入时，必须先将 P0 口锁存器置 1。

（2）P1 口

P1 口的字节地址为 90H，位地址为 90H～97H。P1 口的位电路结构如图 2-6 所示。

P1 口的位电路结构主要由一个数据输出锁存器、两个三态输入缓冲器 BUF1 和 BUF2、一个场效应管 VT 和一个上拉电阻组成。P1 口是一个准双向口，专供用户使用。

P1 口的特点如下。

① P1 口只能作为通用 I/O 口使用。

② P1 口作为输入时，必须先将 P1 口锁存器置 1。

③ P1 口无需接上拉电阻，可以推动 4 个 LS TTL 电路。

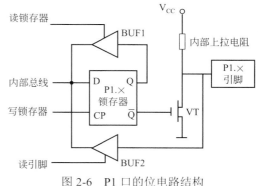

图 2-6　P1 口的位电路结构

（3）P2 口

P2 口的字节地址为 A0H，位地址为 A0H～A7H。P2 口的位电路结构如图 2-7 所示。

P2 口的位电路结构主要包括一个数据输出锁存器、一个多路转换开关 MUX、两个三态输入缓冲器 BUF1 和 BUF2、一个场效应管 VT 和一个上拉电阻，结构与 P0 口类似。

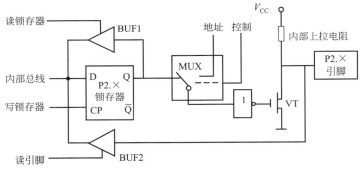

图 2-7   P2 口的位电路结构

P2 口可以作为地址线的高 8 位和通用 I/O 端口使用。当 P2 口输出地址时，多路转接开关 MUX 的一个输入端接"地址"端；P2 口作为通用 I/O 口使用时，MUX 接 $\overline{Q}$ 端，使输出的数据送到 P2 的引脚上。由图 2-7 可知，P2 作为通用 I/O 口输入时，应对锁存器写入"1"，使场效应管 VT 截止。

P2 口特点如下。

① P2 口可以作为高 8 位地址线，也可以作为通用 I/O 口。

② P2 口作为通用 I/O 口输出时，由于内部集成了上拉电阻，无需再接上拉电阻，可以推动 4 个 LS TTL 电路。

③ P2 口作输入时，必须先将 P2 口锁存器置 1。

（4）P3 口

P3 口的字节地址为 B0H，位地址为 B0H～B7H。P3 口的位电路结构如图 2-8 所示。

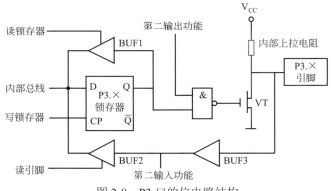

图 2-8   P3 口的位电路结构

P3 口的位电路结构主要由一个数据输出锁存器、三个三态输入缓冲器、一个场效应管 VT、一个上拉电阻及一个与非门组成。

P3 口可以作为通用 I/O 口使用，但在实际应用中，它的第二功能信号更为重要。当输出第二功能信号时，将锁存器预先置"1"，使与非门对第二功能信号的输出是畅通的，从而实现第二功能信号的输出。对于第二功能为输入信号的引脚，在 P3 口线的输入通路上增加了一个缓冲器，输入的信号就从这个缓冲器的输出端取得。当作为通用 I/O 口使用时，电路中的第二输出功能信号线应保持高电平，与非门开通，以维持从锁存器到输出端数据输出通路的畅通。

P3 口的特点如下。

① P3 口作为第二功能或者作为通用 I/O 口线输入时，必须将锁存器置"1"。如果某些口线不用作第二功能，可以作为通用 I/O 使用。

② P3 口可以驱动 4 个 LS TTL 电路。

2.6　时钟电路及复位电路

单片机的工作是在时序脉冲的控制下有条不紊地进行的。时钟电路用于产生 AT89S51 单片机工作时所必需的时钟控制信号，使单片机能严格地按时序执行程序。

（1）时钟电路与时序

① 时钟电路　常用的时钟电路有两种：一种是内部时钟；另一种是外部时钟。

a. 内部时钟　AT89S51 单片机内部有一个用于构成振荡器的高增益反相放大器，该高增益反相放大器的输入端为芯片引脚 XTAL1，输出端为引脚 XTAL2。这两个引脚跨接石英晶体振荡器（简称晶振）和微调电容，构成一个稳定的自激振荡器，AT89S51 单片机内部时钟电路如图 2-9 所示。

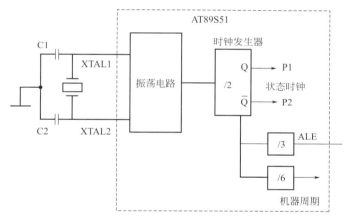

图 2-9　AT89S51 单片机内部时钟电路

电路中的电容 C1 和 C2 典型值约为 30pF。晶振的振荡频率范围通常在 1.2～12MHz。晶振的频率越高，则系统的时钟频率也就越高，单片机的运行速度也就越快。但运行速度快对存储器的速度要求就高，对印制电路板的工艺要求也高，即要求线间的寄生电容要小，晶振和电容应尽可能安装得与单片机芯片靠近，以减少寄生电容，更好地保证振荡器稳定、可靠地工作。为了提高温度稳定性，应采用温度稳定性能好的电容。

AT89S51 单片机常用的晶振的频率为 6MHz 或 12MHz，最高频率可达到 33MHz。

b. 外部时钟　外部时钟是使用外部振荡脉冲信号，常用于多片 AT89S51 单片机同时工作，以便于多片 AT89S51 单片机之间的同步，一般为低于 12 MHz 的方波。

外部的时钟源直接接到 XTAL1 端，通过 XTAL1 端输入片内的时钟发生器上，电路如图 2-10 所示。

② 时序　单片机执行的指令均是在 CPU 控制器的时序控制电路的控制下进行的，各种时序均与时钟周期有关。

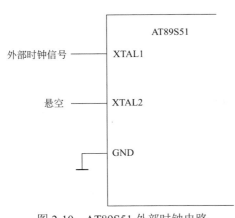

图 2-10　AT89S51 外部时钟电路

a.时钟周期　时钟周期也称振荡周期，是为单片机提供定时信号的振荡源的周期，是单片机的基本时间单位。若时钟晶振的振荡频率为 f_{OSC}，则时钟周期为 $1/f_{OSC}$。

b. 状态周期　状态周期是 CPU 从一个状态转换到另一状态所需的时间。在 AT89S51 单片机中，1 个状态周期由 2 个时钟周期组成，它分为 P1 节拍和 P2 节拍。

c. 机器周期　CPU 完成一个基本操作所需要的时间称为机器周期。单片机中常把执行一条指令的过程分为几个机器周期。每个机器周期完成一个基本操作，如取指令、读或写数据等。AT89S51 单片机机器周期与状态周期如图 2-11 所示。由图 2-11 可知，1 个机器周期由 12 个时钟周期组成，分为 S1～S6 6 个状态，机器周期=$12/f_{OSC}$。

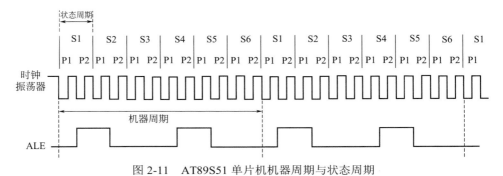

图 2-11　AT89S51 单片机机器周期与状态周期

d. 指令周期　指令周期是执行一条指令所需的时间。AT89S51 单片机按字节可分为单字节、双字节和三字节指令。因此，执行一条指令的时间也不同。对于简单的单字节指令，取出指令立即执行，只需 1 个机器周期的时间。而有些复杂的指令，如转移、乘、除运算指令则需 2 个或 4 个机器周期。

从指令的执行速度看，单字节和双字节指令一般为单机器周期和双机器周期，三字节指令都是双机器周期，只有乘除指令占用 4 个机器周期。

例如：当振荡脉冲频率为 f_{OSC} =12MHz 时，则时钟周期=$1/f_{OSC}$ =0.0833 μs，状态周期=2×时钟周期=0.167 μs，机器周期=12×时钟周期=1 μs，指令周期=（1～4）机器周期=1～4 μs。

（2）复位电路

复位是令单片机初始化的操作，其主要功能是初始化单片机的工作状态。例如，把 PC 的值初始化为 0000H，即（PC）=0000H，这样，单片机在复位后就从程序存储的 0000H 单元开始执行程序。另外，当程序运行出错或因操作错误而使系统处于锁死状态时，为摆脱困境，也可按复位键来重新初始化单片机。

除程序计数器（PC）初始化外，复位操作还对其他属于片内 RAM 的 SFR 块中的特殊功能寄存器的值有影响，它们的复位初始化状态见表 2-10。

表 2-10　各寄存器的复位初始化状态

寄存器	复位初始化状态	寄存器	复位初始化状态
PC	0000H	TH0	00H
P0～P3	FFH	TH1	00H
SP	07H	AUXR	$\times\times\times00\times\times0B$
DP0L	00H	SCON	00H
DP0H	00H	SBUF	$\times\times\times\times\times\times\times\times B$
DP1L	00H	AUXR1	$\times\times\times\times\times\times\times0 B$
DP1H	00H	WDTRST	$\times\times\times\times\times\times\times\times B$
PCON	$0\times\times\times0000B$	IE	$0\times\times00000B$
TCON	00H	IP	$\times\times000000B$
TMOD	00H	PSW	00H
TL0	00H	A	00H
TL1	00H	B	00H

AT89S51 单片机的 RST 引脚（9 脚）是复位信号输入端，高电平有效。在此引脚加上持续时间大于 2 个机器周期的高电平，就使单片机复位。复位后，单片机从程序存储器 0000H 单元开始执行程序。

复位操作有上电自动复位、按键复位等方式。

上电自动复位电路是通过外部复位电路的电容充电来实现的，其电路如图 2-12 所示，只要电源 V_{CC} 的上升时间不超过 1ms，就可以实现上电自动复位，即接通电源就完成了系统的复位操作。

按键复位分为电平方式和脉冲方式两种。其中按键电平复位是通过使复位端经电阻与 V_{CC} 电源接通而实现的，其电路如图 2-13（a）所示，对应晶振频率为 6MHz 时，电容的典型值为 10μF。而按键脉冲复位则是利用 RC 微分电路产生的正脉冲实现的，其电路如图 2-13（b）所示，电容 C1 和 C2 的典型值为 22μF。

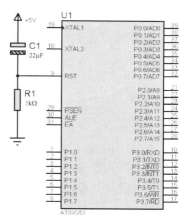

图 2-12　上电自动复位电路

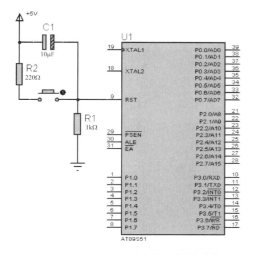

(a)电平方式复位电路

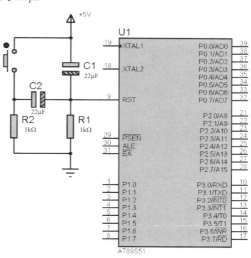

(b)脉冲方式复位电路

图 2-13　按键复位电路

2.7 AT89S51 单片机的工作方式

（1）低功耗工作方式

AT89S51 单片机提供了两种节电工作方式（图 2-14），即空闲方式和掉电方式，以进一步降低系统的功耗。这种低功耗的工作方式特别适用于采用干电池供电或停电时依靠备用电源供电的单片机应用系统。AT89S51 单片机的后备电源加在引脚 V_{CC} 上。

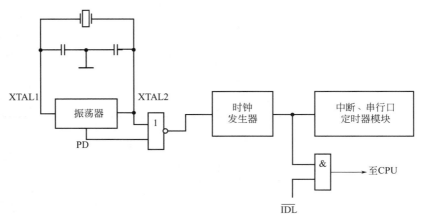

图 2-14　单片机节电工作方式的内部控制电路

在空闲方式下，振荡器保持工作，时钟脉冲继续输出到中断、串行口、定时器等功能部件，使它们继续工作，但时钟脉冲不再送到 CPU，因而 CPU 停止工作。在掉电方式下，振荡器停止工作，单片机内部所有的功能部件全部停止工作。

单片机的节电工作方式是由特殊功能寄存器 PCON（地址为 87H）控制的，格式见表 2-11。

表 2-11　PCON 各位的定义

D7	D6	D5	D4	D3	D2	D1	D0
SMOD	—	—	—	GF1	GF0	PD	IDL

其中各位的意义如下。

SMOD 为串行口的波特率控制位，SMOD =1 时波特率加倍。

GF1、GF0 为通用标志位，由用户设定其标志意义。

PD 为掉电方式控制位，PD 置 1 后，使器件立即进入掉电方式。

IDL 为空闲方式控制位，IDL 置 1 后，使器件立即进入空闲方式。若 PD 和 IDL 同时置 1，则使器件进入掉电方式。

① 空闲方式的进入　每当 CPU 执行一条将 IDL 位置 1 的指令，就使它进入空闲方式，该指令执行完后，CPU 停止工作，进入空闲方式。此时中断、串行口、定时器还继续工作，堆栈指针（SP）、程序计数器（PC）、程序状态字（PSW）、累加器（ACC）、片内 RAM 及其他特殊功能寄存器的内容保持不变。

② 空闲方式的退出　进入空闲方式以后，有两种方法使单片机退出空闲方式。一种方法是被允许的中断源请求中断时，由内部的硬件电路使 IDL 位清 0，终止空闲方式，CPU 响应中断，执

行中断服务程序，中断处理完以后，从激活空闲方式指令的下一条指令开始执行程序。另一种方法是硬件复位，因为空闲方式时振荡器仍然在工作，所以只需要两个机器周期便可完成复位。RST 引脚上的复位信号直接将 IDL 位清 0，从而使单片机退出空闲方式，CPU 从激活空闲方式指令的下一条指令开始执行程序。

③ 掉电方式的进入　CPU 执行一条将 PD 置 1 的指令，就使单片机进入掉电方式，指令执行完后，便进入掉电方式，单片机内部所有的功能部件都停止工作，内部 RAM 和特殊功能寄存器的内容保持不变，I/O 引脚状态与相关特殊功能寄存器的内容相对应，ALE 和 $\overline{PSEN}$ 为逻辑低电平。

④ 掉电方式的退出　退出掉电方式的唯一方法是硬件复位，复位后单片机内部特殊功能寄存器的内容被初始化，PCON =0，从而退出掉电方式。

（2）ISP 编程工作方式

AT89S51 单片机内部有 4KB 的可快速编程的 Flash 存储阵列，可通过传统的 EPROM 编程器使用高电压（+12V）和协调的控制信号进行编程。另外的一种方法是使用 ISP 在线编程。

AT89S51 单片机的代码是逐一字节进行编程的。将 RST 接至 V_{CC}，程序代码存储阵列可通过串行接口（ISP）进行编程，串行接口包含 SCK 线、MOSI（输入）线和 MISO（输出）线。将 RST 拉高后，在其他操作前必须发出编程使能指令，编程前需将芯片擦除。芯片擦除则将存储代码阵列全写为 FFH。

外部系统时钟信号需接至 XTAL1 端或在 XTAL1 和 XTAL2 端接上晶体振荡器。最高的串行时钟周期（SCK）不超过 1/16 晶体时钟周期，当晶体为 33MHz 时，最大 SCK 频率为 2MHz。

思考题与习题

一、填空题

1. 如果（PSW）=10H，则片内 RAM 工作寄存器区的当前寄存器是第_____组寄存器，8 个寄存器的单元地址为_____至_____。

2. 为寻址程序状态字 F0 位，可使用的地址和符号有_____、_____、_____和_____。

3. 单片机复位后，（SP）=_____，P0～P3=_____，PC=_____，PSW=_____A=_____。

4. AT89S51 单片机的程序存储器的寻址范围是由_____决定的，由于 AT89S51 单片机的 PC 是 16 位的，所以最大寻址范围为_____。

5. 写出位地址为 20H 所在的位的字节地址_____。

6. 字节地址为 20H 的单元最高位的位地址为_____，最低位的位地址为_____。

7. 如果晶振频率 $f_{OSC} = 6MHz$，则一个时钟周期为_____，一个机器周期为_____。

8. AT89S51 单片机共有_____个特殊功能寄存器。

9. AT89S51 单片机片外数据存储器最多可以扩展_____。

10. 如果 CPU 从片外 ROM 的 0000H 单元开始执行程序,那么 $\overline{EA}$ 引脚应接_____电平。

二、选择题

1. PC 的值是（　　）。
    A. 当前指令前一条指令的地址　　　B. 当前正在执行指令的地址
    C. 下一条指令的地址　　　　　　　D. 控制器中指令寄存器的地址

2. 对程序计数器 PC 的操作是（　　　）。

　A. 自动进行的　　　　　　　　　　B. 通过传送进行的

　C. 通过加"1"指令进行的　　　　　D. 通过减"1"指令进行的

3. 在 AT89S51 单片机中 P0 口作为（　　　）。

　A. 数据总线　　　　　　　　　　　B. 地址总线

　C. 控制总线　　　　　　　　　　　D. 数据总线和地址总线

4. 在 AT89S51 单片机中（　　　）。

　A. 具有独立的专用的地址总线　　　B. P0 口和 P1 口作为地址总线

　C. P0 口和 P2 口作为地址总线　　　D. P2 口和 P1 口作为地址总线

三、简答题

1. AT89S51 单片机的 $\overline{EA}$ 引脚有何功能？如果使用片内 ROM，该引脚该如何处理？

2. 什么是指令周期、机器周期和时钟周期？

3. 堆栈的作用是什么？在程序设计时，为什么要对堆栈指针 SP 重新赋值？

4. 单片机复位有几种方法？

5. AT89S51 单片机运行出错或程序陷入死循环时，如何摆脱困境？

6. AT89S51 单片机 P0～P3 口的驱动能力如何？如果想获得较大的驱动能力，采用低电平输出还是高电平输出？

7. AT89S51 单片机片内 RAM 低 128 单元划分为几个部分？每部分各有什么特点？

8. AT89S51 单片机的片内都包含了哪些功能部件？各个功能部件主要的功能是什么？

9. 程序存储器的空间中，有 5 个特殊单元，分别对应 AT89S51 单片机 5 个中断源的入口地址，写出这些单元的地址及对应的中断源。

10. AT89S51 单片机有几个存储器空间？画出它的存储器的结构。

11. 什么是空闲方式？怎样进入和退出空闲方式？

12. 什么是掉电方式？怎样进入和退出掉电方式？

13. AT89S51 单片机的控制信号引脚有哪些？说出其功能。

四、设计题

设计一个电路，使单片机的 P0 口能驱动 8 只发光二极管。

MCS-51 系列单片机的指令系统与汇编语言程序设计

 知识目标

（1）掌握 AT89S51 单片机指令系统的指令格式和常用符号含义。

（2）掌握 AT89S51 单片机指令的寻址方式。

（3）熟练掌握 AT89S51 单片机指令系统。

（4）掌握单片机的伪指令。

（5）掌握顺序结构、分支结构、循环结构程序的设计方法。

（6）掌握查表程序、子程序的设计方法。

技能目标

（1）熟练使用 AT89S51 单片机指令。

（2）学会使用不同的寻址方式来访问各个存储空间。

（3）熟悉 Keil 软件和程序调试。

（4）熟悉 Proteus 软件环境，并能使用 Proteus 软件进行电路设计与仿真。

指令是供用户使用的单片机的软件资源，是计算机用于控制各功能部件完成某一指定动作的指示和命令。指令系统是单片机生产厂家定义的，用户必须遵循的标准。AT89S51 单片机的指令系统与 MCS-51 系列单片机的指令完全兼容。

单片机指令使用英文名称或缩写形式作为助记符，以助记符、符号地址、标号等书写程序的语言称为汇编语言。

AT89S51 单片机的程序设计主要采用汇编语言和高级语言（C51）两种语言。汇编语言生成的目标程序占用存储空间小、运行速度快，具有效率高、实时性强的特点，适合编写短小高效的实时控制程序。采用高级语言设计程序，对系统硬件资源的分配比用汇编语言简单，且程序的阅读、修改以及移植比较容易，适合于编写规模较大的程序，尤其适合编写运算量较大的程序。本章重点学习汇编语言程序设计。

3.1 单片机指令概述

MCS-51 系列单片机汇编语言有 42 种助记符，代表了 33 种功能，而指令功能助记符与操作数各种寻址方式的结合，共构造出 111 条指令，其中，数据传送类指令 29 条，算术运算类指令 24

条，逻辑运算及移位类指令 24 条，控制转移类指令 17 条，位操作类指令 17 条。

（1）指令格式

MCS-51 系列单片机汇编语言指令的格式如下。

[标号：] <操作码>　[操作数 1] [，操作数 2] [，操作数 3] [；注释]

其中，[]内为可选内容。各部分之间必须用分隔符隔开，即标号要以"："分隔，操作码与操作数之间要用一个或多个空格分隔，操作数和操作数之间用"，"分隔，注释开始之前要加"；"分隔。

例如：START：MOV P1，#0FFH　；对 P1 口初始化

标号：该指令的符号地址，可根据需要设置。

操作码：指令的操作功能，用助记符表示，是指令的核心，不能缺省。

操作数：操作码的操作对象。根据指令的不同功能，操作数可以是三个、两个、一个或没有。

注释：解释该指令或一段程序的功能，便于阅读。

（2）常用符号

MCS-51 系列单片机汇编语言指令系统中，除操作码使用助记符，操作数中使用了一些符号，这些符号的含义归纳如下。

① Rn：当前工作寄存器组的 8 个通用寄存器 R0～R7，n=0～7。

② Ri：当前工作寄存器组的可用作间接寻址的寄存器 R0、R1 （i=0，1）。

③ direct：8 位直接地址，实际使用时，direct 应该是 00H～7FH 中的一个，也可以是特殊功能寄存器（SFR）中的一个。

④ #data8：8 位立即数。

⑤ #data16：16 位立即数。

⑥ addr16：16 位目的地址，只限于在 LCALL 和 LJMP 指令中使用。

⑦ addr11：11 位目的地址，只限于在 ACALL 和 AJMP 指令中使用。

⑧ rel：相对转移指令中的偏移量，为 8 位的带符号补码数，取值范围为–128～127。

⑨ DPTR：数据指针，可用于 16 位的地址寄存器。

⑩ bit：片内 RAM 或特殊功能寄存器中的直接寻址位。

⑪ C 或 CY：进位标志位或位累加器。

⑫ A：累加器 A。

⑬ B：寄存器 B。

⑭ @：间接寻址寄存器前缀。

⑮ （X）：某寄存器或单元的内容。

⑯ （（X））：由 X 间接寻址的单元中的内容。

⑰ $：本条指令的起始地址。

⑱ ←：箭头左边的内容被右边的内容所取代。

⑲ ↔：箭头两边的内容互换。

3.2　指令系统寻址方式

指令中说明操作数所在地址的方法就是寻址方式。MCS-51 系列单片机的指令系统有 7 种寻址方式。

（1）寄存器寻址方式

寄存器寻址方式就是操作数在寄存器中，因此指定了寄存器也就得到了操作数。实现寄存器寻址方式的有 R0～R7、A、B 和 DPTR 等。例如：

```
MOV A, R2    ；将寄存器 R2 中的数据传送到累加器 A 中
```

因为操作数在 R2 中，因此在指令中指定了 R2，就能从中得到操作数，所以寻址方式是寄存器寻址。

（2）直接寻址方式

直接寻址方式是指操作数直接以单元地址的形式给出，即操作数在指令中以存储单元的形式出现。由于直接寻址方式只能使用 8 位二进制数表示的地址，所以直接寻址方式的范围为片内 RAM 的低 128B 和特殊功能寄存器。例如：

```
MOV A, 30H    ；将片内 RAM 30H 中的数据传送给累加器 A
```

注意：累加器 A 可以写为 ACC，但是写成 ACC，寻址方式为直接寻址。例如：

```
MOV R0, ACC
```

（3）寄存器间接寻址方式

寄存器间接寻址方式是指寄存器中存放的是操作数的地址，即先从寄存器中得到操作数的地址，然后按照该地址找到操作数，因此称之为寄存器间接寻址。为了与寄存器寻址方式区别，在寄存器的名称前面加前缀"@"。例如：

```
MOV A, @R0
```

若（R0）=20H，（20H）=30H，这条指令的功能是将以 R0 寄存器内容 20H 为地址，把该地址单元的内容送至累加器 A，其功能如图 3-1 所示。

寄存器间接寻址的范围如下：@Ri 用于对片内 RAM 的寻址，也可以对片外 RAM 寻址，地址范围为 00H～FFH；@DPTR 的寻址范围可以覆盖片外 RAM 的全部 64KB 区域；堆栈操作指令 PUSH 和 POP 是以堆栈指针 SP 作间接寻址寄存器的间接寻址方式。

（4）立即寻址方式

立即寻址方式是指操作数在指令中直接给出，通常将此操作数称为立即数，"#"是立即寻址的标记。例如：

```
MOV A, #20H      ；将立即数 20H 传送到累加器 A 中
MOV DPTR, #2000H ；将 16 位立即数 2000H 传送到数据指针 DPTR
```

（5）变址寻址方式

变址寻址方式是为了访问程序存储器中的数据表格。变址寻址是将 DPTR 或 PC 作为基地址寄存器，预先存放操作数的基地址，累加器 A 作为基地址的偏移量即变址寄存器，其中应预先存放被寻址操作数地址对基地址的偏移量。在指令执行时，单片机将基地址和偏移量相加所得到的 16 位地址作为操作数的地址，以达到访问数据表格的目的。例如：

```
MOVC A, @A+ DPTR
```

若指令执行前（A）=20H，（DPTR）=1000H，将 DPTR 和 A 的内容相加得到 1020H 作为操作数的存储单元的地址，将 1020H 单元的内容 30H 传送给累加器 A，指令执行后累加器 A 中的内容为 30H。其功能如图 3-2 所示。

注意：

① 变址寻址方式是访问程序存储器（ROM）中数据的唯一的寻址方式，寻址范围可达到 64KB。

② 变址寻址的指令只有 3 条：

```
MOVC  A, @A+DPTR
MOVC  A, @A+PC
JMP   A, @A+DPTR
```

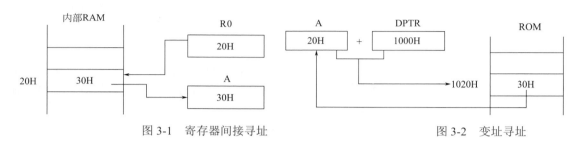

图 3-1　寄存器间接寻址　　　　　　　图 3-2　变址寻址

其中，前两条是访问程序存储器指令，后一条是无条件转移指令。

③ 变址寻址方式用于查表操作，而数据表建立在程序存储器（ROM）中。

（6）相对寻址方式

前面的寻址方式主要是解决操作数的给出，而相对寻址方式则是为了解决程序转移的问题，为转移指令所采用。例如：

```
SJMP  rel
```

在相对寻址的转移指令中，给出了地址偏移量，用"rel"表示，把 PC 的当前值加上偏移量就构成了程序转移的目的地址，此处的 PC 当前值是指执行完转移指令后的 PC 值，也就是转移指令的 PC 值加上它的字节数，因此转移的目的地址可以表示为

目的地址=转移指令地址+转移指令字节数+rel

偏移量 rel 是 1 个有符号的 8 位二进制补码数，表示的数的范围是−128～+127，因此相对寻址是以转移指令所在地址为基点，向地址增加方向最大可转移+127（指令字节数）个单元地址，向地址减少方向最大可转移−128（转移指令字节数）个单元地址。但是，为了程序设计的方便，在程序中相对地址偏移量常常使用标号表示。

（7）位寻址

在单片机系统中，操作数不仅可以以字节为单位进行操作，同时也可以按位进行操作。当把 8 位二进制数的某一位作为操作数时，把这一位的地址称作位地址，对位地址寻址称作位寻址。

位寻址的范围：片内 RAM 的位寻址区和特殊功能寄存器的可寻址位。例如：

```
MOV  C, 0D5H    ；将 0D5H 的位状态传送给位累加器 C
```

寻址位在指令中的表示方法有以下 4 种。

① 直接使用位地址。例如，上例中的 0D5H。

② 位名称表示方法。例如，PSW 寄存器位 5 是 F0 标志位，也可以使用 F0 表示。

③ 单元地址加位数的表示方法。例如 PSW 寄存器的单元地址是 0D0H，所以，PSW 寄存器位 5 也可以表示成 0D0H.5。

④ 专用寄存器符号加位数的表示方法。例如，PSW 寄存器位 5 也可以表示成 PSW.5。

以上是 MCS-51 系列单片机的 7 种寻址方式，概括起来见表 3-1。

表 3-1　寻址方式及对应的寻址空间

序号	寻址方式	寻址空间
1	寄存器寻址	工作寄存器区、部分特殊功能寄存器
2	直接寻址	片内 RAM 低 128B、特殊功能寄存器
3	寄存器间接寻址	片内 RAM、片外 RAM
4	立即寻址	—
5	变址寻址	程序存储器
6	相对寻址	程序存储器
7	位寻址	位寻址区、SFR 中的可寻址位

3.3　MCS-51 系列单片机的指令系统

3.3.1　数据传送类指令

数据传送是指将源地址单元中的数据传送到目的地址单元中，且源地址单元中的数据保持不变，或者源地址单元中的数据与目的地址单元中的数据互换。

数据传送操作可以在片内 RAM 和 SFR 内进行，也可以在累加器 A 和片外数据存储器之间进行，以及读取程序存储器（ROM）中的数据。在这类指令中，除了以累加器 A 为目的地址的操作会对奇偶标志位 P 有影响，其余指令执行时不会影响任何标志位。

（1）内部数据传送指令

数据在单片机内部传送是最频繁的操作，相关的指令也最多，包括寄存器、累加器、RAM 单元以及工作寄存器之间的数据传送。指令的通用格式如下。

```
MOV  <目的操作数>, <源操作数>
```

指令的功能是把源操作数传送到目的操作数，源操作数不变，目的操作数修改为源操作数。这类指令的功能是"复制"。

① 以累加器 A 为目的操作数的指令。

```
MOV  A, Rn          ; A←(Rn)
MOV  A, direct      ; A←(direct)
MOV  A, @Ri         ; A←((Ri))
MOV  A, #data       ; A←data
```

这类指令的功能是将源操作数的内容送给累加器 A，源操作数可以是寄存器寻址、直接寻址、寄存器间接寻址和立即寻址。例如：

```
MOV  A, @R0
```

如果指令执行前，（R0）=30H，（30H）=00H，则指令执行后累加器 A 中的内容为 00H。

② 以寄存器 Rn 为目的操作数的指令。

```
MOV  Rn, A          ; Rn←(A)
MOV  Rn, direct     ; Rn←(direct)
MOV  Rn, #data      ; Rn←data
```

这类指令的功能是将源操作数的内容送到单片机当前一组工作寄存器区的 R0～R7 中的某个

工作寄存器中。

③ 以直接地址位为目的操作数的指令。

```
MOV  direct, A          ; direct←(A)
MOV  direct, Rn         ; direct←(Rn)
MOV  direct1, direct2   ; direct1←(direct2)
MOV  direct, @Ri        ; direct←((Ri))
MOV  direct, #data      ; direct←data
```

这类指令的功能是将累加器 A、片内 RAM 的地址单元的内容以及立即数传送到片内 RAM 的地址单元中,源操作数的寻址方式可以是寄存器寻址、直接寻址、寄存器间接寻址和立即寻址。例如:

```
MOV  R1, #20H
MOV  20H, #0FFH
MOV  A, @R1
MOV  30H, A
MOV  50H, 30H
```

上述指令顺序执行后,(R1)=20H,(20H)=0FFH,(A)=0FFH,(30H)=0FFH,(50H)=0FFH。

④ 以间接地址为目的操作数的指令。

```
MOV  @Ri, A        ; (Ri) ←(A)
MOV  @Ri, direct   ; (Ri) ←(direct)
MOV  @Ri, #data    ; (Ri) ←data
```

这类指令的功能是将累加器 A、片内 RAM 的地址单元的内容以及立即数传送到 Ri 间接寻址的片内数据存储器中,源操作数的寻址方式可以是寄存器寻址、直接寻址和立即寻址。例如:

```
MOV  A, #00H
MOV  R0, #20H
MOV  @R0, A
```

上述指令顺序执行后,(A)=00H,(R0)=20H,(20H)= 00H。

上述 15 条指令可以总结为图 3-3 所示的传递关系,图中箭头表示数据传送方向。

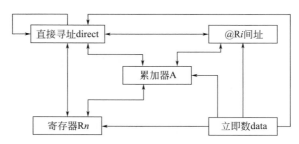

图 3-3　MOV 指令在内部存储器操作

在使用上述编程指令时有以下几点注意事项。

a. 每条指令的格式和功能都是单片机的制造商已经确定的,不能根据主观意愿去"创造"指令。例如"MOV R7,R1"指令是非法的。

b. 以累加器 A 为目的寄存器的传送指令会影响 PSW 中的奇偶标志位 P，而其余的指令对 PSW 均无影响。

c. 注意给程序进行适当的注释，这对于阅读、编写和修改程序都是非常重要的。例如：

```
MOV  A, #30H   ; A←30H
MOV  30H, #00H ; (30H) ←00H
MOV  R0, A     ; R0←30H
```

d. 设计程序有多种方法，有些是合理的，而有些是不合理的，在编写程序时要养成编写合理合法程序的习惯。

⑤ 16 位数传指令。

在 MCS-51 系列单片机指令系统中唯一的一条 16 位数传指令格式如下。

```
MOV  DPTR, #data16 ; DPTR←data16
```

这条指令的功能是将 16 位立即数送给 DPTR，即立即数的高 8 位送给 DPH，立即数的低 8 位送给 DPL。DPTR 是一个专门用于访问外部存储器的间接寻址寄存器，寻址能力为 64K（0～65535）。例如：

```
MOV  DPTR, #2000H
```

指令执行后，（DPH）=20H，（DPL）=00H。

（2）外部数据传送指令

① 累加器 A 与片外 RAM 的字节传送指令。

```
MOVX  A, @Ri      ; A←((Ri))
MOVX  @Ri, A      ; (Ri) ←(A)
MOVX  A, @DPTR    ; A←((DPTR))
MOVX  @DPTR, A    ; (DPTR) ←(A)
```

这类指令实现的是累加器 A 与片外 RAM 之间数据的传送。执行这类指令时，P0 口做低 8 位的地址总线和数据总线，P2 口做高 8 位的地址总线。前两条指令访问的地址范围是片外 RAM 每页的 00H～0FFH，后两条指令访问的地址范围是片外 RAM 0000H～FFFFH。

【例 3-1】 将片外 RAM 中 2000H 单元中的数据 X 传送到片外 RAM 中 30H 单元。

解： 片外 RAM 中的数据是不能直接传送的，必须经过累加器 A，对应的程序如下。

```
MOV  DPTR, #2000H ; DPTR←2000H
MOV  R0, #30H     ; R0←30H
MOVX  A, @DPTR    ; A←X
MOVX  @R0, A      ; 30H←X
```

② 累加器 A 与 ROM 的字节传送指令。

这类指令主要用于查表，因而又称查表指令。这类指令仅有两条，均属于变址寻址的方式。指令格式如下。

```
MOVC  A, @A+DPTR  ; A←(A+DPTR)
MOVC  A, @A+PC    ; PC←PC+1, A←(A+PC)
```

这类指令的助记符是"MOVC"，指令功能是将 A 和 DPTR 或 PC 相加，得到 16 位地址作为操作数的地址，把程序存储器（ROM）中所对应的地址单元中的数据送入累加器 A 中。这是访问程序存储器（ROM）中数据的唯一的方法。

第一条指令用 DPTR 作为基地址。使用前先将数据表的首地址送入 DPTR 中，累加器 A 的内容作为查表偏移量。两者相加得到表中数据地址并取出送给累加器 A。由于用户可以很方便地将任意一个 16 位地址送入 DPTR，因此数据表可以放在 ROM 的 64KB 的任何一个子域。

第二条指令是以程序计数器 PC 为基地址。由于 PC 的内容与该指令在 ROM 中的位置有关，并且 PC 的值是不能随便修改的，所以选择 PC 作基地址时，一般要通过累加器 A 进行"查表修正"。

【例 3-2】已知累加器 A 中存有 0～9 范围内的数，试用查表指令编写查找出该数平方值的程序。

解：既然要进行查表，首先必须确定一张 0～9 平方值的表，假设该表的起始地址为 ROM 的 1000H 单元，则相对应的平方值表如图 3-4 所示，由平方值表可以看出，累加器 A 中的数恰好等于该数的平方值对表起始地址的偏移量。例如，4 的平方值为 16，16 的地址为 1004H，它对 1004H 的地址偏移量也为 4，采用 DPTR 作为基址寄存器，只要将首地址 1000H 送入 DPTR 就可以了，查表程序如下。

```
MOV  DPTR, #1000H    ; 指针赋值
MOVC A, @A+DPTR      ; 得到的平方值送给累加器 A
```

（3）堆栈操作指令

堆栈是指一个用来保存程序断点、数据的存储区域。在 MCS-51 系列单片机中，栈区可以使用片内 RAM 的任意位置，具体位置由指针 SP 来确定（系统上电时，SP=07H）。

堆栈操作指令是一种特殊的数据操作指令。这类指令有两条：

```
PUSH  direct    ; SP←SP+1, (SP)←(direct)
POP   direct    ; ((SP))→direct, SP←SP-1
```

第一条指令称为压栈指令，用于把以 direct 为地址的操作数传送到堆栈中。指令执行时，首先将 SP 栈顶地址加 1，使之指向堆栈的新的栈顶单元，然后把 direct 中的操作数压入由 SP 指示的栈顶单元。

1000H	0
1001H	1
1002H	4
1003H	9
1004H	16
1005H	25
1006H	36
1007H	49
1008H	64
1009H	81

图 3-4　0～9 平方值表

第二条指令称为弹出指令，是把堆栈中的操作数传送到 direct 单元。指令执行时，首先把 SP 所指的栈顶单元中的操作数弹到 direct 单元，然后再将 SP 中的原栈顶地址减 1，指向新的栈顶。

设片内 RAM 的 20H 单元存有 x，40H 单元存有 y。

```
PUSH  20H    ; x 进栈
PUSH  40H    ; y 进栈
POP   20H    ; y 送 20H 单元
POP   40H    ; x 送 40H 单元
```

顺序执行上述指令后，（20H）=y，（40H）=x。堆栈变化示意图如图 3-5 所示。堆栈操作指令除了对程序的数据进行保护，还可以根据堆栈操作的特点完成一些特殊的操作。

（4）数据交换指令

数据交换主要在片内 RAM 单元与累加器 A 之间进行。

① 整字节交换指令。

```
XCH  A, Rn      ; (A)↔Rn
XCH  A, @Ri     ; (A)↔@Ri
XCH  A, direct  ; (A)↔(direct)
```

这类指令的功能是将累加器 A 中的数据与源操作数进行互相交换。

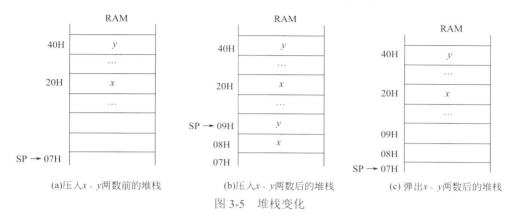

(a)压入 x、y 两数前的堆栈　　(b)压入 x、y 两数后的堆栈　　(c)弹出 x、y 两数后的堆栈

图 3-5　堆栈变化

② 半字节交换指令。

```
XCHD  A, @Ri   ; (A) 3～0 ↔ ((Ri)) 3～0
```

指令功能是将源操作数与累加器 A 低 4 位的半字节数据交换。

③ 累加器 A 高低半字节交换指令。

```
SWAP  A        ; (A) 3～0 ↔(A) 7～4
```

指令功能是将累加器 A 中高、低 4 位进行互相交换。

【例 3-3】将内部 RAM 10H 单元的内容与累加器 A 中的内容互换后，再将累加器 A 的高 4 位存入片内 RAM 以 R1 间接寻址单元的低 4 位，A 的低 4 位存入片内 RAM 以 R1 间接寻址单元的高 4 位。

解： 其指令如下。

```
XCH  A, 10H      ; (A)↔(10H)
SWAP  A          ; (A) 3～0 ↔(A) 7～4
MOV @R1, A       ; (R1)←(A)
```

【例 3-4】电路如图 3-6 所示，读取 P1 口连接的波动开关的状态，点亮 P2 口对应的发光二极管。

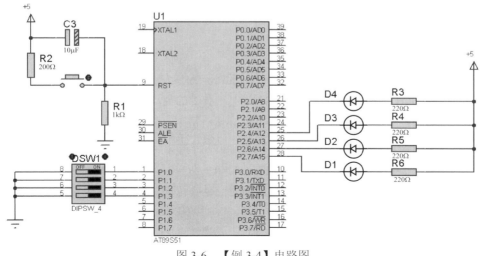

图 3-6　【例 3-4】电路图

解：首先要读取 P1.0～P1.3 的状态，然后把读取的状态值进行高低半字节交换后送 P2 口显示。程序如下。

```
MOV  P1, #0FFH   ; 将 P1 口锁存器置 1
MOV  A, P1       ; 读取 P1 口状态
SWAP A           ; 高低半字节交换
MOV  P2, A       ; 送入 P2 口显示
```

3.3.2　算术运算类指令

MCS-51 系列单片机的算术运算类指令共有 24 条，包括加法、减法、乘法、除法和十进制调整等操作指令。这类指令中，大多数都要用累加器 A 来存放源操作数，另一个操作数是工作寄存器 Rn、片内 RAM 单元或立即数。执行指令时，CPU 总是将源操作数与累加器 A 中的操作数进行相应操作，然后将结果保留在累加器 A 中，同时会影响程序状态字（PSW）中的溢出标志位 OV、进位标志位 CY、辅助进位标志位 AC 和奇偶标志位 P。

（1）不带进位的加法指令

```
ADD  A, #data    ; A←(A)+data
ADD  A, direct   ; A←(A)+(direct)
ADD  A, Rn       ; A←(A)+(Rn)
ADD  A, @Ri      ; A←(A)+((Ri))
```

这组指令的功能是将累加器 A 中的内容与源操作数相加，并把运算结果保存在累加器 A 中，同时影响程序状态字（PSW）的 CY、AC、OV 和 P 的状态。具体如下。

① 如果位 3 有进位，则辅助进位标志位 AC 置 1；反之，AC 清 0。

② 如果位 7 有进位，则进位标志位 CY 置 1；反之，CY 清 0。

③ 如果位 6 有进位而位 7 没有进位或者位 7 有进位而位 6 没有进位，则溢出标志位 OV 置 1；反之，OV 清 0。

④ 如果指令执行后，累加器 A 中的数据"1"的个数为奇数，则奇偶标志位 P 置 1；反之，P 清 0。

例如：

```
MOV  A, #19H     ; A←19H
ADD  A, #66H     ; A←(A)+66H
```

上述程序，第一条指令为数据传送指令，给累加器 A 赋值。第二条指令是加法指令，将累加器 A 中的数据与 66H 相加，结果送回累加器 A 中。对应的竖式表示如下。

```
   19H     A=0 0 0 1 1 0 0 1 B
 + 66H  data=0 1 1 0 0 1 1 0 B
 ─────────────────────────────
   7FH     0 0 1 1 1 1 1 1 1 B
```

由竖式可知，程序执行后，（A）=07FH，CY=0，AC=0，OV=0，P=1。

这组指令使用时应注意：参加运算的数据都应当是 8 位的，结果也是 8 位并影响 PSW；根据编程者的需要，8 位数据可以是无符号数（0～255），也可以是有符号数（−128～+127）。但是，不论编程者认为是有符号数还是无符号数，CPU 都将把它们视为有符号数（补码）进行运算并影响 PSW。

（2）带进位的加法指令

```
ADDC  A, #data   ; A←(A)+data+CY
ADDC  A, direct  ; A←(A)+(direct)+CY
ADDC  A, Rn      ; A←(A)+(Rn)+CY
ADDC  A, @Ri     ; A←(A)+((Ri))+CY
```

这组指令是将累加器 A 中的操作数、源操作数和 CY 中的值相加后，结果保存在累加器 A 中。这里所指的 CY 的值是指令执行前的 CY 值，与指令执行后的 CY 值无关。PSW 中其他各标志位状态变化与不带 CY 的加法指令相同。

（3）加 1 指令

```
INC  A          ; A←(A)+1
INC  Rn         ; Rn←(Rn)+1
INC  direct     ; direct←(direct)+1
INC  @Ri        ; (Ri)←((Ri))+1
INC  DPTR       ; DPTR←(DPTR)+1
```

这组指令的功能是将源操作数内容加 1 后结果送回原单元。除第一条指令对 PSW 的 P 有影响外，其余指令对 PSW 均无影响。这组指令常用于控制、循环语句中修改数据指针等。

（4）带借位的减法指令

```
SUBB  A, #data   ; A←(A)-data-CY
SUBB  A, direct  ; A←(A)-(direct)-CY
SUBB  A, Rn      ; A←(A)-(Rn)-CY
SUBB  A, @Ri     ; A←(A)-((Ri))-CY
```

这组指令的功能是将累加器 A 中的内容减去源操作数以及指令执行前的 CY 值，然后把结果保存在累加器 A 中。在这组指令中，无论相减两数是无符号数还是有符号数，减法操作总是按有符号数来处理，同时影响 PSW 中相关的标志位。

在 MCS-51 系列单片机的指令系统中没有不带借位的减法，即不带 CY 的指令是非法指令，但是可以使用合法的指令来替代，只是在使用 SUBB 指令前必须使用一条清除借位的指令。

```
CLR  C
```

【例 3-5】 试分析执行下列指令后累加器 A 和 PSW 中各标志位的变化。

解：

```
CLR  C
MOV  A, #52H
SUBB A, #0B4H
```

对应的竖式表示如下。

$$
\begin{array}{r}
a=01010010B \\
-)\ data=10110100B \\
\hline
110011110B
\end{array}
$$

由此可以得出（A）=9EH，CY=1，AC=1，OV=1，P=1。

（5）减 1 指令

```
DEC  A          ; A←(A)-1
DEC  Rn         ; Rn←(Rn)-1
```

```
DEC  direct      ; direct←(direct)-1
DEC  @Ri         ; (Ri)←((Ri))-1
```

这组指令的功能是将源操作数的内容减1，然后将运算结果送回原单元。仅有"DEC　A"这条指令影响 PSW 中的奇偶标志位 P。本条指令主要用于在循环语句中修改数据指针。但要注意：减1指令中没有 DPTR 的减1指令。

（6）十进制调整指令

```
DA  A      若 AC=1 或 A3～0＞9，则 A←(A)+06H
```
若 CY=1 或 A7～4＞9，则 A←(A)+60H

这条指令使用时通常紧跟在加法指令之后，用于对执行加法后累加器 A 中的操作结果进行十进制调整。该指令具有以下功能：若在加法过程中低4位向高4位有进位或累加器 A 中低4位大于9，则累加器 A 做加6调整；若在加法过程中最高位有进位或累加器 A 中高4位大于9，则累加器 A 做加60H调整。十进制调整是由硬件自动完成，结果存在累加器 A 中，指令执行时仅对进位位 CY 产生影响。

```
MOV  A, #85H   ; A←85H
ADD  A, #59H   ; A←85H+59H=0DEH
DA   A         ; A←44H, CY=1
```

运算过程如下。

```
        85      A=   10000101B
    +)  59    data=  01011001B
       144       0   11011110B
                        0110B    低4位＞9，加6调整
                   11100100B
                       0110     高4位＞9，加60H调整
                 1   01000100B
```

显然，CY=1，A=44H，即操作结果为144。

（7）乘法指令

```
MUL  AB  : BA←A×B，影响标志位
```

该条指令的功能是将累加器 A 和寄存器 B 中的两个8位无符号整数相乘，并把乘积的高8位放在 B 寄存器中，低8位放在累加器 A 中。该指令执行过程中对 CY、OV 和 P 三个位产生影响。其中，CY 被清0。OV 用来表示乘积的大小，若乘积大于255，即 B＞0，则 OV=1，否则 OV=0。P 仍是由累加器 A 中1的个数的奇偶性确定。

（8）除法指令

```
DIV  AB  : A/B=A…B，影响标志位
```

该条指令的功能是把累加器 A 中的8位无符号数除以寄存器 B 中的8位无符号数，所得的商的整数部分放在累加器 A 中，余数保留在寄存器 B 中。该指令对 CY 和 P 的影响与乘法相同。指令执行过程中，若 CPU 发现寄存器 B 中的除数为0，则 OV 被置1，表示除法是没有意义的；其余情况下 OV 为0。

【例3-6】试编程实现 1234H+5678H，将结果保存在片内 RAM 30H 和 31H 单元中（高位放在 30H 单元中）。

解：其程序段如下。

```
MOV  A, #34H   ; A←34H
ADD  A, #78H   ; A←34H+78H
```

```
MOV  31H, A      ; 31H←(A)
MOV  A, #12H     ; A←12H
ADDC A, #56H     ; A←12H+56H+CY
MOV  30H, A      ; 30H←(A)
```

【例 3-7】已知两个 8 位无符号数分别存放在内部数据存储器 30H 和 31H 单元中。试编写程序，将它们乘积的低 8 位放入 32H 单元、乘积的高 8 位放入 33H 单元。

解：其程序段如下。

```
MOV  R0, 30H    ; R0←第一个乘数的地址
MOV  A, @R0     ; A←第一个乘数
INC  R0         ; R0←第二个乘数的地址
MOV  B, @R0     ; B←第二个乘数
MUL  AB         ; BA←A×B
INC  R0         ; 修改目标单元地址
MOV  @R0, A     ; 32H←积的低 8 位
INC  R0         ; 修改目标单元地址
MOV  @R0, B     ; 33H←积的高 8 位
```

3.3.3　逻辑运算及移位类指令

MCS-51 系列单片机逻辑运算及移位类指令共有 24 条，包括逻辑与、逻辑或、逻辑异或、清 0、取反、左移、右移等指令。在这类指令中，仅当目的操作数为累加器 A 时对奇偶标志位 P 有影响，其余指令均不影响 PSW 的状态。

（1）逻辑与运算指令

```
ANL  A, Rn          ; A←(A)∧(Rn)
ANL  A, direct      ; A←(A)∧(direct)
ANL  A, @Ri         ; A←(A)∧((Ri))
ANL  A, #data       ; A←(A)∧data
ANL  direct, A      ; direct←(direct)∧(A)
ANL  direct, #data  ; direct←(direct)∧data
```

这组指令的前 4 条指令以累加器 A 为目的操作数，指令的功能是将累加器 A 和源操作数按位进行逻辑与运算，并把操作结果送回累加器 A；后两条指令的目的操作数是直接寻址的地址单元，指令的功能是把直接地址单元的内容和源操作数按位进行逻辑与运算，并把操作结果送入直接寻址的地址单元中。

逻辑与指令通常用于将一个字节中的指定位清 0，其余位不变。

【例 3-8】已知 R0=20H，（20）=55H，（A）=0FH，执行指令 "ANL　A，@R0" 后，累加器 A 和 20H 单元中的内容是什么？

解：

```
          ((R0))  0 1 0 1 0 1 0 1 B
    ∧     (A)     0 0 0 0 1 1 1 1 B
          A       0 0 0 0 0 1 0 1 B
```

指令执行后,(20H)=55H,(A)=05H。

（2）逻辑或运算指令

```
ORL  A, Rn           ; A←(A)∨(Rn)
ORL  A, direct       ; A←(A)∨(direct)
ORL  A, @Ri          ; A←(A)∨((Ri))
ORL  A, #data        ; A←(A)∨data
ORL  direct, A       ; direct←(direct)∨(A)
ORL  direct, #data   ; direct←(direct)∨data
```

这组指令和逻辑与指令类似,不同的是指令执行的是逻辑或操作。逻辑或指令主要是对某个存储单元或累加器 A 中数据进行指定位置 1 操作,其余位不变。

（3）逻辑异或运算指令

异或运算的符号是⊕,运算规则如下。

$0⊕0=0$,$1⊕1=0$,$0⊕1=1$,$1⊕0=1$

逻辑异或运算指令如下。

```
XRL  A, Rn           ; A←(A)⊕(Rn)
XRL  A, direct       ; A←(A)⊕(direct)
XRL  A, @Ri          ; A←(A)⊕((Ri))
XRL  A, #data        ; A←(A)⊕data
XRL  direct, A       ; direct←(direct)⊕(A)
XRL  direct, #data   ; direct←(direct)⊕data
```

这类指令和前两类指令相似,只是进行的操作是逻辑异或操作。逻辑异或指令也可以用来对某个存储单元或累加器 A 中的数据进行变换,使其中指定的某些位取反,其余位不变。

（4）累加器清 0 指令

```
CLR  A    ; A←0
```

（5）累加器取反指令

CPL A;A←A 中的数据按位取反

（6）移位指令

RL A ；将累加器 A 中的内容左移一位

```
┌──[A7 ←── A0]──┐
```

RR A ；将累加器 A 中的内容右移一位

```
┌──[A7 ──→ A0]──┐
```

RLC A ；将累加器 A 中的内容连同进位位左移一位

```
┌──[CY]←[A7 ←── A0]──┐
```

RRC A ；将累加器 A 中的内容连同进位位右移一位

```
┌──[CY]─[A7 ──→ A0]──┐
```

【例 3-9】设累加器 A=0AAH,P1=0FFH。试编程将累加器 A 中的低四位送 P1 口的低四位,而 P1 口的高四位不变。

解：

```
MOV  R0, A      ；累加器 A 中的数据暂存
ANL  A, #0FH    ；屏蔽高 4 位，保留低 4 位
ANL  P1, #0F0H  ；屏蔽 P1 口的低 4 位
ORL  P1, A      ；在 P1 口组装
MOV  A, R0      ；恢复累加器 A 的数据
```

3.3.4　控制转移类指令

（1）无条件转移指令

① 绝对转移指令。

```
AJMP  addr11   ；PC←PC+2, PC10～0←addr11
```

这条指令执行时，先将 PC 加 2，然后把 addr11 送入 PC10～0，PC15～11 保持不变，显然，这是 2KB 范围内的无条件转移指令，如图 3-7 所示。AJMP 指令把单片机的 64KB 程序存储器空间划分为 32 个区，每个区为 2KB。AJMP 指令的目标地址应该与 AJMP 指令取出后的 PC 地址在同一个 2KB 区域。例如，若 AJMP 指令地址为 2FFEH，则 PC+2=3000H，因此目标转移地址必须在 3000H～37FFH 这个 2KB 区域内。在编写程序时，addr11 常采用符号地址表示。

② 长转移指令。

```
LJMP  addr16   ；PC16←addr16
```

长转移指令的功能是将指令码中的 addr16 送入程序计数器 PC，使机器无条件转移到 addr16 处执行程序。由于 addr16 是 16 位二进制数，因此本条指令的转移范围是 64KB，如图 3-8 所示。为了使程序容易编写，addr16 常采用符号地址。

③ 短转移指令。

```
SJMP  rel    ；PC←PC+2, PC←PC+rel
```

本条指令的功能是将 PC 加 2 后，把偏移量 rel 加到 PC 上，计算出目标地址。由于指令中的 rel 是一个有符号的 8 位二进制数，取值范围为–128～+127，因此转移地址范围为 256B，如图 3-9 所示。

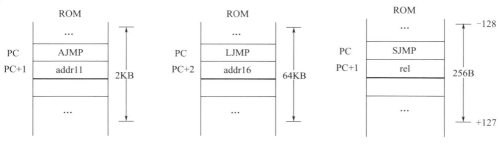

图 3-7　AJMP 指令　　　图 3-8　LJMP 指令　　　图 3-9　SJMP 指令

④ 变址转移指令。

```
JMP  @A+DPTR   ；PC←A+DPTR
```

本条指令执行时，单片机把 DPTR 中的基地址和累加器 A 中的地址偏移量相加，形成目标转移地址送给程序计数器 PC。

通常，DPTR 中的基地址是一个确定的值，是一张转移指令表的起始地址，累加器 A 中的值

为表的偏移量地址，机器通过变址转移指令便可实现程序的分支转移。

（2）条件转移指令

这类指令在执行过程中需要判断条件是否满足，然后决定是否转移。当条件满足时，程序转移；不满足时，程序顺序执行。条件转移指令分为累加器 A 判零转移、比较不相等转移和减 1 不为 0 转移三类指令。

① 累加器 A 判零转移指令。

```
JZ   rel   ; 若(A)=0, 则 PC←PC+2+rel; 若(A)≠0, 则 PC←PC+2
JNZ  rel   ; 若(A)≠0, 则 PC←PC+2+rel; 若(A)=0, 则 PC←PC+2
```

第一条指令的功能：如果累加器（A）=0，则转移到目的地址，否则不转移。第二条指令与第一条指令功能相反。若累加器（A）≠0，则转移；否则，顺序执行原程序。

【例 3-10】已知给定内部数据存储器 30H 单元中的内容，执行下列程序，分析程序运行过程及结果。

```
MOV  A, 30H
JNZ  L1
MOV  R0, #00H
AJMP L2
L1: MOV  R0, #0FFH
L2: SJMP  $
```

解：如果执行这段程序前，（30H）=00H，则 R0=0；否则，R0=0FFH。

② 比较不相等转移指令。

```
CJNE  A, #data, rel    ; 若(A)=data, 则 PC←PC+3
                         若(A)>data, 则 PC←PC+3+rel, CY=0
                         若(A)<data, 则 PC←PC+3+rel, CY=1
CJNE  A, direct, rel   ; 若(A)=(direct), 则 PC←PC+3
                         若(A)>(direct), 则 PC←PC+3+rel, CY=0
                         若(A)<(direct), 则 PC←PC+3+rel, CY=1
CJNE  Rn, #data, rel   ; 若(Rn)=data, 则 PC←PC+3
                         若(Rn)>data, 则 PC←PC+3+rel, CY=0
                         若(Rn)<data, 则 PC←PC+3+rel, CY=1
CJNE  @Ri, #data, rel  ; 若((Ri))=data, 则 PC←PC+3
                         若((Ri))>data, 则 PC←PC+3+rel, CY=0
                         若((Ri))<data, 则 PC←PC+3+rel, CY=1
```

第一条指令执行时，单片机将累加器 A 和立即数 data 进行比较，若不相等则转移，否则顺序执行，同时影响 CY 标志位。影响 CY 标志位的方法：若累加器 A 中的内容大于等于立即数 data，则 CY=0，否则 CY=1。其余三条指令功能与第一条指令相同，只是比较的两个源操作数不同。

③ 减 1 不为 0 转移指令。

```
DJNZ  Rn, rel      ; (Rn)←(Rn)-1, 若 Rn≠0, 则 PC←PC+2+rel
                       若 Rn=0, 则 PC←PC+2
DJNZ  direct, rel  ; (direct)←(direct)-1, 若(direct)≠0, 则 PC←PC+3+rel
                       若(direct)=0, 则 PC←PC+3
```

第一条指令是双字节的指令，其功能如下。

先把 Rn 中的内容减 1，然后判断 Rn 中的内容，若 Rn 中的内容为零，则程序顺序执行；若不为零，则程序转移。第二条指令是三字节指令，功能与第一条指令类似。

这两条指令主要用于控制程序循环，如预先把寄存器或片内 RAM 单元赋值循环次数，则利用减 1 条件转移指令，以减 1 后是否为 0 作为转移条件，即可实现按次数控制循环。

【例 3-11】读下列程序，分析 A 的运算过程。

解：
```
MOV  20H, #05H    ; 20H←#05H
CLR  A            ; A←0
LOOP: ADD A, 20H  ; A←(A)+(20H)
DJNZ  20H, LOOP   ; 20H←(20H)，若(20H)≠0，则转移，否则顺序执行
SJMP  $           ; 停机
```

A 的运算过程：

（A）=5+4+3+2+1=0FH

（3）子程序的调用和返回指令

在编写程序时，经常会遇到反复执行某程序段的情况，为了减少编写和调试程序的工作量，以及减少程序在存储器中所占的空间，常常把具有完整功能的程序定义为子程序，供主程序调用。

在子程序的调用过程中，调用和返回是必须的，因此调用指令和返回指令是成对使用的。调用指令在主程序中使用，返回指令则放在子程序的末尾。子程序执行完后，程序要返回主程序断点处继续执行，如图 3-10 所示。

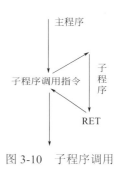

图 3-10　子程序调用

① 短调用指令。
```
ACALL  addr11    ; PC←PC+2, SP←SP+1, (SP)←PC7～0
                 ; SP←SP+1, (SP)←PC15～8
                 ; PC10～0←addr11
```

短调用指令也称绝对调用指令。该指令执行时，PC 先加 2，分别把它的断点地址压入堆栈，然后把指令提供的 11 位地址取代 PC 的低 11 位，而 PC 的高 5 位地址不变。

在编程时，addr11 可用标号表示，本调用指令应与被调用子程序起始地址在同一个 2KB 范围内，只有当 ACALL 指令处在上一页末尾时，被调用子程序才可以在本页之内。

② 长调用指令。
```
LCALL  addr16    ; PC←PC+3, SP←SP+1, (SP)←PC7～0
                 ; SP←SP+1, (SP)←PC15～8
                 ; PC←addr16
```

该指令执行时，PC 加 3 后把断点地址压入堆栈，然后把 addr16 送给 PC。显然，长调用指令的调用范围是 64KB。

③ 返回指令。
```
RET     ; PC15~8←(SP), SP←SP-1
        ; PC 7~0←(SP), SP←SP-1
RETI    ; PC15~8←(SP), SP←SP-1
        ; PC7~0←(SP) , SP←SP-1
```

两条指令的功能基本相同，都是使子程序返回主程序，并继续往下执行。两者的区别是 RET 用于子程序的返回，RETI 用于中断服务子程序返回。RETI 返回主程序后，还要清除相应的中断优先级状态位，使系统响应低优先级的中断。

（4）空操作指令

```
NOP  ; PC←PC+1
```

指令的功能是使程序计数器 PC 加 1，不进行任何操作，因此它常在延时程序中使用。

3.3.5　位操作指令

MCS-51 系列单片机的硬件结构中有一个位处理器，对位地址空间具有丰富的位操作指令。由于位操作数是"位"，取值只能是 0 或 1，故又称布尔操作指令。

（1）位传送类指令

```
MOV  C, bit    ; C 为 PSW 中的 CY, CY←(bit)
MOV  bit, C    ; bit 为位地址, bit←(CY)
```

这组指令的功能是实现位累加器 C 和其他位地址之间的数据传递。例如：

```
MOV  P1.0, C   ; 将 CY 中的状态送到 P1.0 引脚
```

（2）位置 1 和位清 0 指令

```
SETB  C     ; CY←1
SETB  bit   ; bit←1
CLR   C     ; CY←0
CLR   bit   ; bit←0
```

例如：

```
STEB  P1.2  ; 使 P1.2 位置 1
CLR   P3.3  ; 使 P3.3 位清 0
```

（3）位逻辑运算指令

① 位与指令。

```
ANL  C, bit    ; CY←(CY)∧(bit)
```

指令功能是 CY 与指定的位地址的值相与，结果送回 CY。

```
ANL  C, /bit   ; CY←(CY)∧($\overline{\text{bit}}$)
```

指令功能是先将指定的位地址中的值取出来后取反，再和 CY 相与，结果送回 CY。但指定的位地址中的值本身并不发生变化。

例如：已知 CY=1，（P1.0）=1，执行下列指令。

```
ANL  C, /P1.0
```

结果是 CY=0，而（P1.0）=1。

② 位或指令。

```
ORL  C, bit    ; CY←(CY)∨(bit)
ORL  C, /bit   ; CY←(CY)∨($\overline{\text{bit}}$)
```

③ 位取反指令。

```
CPL  C         ; CY←($\overline{\text{CY}}$)
```

指令功能是使 CY 等于与原值相反的值，由 1 变为 0，由 0 变为 1。

```
CPL  bit      ; bit←(b̄it)
```

指令功能是使指定位的值等于与原值相反的值，由 0 变为 1，由 1 变为 0。

（4）位控制转移指令

① 判断 CY 转移指令。

```
JC  rel      ; 若 CY=1，则 PC←(PC)+2+rel
             ; 若 CY=0，则 PC←(PC)+2
JNC  rel     ; 若 CY=1，则 PC←(PC)+2
             ; 若 CY=0，则 PC←(PC)+2+rel
```

指令功能是判断进位位 CY 是否为 "1" 或为 "0"，当条件满足时转移，否则继续顺序执行。

② 判位变量转移指令。

```
JB  bit, rel     ; 若(bit)=1，则 PC←(PC)+3+rel
                 ; 若(bit)=0，则 PC←(PC)+3
JNB  bit, rel    ; 若(bit)=1，则 PC←(PC)+3
                 ; 若(bit)=0，则 PC←(PC)+3+rel
JBC  bit, rel    ; 若(bit)=1，则 PC←(PC)+3+rel, bit←0
                 ; 若(bit)=0，则 PC←(PC)+3
```

这类指令是判断直接寻地址是否为 "1" 或为 "0"，当条件满足时转移，否则继续顺序执行。而最后一条指令条件满足时，指令执行后，同时将寻址位清 0。

注意：如果使用的位为累计器 A 中的一位，只能使用 ACC 表示。例如 "SETB　ACC.1" 不能写成 "SETB A.1"。

3.4　汇编语言程序设计

3.4.1　汇编程序伪指令

使用汇编语言编写的源程序通常需要经过汇编程序编译成机器代码后才能被单片机执行。为了对源程序汇编，在源程序中必须使用一些 "伪指令"，告诉汇编程序应该如何完成汇编工作，因此，只有在汇编前的源程序中才有伪指令，而在汇编后没有机器代码产生。伪指令具有控制汇编程序的输入输出、定义数据和符号、条件汇编、分配存储空间等功能。

下面介绍 MCS-51 汇编程序中常用的伪指令。

（1）ORG 汇编起始伪指令

ORG 指令用于规定目标程序的起始地址，即此命令后面的程序或数据块的起始地址。

命令格式：[标号：]　ORG　<16 位地址>

在汇编语言源程序的开始，通常都用一条 ORG 伪指令来规定程序的起始地址。如果不用 ORG 规定，则汇编得到的目标程序将从 0000H 开始。例如：

```
ORG   0030H
START: MOV  A, #00H
    ...
```

即规定标号 START 代表地址 0030H，目标程序的第一条指令从 0030H 开始。

在一个源程序中，可以多次使用 ORG 指令来规定不同的程序段的起始地址，但是 ORG 指令后的地址必须从小到大排列。

（2）END 汇编结束伪指令

END 是汇编语言源程序的结束标志。在整个源程序中只能有一条 END 指令，且位于程序的最后，表示汇编到此结束，对 END 后面的指令不进行汇编。

（3）EQU 标号赋值伪指令

EQU 指令用于给标号赋值。赋值以后，其标号值在整个程序内有效。

命令格式：   <字符名称>   EQU <赋值项>

其中，<赋值项>可以是常数、地址、标号或表达式，其值为 8 位或 16 位二进制数。赋值以后的符号可以作为地址使用，也可以作为立即数使用。例如：

```
TEMP EQU 32H
```

表示标号 TEMP=32H，在汇编时，凡是遇到标号 TEMP 都使用 32H 来代替。

（4）DB 定义字节伪指令

DB 指令用于从指定的地址开始，在程序存储器的连续单元中定义字节数据。

命令格式：[标号：] DB   <8 位数表>

字节数据可以是一个字节常数或字符，或用逗号分开的字节串，或用双引号包括起来的字符串。例如：

```
DB  "how are you"
DB  35H, 42H, -1, 10
```

（5）DW 定义字伪指令

DW 指令用于在程序存储器的连续单元中定义 16 位的数据字。存放时，数据字的高 8 位在低地址，低 8 位在高地址。

命令格式：[标号：] DW <16 位数表>

例如：

```
ORG 3000H
DW 1234H, 55H, 9876H
```

汇编后，（3000H）=12H，（3001H）=34H，（3002H）=00H，（3003H）=55H，（3004H）=98H，（3005H）=76H。

（6）DS 定义存储区伪指令

DS 指令用于在程序存储器中，从指定地址开始，保留指定数目的字节单元作为存储区，供程序运行使用。

命令格式：[标号：] DS 表达式

例如：

```
    ORG 3000H
TAB: DS 08H
```

经汇编后，从地址 3000H 开始预留 8 个存储单元。

（7）BIT 位定义伪指令

将位地址赋给字符名称。

命令格式：字符名称　BIT　位地址

例如：

```
P10  BIT  P1.0
```

经汇编后，将 P1.0 的位地址赋给变量 P10，在其后的程序中，凡是遇到 P10，就可以把它作为位地址 P1.0 使用。

3.4.2　汇编语言程序设计举例

为了设计一个高质量的程序，必须掌握程序设计的一般方法。在汇编语言程序设计中，普遍采用结构化程序设计方法。采用这种设计方法的主要依据是任何复杂的程序都可由顺序结构、分支结构及循环结构等构成。结构化程序设计的特点是程序的结构清晰、易于读写和验证、可靠性高。下面主要介绍结构化程序设计方法和汇编语言典型程序的设计方法。

（1）顺序结构程序

顺序结构程序是指机器执行这类程序是按指令的先后顺序执行，中间没有任何的分支。

【例 3-12】 请编写程序，把内部数据存储器 30H 单元内两个 BCD 码变换成相应的 ASCII 码并把高位 BCD 码所对应的 ASCII 码放在 31H 单元，低位 BCD 码对应的 ASCII 码存入 32H 单元中。

解： 根据 ASCII 字符表，0～9 的 BCD 码和它们的地址之间仅相差 30H，因此，本题仅需把 30H 单元中的两个 BCD 码拆开，分别与 30H 相加即可。

汇编语言程序如下。

```
ORG  0030H
MOV  A, 30H       ; 30H 中 BCD 码送给 A
ANL  A, #0F0H     ; 取高位 BCD 码
SWAP A            ; 高位 BCD 码送到低位
ORL  A, #30H      ; 转换为 ASCII 码
MOV  31H, A
MOV  A, 30H       ; 30H 中 BCD 码送给 A
ANL  A, #0FH      ; 取低位 BCD 码
ORL  A, #30H      ; 转换为 ASCII 码
MOV  32H, A
SJMP $
END
```

（2）分支结构程序

分支结构程序是通过转移指令实现的，由于转移指令有无条件转移指令和条件转移指令之分，因此分支程序也可分为无条件分支程序和条件分支程序两类。无条件分支程序中含有无条件转移指令，因为这类程序十分简单，本节中不做专门讨论；条件分支程序中含有条件转移指令，在本节中重点讨论。

在 MCS-51 系列单片机中，条件转移指令共有 13 个，分为累加器 A 判零转移指令、比较不相等转移指令、减 1 不为零转移指令和位控制条件转移指令 4 类。因此，MCS-51 汇编语言源程序的分支程序设计实际上就是如何正确运用这 13 个条件转移指令来进行编程的问题。

当程序的判别仅有两个出口，称为单分支结构。

【例 3-13】设内部数据存储器 30H 和 31H 单元中分别存放着两个无符号 8 位二进制数，试比较它们的大小，并将较大数存入 31H 单元中。

解： 图 3-11 所示为分支结构程序中的单分支程序流程。

汇编语言程序如下。

```
        ORG   0030H
STAR:   CLR   C           ; C←0
        MOV   A, 30H      ; A← (30H)
        SUBB  A, 31H      ; 用减法比较两数大小
        JC L1             ; (31H) > (30H)转移
        MOV   A, 30H      ; A←(30H)
        XCH   A, 31H      ; 大数存入 31H 中
        MOV   30H, A      ; 小数存入 30H 中
  L1 :  SJMP  $
        END
```

当程序的判别部分有 3 个及以上的出口流向时，称为多分支结构。

【例 3-14】设 X 存放在 40H 单元，Y 存放在 41H 单元，编写程序，使 Y 按照下式赋值。

$$Y = \begin{cases} 1 & , X > 0 \\ 0 & , X = 0 \\ -1 & , X < 0 \end{cases}$$

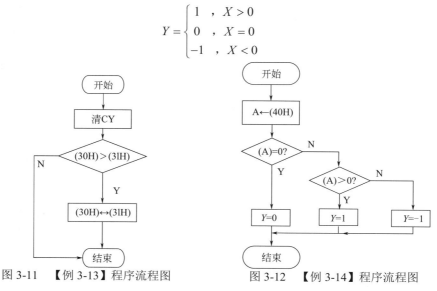

图 3-11　【例 3-13】程序流程图　　　　图 3-12　【例 3-14】程序流程图

解： 图 3-12 所示为分支结构程序中的多分支程序流程。

汇编语言程序如下。

```
        ORG   0030H
MAIN: MOV A, 40H          ; 取 X
```

```
      JZ   ASSI              ; (A)=0，转移
      JB   ACC.7, NS         ; ACC.7=1，即为负数则转移
      MOV  A, #1             ; (A)为正数，Y=1
      AJMP ASSI
NS:   MOV  A, #0FFH          ; 负数，Y=-1
      AJMP ASSI
ASSI: MOV  41H, A
      END
```

使用查表转移指令可以实现多分支程序转移，表中放的是转移指令。例如有多个分支程序，如果要通过绝对转移指令 AJMP 进行转移，则应把这些转移指令按顺序写入表中，并设置序号，然后使用查表程序实现程序转移。例如：

```
      MOV  A, R3             ; 序号送给 A
      RL   A                 ; AJMP 指令占 2 个字节，分支序号值乘以 2
      MOV  DPTR, #BRTAB      ; 赋转移指令表首地址
      JMP  @A+DPTR
BRTAB: AJMP ROUT0            ; 转分支 0
       AJMP ROUT1            ; 转分支 1
       AJMP ROUT2            ; 转分支 2
       …
```

（3）循环结构程序

循环结构程序用于在程序中需要反复执行的操作。例如，给 100 个片外 RAM 单元清 0，没有必要写 100 个清 0 指令，此时，只需要用一条指令反复执行 100 次即可。循环结构如图 3-13 所示，它由四个主要部分组成。

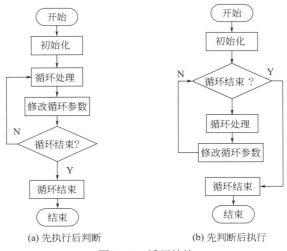

(a) 先执行后判断　　　　(b) 先判断后执行

图 3-13　循环结构

① 初始化　在进入循环体之前，需给用于循环过程的工作单元设置初值，如循环控制计数初值、地址指针起始地址的设置、变量初值等。

② 循环处理　循环处理是循环结构的核心部分，完成实际的处理工作，也是循环中需要重复

执行的部分。

③ 循环控制　循环控制部分是控制循环结束的部分，通常是由循环计数器修改和条件转移语句等组成。有时修改循环参数和判断结束条件由一个指令完成，如 DJNZ 指令。

④ 循环结束　循环结束用于存放执行循环程序所得到的结果以及恢复各工作单元的初值。循环处理程序的结束条件不同，相应控制部分的实现方法也不一样，分为循环计数控制法和条件控制法。

【例 3-15】已知 AT89S51 单片机的晶振是 12MHz，试设计延时 50ms 的程序。

解：软件延时程序与指令执行时间有关，最小单位为一个机器周期，如果晶振是 12MHz，一个机器周期是 1 μs。延时程序的延时时间就是该程序的执行时间，DJNZ 指令的指令周期是两个机器周期，如果给出循环的次数，就可以实现程序延时。

汇编语言程序如下。

```
DEL: MOV R7, #200
DEL1: MOV R6, #125
DEL2: DJNZ R6, DEL2
      DJNZ R7, DEL1
      RET
```

以上延时程序的指令的执行时间

$1+（1+2×125+2）×200+2=50603（μs）=50.603（ms）$

显然延时不太精确，如果要精确的延时，需要修改程序。精确的延时程序如下。

```
DEL: MOV R7, #200
DEL1: MOV R6, #123
DEL2: DJNZ R6, DEL2
      NOP
      DJNZ R7, DEL1
      RET
```

（4）查表程序

查表程序是一种常用程序，是预先把数据以表格的形式存放在程序存储器中，然后使用程序读出来，这种能读出表格数据的程序就称为查表程序。

查表法是以要查的自变量值为单元地址，相应的函数值为该地址单元中的内容。MSC-51 指令系统中提供的两个查表指令如下。

```
MOVC A, @A+PC
MOVC A, @A+DPTR
```

首先把表的首地址放入 DPTR 或 PC 中，再把要查的自变量放入累加器 A 中，利用两个查表指令就可以把查到的结果放入累加器 A 中。显然，查表程序的关键是定义表格。表格是指在程序中定义的一串有序的常数，如平方表、字型码表、键码表或者是离线计算的数据等。

查表程序广泛应用于 LED 显示控制、打印机控制、数据补偿、数值计算、转换等功能程序中，这类程序具有结构简单、执行速度快等优点。

【例 3-16】设计一个巡回检测报警程序，实现对 8 路输入数值与报警值进行比较，如果超限，则报警，否则进行下一通道的检测。已知 8 个通道采集的数据依次存放在 20H 单元开始的内容中，将 8 个报警数值建立成数据表，使用查表指令将其查出并与输入值比较。如果超限，则将其通道序号送报警程序进行处理。

解： 程序流程如图 3-14 所示。

汇编语言程序如下。

```
TB: MOV   R0, #20H        ; 设置采集的数据的首地址
    MOV   R2, #00H        ; 设置通道号
    MOV   R7, #08H        ; 设置通道数
TB1: MOV   A, R2          ; 通道号送给 A
    MOV   DPTR, #TAB      ; 设置表格首地址给 DPTR
    MOVC  A, @A+DPTR      ; 查表求出极限值
    CLR   C
    SUBB  A, @R0
    JNC   EX
    LCALL ALARM          ; 调用超限报警程序
EX: INC   R0
    INC   R2             ; 通道号加 1
    DJNZ  R7, TB1        ; 判断是否检测完一遍
    RET
TAB: DB 0F4H, 45H, 0ADH, 36H, 8DH, 60H
    DB 0EFH, 0ECH        ;8 路数据极限值
```

（5）子程序

子程序是指完成确定任务并能为其他程序反复调用的程序段。调用子程序的程序称为主程序。例如，代码转换、通用算术及函数计算、外部设备的输入/输出驱动程序等，都可以编成子程序。这样，主程序需要调用某个子程序时采用 LCALL 或 ACALL 调用指令，便可从主程序转入相应子程序执行，CPU 执行到子程序的 RET 返回指令，即可从子程序返回主程序断点处。

子程序是一种能完成某一特定任务的程序段，其资源需要被所有调用程序共享，因此子程序在结构上应具有通用性和独立性。在编写子程序时应注意以下问题。

① 子程序的第一个指令的地址称为子程序的起始地址或入口地址。该指令前必须有标号，通常以子程序的功能命名，以便一目了然。例如，延时程序常以 DELAY 作为标号。

② 主程序调用子程序是通过主程序中的子程序调用指令（LCALL 或 ACALL）实现的，子程序返回主程序需要执行子程序返回指令 RET。

③ 保护现场和恢复现场。在执行子程序时，可能要使用累加器或某些工作寄存器。而在调用子程序之

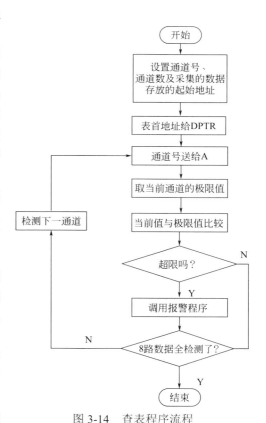

图 3-14　查表程序流程

前，这些寄存器中可能存放有主程序的中间结果，这些中间结果是不允许被破坏的。因而在子程序中使用累加器或这些寄存器之前，要将其中的内容保护起来，即保护现场。当子程序执行完，在返回主程序之前，应将这些保护内容取出，送回累加器或原来的工作寄存器中，这一过程称为恢复现场。

④ 子程序参数可以分为入口和出口两类：入口参数是指子程序需要的原始参数，由调用它的主程序通过约定的工作寄存器（R0～R7）、特殊功能寄存器（SFR）、内存单元及堆栈等预先传送给子程序使用；出口参数是由子程序根据入口参数执行程序后获得的结果参数，应由子程序通过约定的 R0～R7、SFR、内存单元或堆栈等传递给主程序使用。

【例 3-17】设 NUMA 和 NUMB 内有两个数 a 和 b，请编写求 $c = a^2 + b^2$，并把 c 送入 NUMC 的程序（设 a 和 b 均为小于 10 的整数）。

解：本程序由主程序和子程序两部分组成，子程序为求平方值的通用子程序。

汇编语言程序如下。

```
        ORG    0030H
        NUMA   DATA  20H
        NUMB   DATA  21H
        NUMC   DATA  22H
        MOV  A, NUMA        ; 入口参数送累加器 A
        ACALL SQR           ; 求 a²
        MOV  R7, A          ; 结果存入 R7 中
        MOV  A, NUMB        ; 入口参数送累加器 A
        ACALL SQR           ; 求 b²
        ADD  A, R7          ; 求 c=a²+b²
        MOV  NUMC, A        ; 存结果
        SJMP $
    SQR: MOV  DPTR, #SQRTAB  ; 设置首地址
        MOVC A, @A+DPTR     ; 查平方表
        RET                 ; 子程序返回
SQRTAB: DB 0, 1, 4, 9, 16
        DB 25, 36, 49, 64, 81
        END
```

在本程序中，参数的传递是通过累加器 A 实现的。

3.5 Keil 软件使用

3.5.1 Keil 软件开发环境简介

Keil 是 Keil Software 公司开发的一种专门为 MCS-51 系列单片机设计的高效率编译器，简称 Keil。其符合 ANSI 标准，生成的程序代码运行速度快，所需要的存储空间小。Keil 软件集成

了工程管理、源程序编辑、程序编译、程序调试和仿真等功能，同时支持汇编语言和 C 语言，易学易用；另外，其支持数百种单片机，并且可以通过专门的驱动软件与 Proteus 原理图进行联机仿真，为单片机的学习带来极大的便利条件。下面通过一个简单实例说明应用 Keil 软件编写单片机汇编语言程序的过程。

3.5.2　Keil 软件的基本操作

（1）启动 Keil 软件

双击桌面的 图标启动 Keil，图 3-15 所示为 Keil 软件开发环境界面。

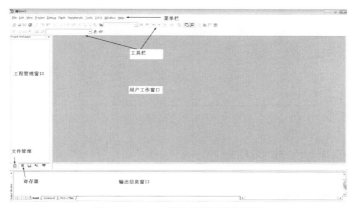

图 3-15　Keil 软件开发环境界面

（2）新建工程

在图 3-15 窗口中，单击菜单栏中的"Project"命令，然后选择"New Project"命令，如图 3-16 所示，此时会弹出"Create New Project"对话框，如图 3-17 所示，在此窗口中选择工程文件保存的位置，然后输入文件名，单击"保存"按钮。

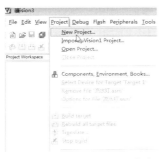

图 3-16　"New Project"命令

图 3-17　"Create New Project"对话框

（3）选择器件

弹出"Select Device for Target'Target1'"对话框，如图 3-18 所示。在这个对话框中要选择用于该工程的单片机型号。例如，选择"Atmel"目录下的"AT89C51"，如果使用"AT89S51"，由于仿真软件中只有"AT89C51"，因此也是选择"AT89C51"作为替代。单击"确定"按钮后，会出现如图 3-19 所示的提示框，提示是否复制启动代码到新建工程窗口，一般不需要，单击"否（N）"按钮。

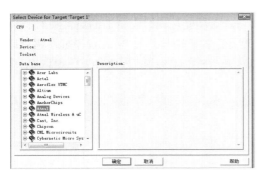

图 3-18　"Select Device for Target'Target 1'"对话框

图 3-19　提示是否复制启动代码到新建工程窗口的提示框

3.5.3　源程序的添加、编译与调试

（1）编辑源程序

选择菜单"File"→"New"命令，弹出一个文本窗口，如图 3-20 所示。在文本窗口进行源程序编辑。例如，将下列程序输入文本窗口中。

```
ORG 0000H
MOV P1, #0FEH
SJMP $
END
```

程序写好后，单击"保存"按钮 📁，弹出保存文件对话框，如图 3-21 所示。选择保存文件的路径，在"文件名"一栏中输入源程序的名字。注意：这里要求加扩展名.asm。单击"保存"按钮，保存源程序。

图 3-20　编辑源程序窗口　　　　　　图 3-21　保存文件对话框

（2）添加源程序文件到工程中

单击工程管理窗口中"Target 1"，展开文件夹，使用鼠标右键单击"Source Group 1"，弹出

快捷菜单，如图 3-22 所示，选择 "Add Files to Group 'Source Group 1'" 命令，弹出 "Add Files to Group 'Source Group 1'，" 对话框，选择 "文件类型" 为 "Asm Source file"，然后选择要添加的文件，如图 3-23 所示。单击 "Add" 按钮，文件就被添加到工程中，如图 3-24 所示。

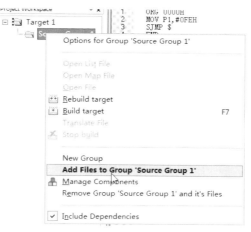

图 3-22　打开工程管理菜单

（a）　　　　　　　　　　　　　　　　　　　　　　（b）

图 3-23　"Add Files to Group 'Source Group 1'" 对话框

（3）对工程文件进行设置

单击菜单 "Project" → "Options for Target 'Target 1'" 命令，如图 3-25 所示，弹出如图 3-26 所示的对话框，这是一个十分重要的对话框，包括 "Device" "Target" "Output" "Listing" "C51" "A51" "BL51 Locate" "BL51 Misc" "Debug" "Utilities" 等多个选项卡。其中一些选项可以直接用其默认值，也可进行适当调整。

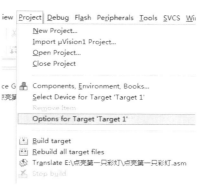

图 3-24　添加源程序文件到工程中　　　　图 3-25　打开工程配置菜单

　　"Target"选项卡中可以设定目标硬件系统的时钟频率 Xtal，一般设为 12.0MHz，如图 3-26 所示，AT89S51 单片机最高可以达到 33.0MHz。

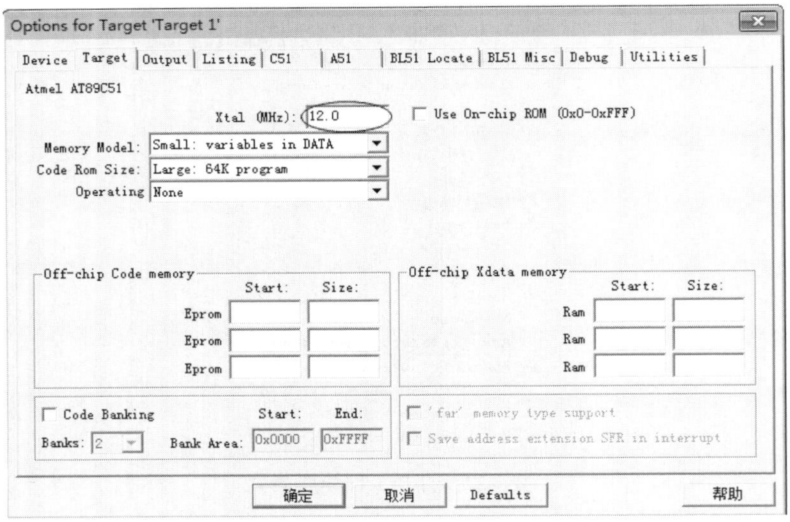

图 3-26　工程设置对话框

　　"Output"选项卡用于设定当前项目在编译连接之后生成的可执行代码文件，如图 3-27 所示，默认与项目文件同名，也可以指定为其他文件名，存放在当前项目文件所在的目录中，还可以单击"Select Folder for Objects.."按钮指定文件的目录路径。

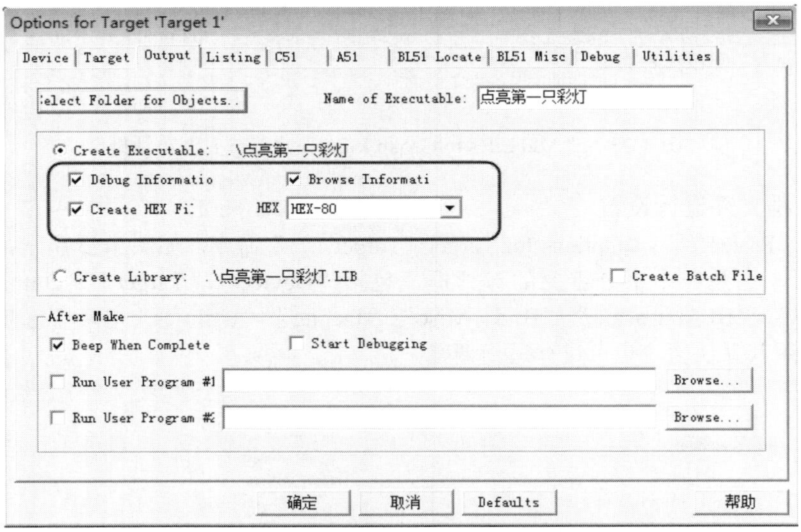

图 3-27　"Output"选项卡

　　选中"Debug Information"复选框将在输出文件中包含进行源程序调试的符号信息。

　　选中"Browse Information"复选框将在输出文件中包含源程序浏览信息。

　　选中"Create Hex File"复选框表示除生成可执行代码文件之外，还将生成一个 HEX 文件，这个文件是单片机可以运行的二进制文件，文件的扩展名为.hex。

其他选项可以使用默认值。完成上述设置后，单击“确定”按钮即可。

（4）源程序的编译

单击工具栏中的按钮，进行源程序编译。编译后在输出窗口中会看到信息，如图 3-28 所示。从提示内容看，该程序有一个错误，双击错误信息，会指向错误的指令，如图 3-29 所示。

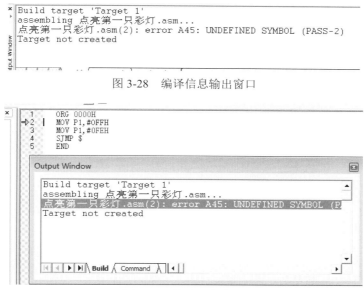

Build target 'Target 1'
assembling 点亮第一只彩灯.asm...
点亮第一只彩灯.asm(2): error A45: UNDEFINED SYMBOL (PASS-2)
Target not created

图 3-28　编译信息输出窗口

1 ORG 0000H
2 MOV P1,#0FFH
3 MOV P1,#0FEH
4 SJMP $
5 END
Output Window
Build target 'Target 1'
assembling 点亮第一只彩灯.asm...
点亮第一只彩灯.asm(2): error A45: UNDEFINED SYMBOL (P
Target not created
Build
Command

图 3-29　修改程序窗口

认真检查程序并修改错误，并在此编译，直至提示没有错误，目标生成，如图 3-30 所示。

（5）程序的调试

单击工具栏中的按钮，进入调试状态，如图 3-31 所示。

工程管理窗口给出了常用的寄存器 r0～r7、a、b、dptr、psw、sp 等（汇编语言不区分大小写），而且这些值会随着程序的运行发生相应的变化。

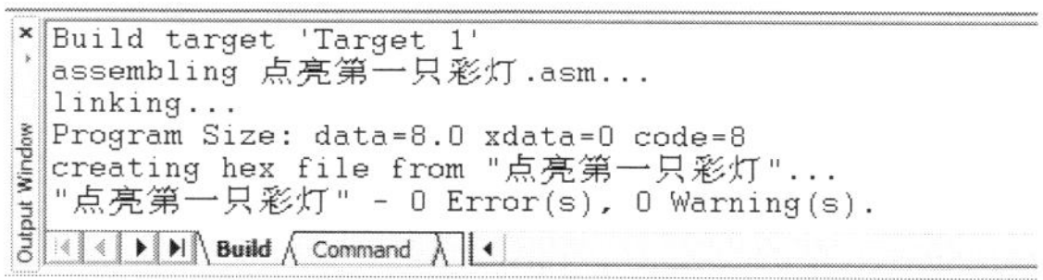

Build target 'Target 1'
assembling 点亮第一只彩灯.asm...
linking...
Program Size: data=8.0 xdata=0 code=8
creating hex file from "点亮第一只彩灯"...
"点亮第一只彩灯" - 0 Error(s), 0 Warning(s).
Build
Command

图 3-30　文件编译成功

反汇编窗口可以看到对应汇编语言程序行的机器码及其在 ROM 所存储的位置。

命令窗口可以在程序的执行过程中给寄存器赋值或者查询寄存器当前的内容。

单击调试工具条中的按钮，则会弹出存储器窗口。在存储器窗口的地址栏中输入“0000”后按<Enter>键，可以查看程序存储器，程序存储器单元的地址前有“C：”。如果查看片内 RAM，在地址栏中输入的地址前加“D:”，例如 D: 30H。如果查看片外数据存储器，在地址栏中输入的地址前加“X:”，例如 X: 40H。

在进入调试状态后，工具栏会多出一个用于运行和调试的工具条，如图 3-32 所示，按钮的功能包括复位、全速执行、停止、单步跟踪、单步运行、执行完当前子程序返回、运行到光标行、下一状态、打开跟踪、观察跟踪、反汇编窗口等。下面简单介绍几个常用的按钮。

图 3-31　程序调试界面

图 3-32　调试工具条

复位：执行此命令后，PC 指针返回 0000H，特殊功能寄存器复位。

全速执行：是指一个指令执行完紧接着执行下一个指令，中间不停止。如果程序中没有设置断点，这种执行方式速度很快，并可以看到该段程序执行的总体结果。如果有断点，则执行到断点处。

单步跟踪：每执行一次该命令，执行一个指令。

单步执行：每次执行一个指令，执行完该行程序即停止，子程序看作是一个指令。

运行到光标行：使用时先把光标放到目的行，然后执行该命令，程序全速执行到光标行。

在程序的调试过程中，往往是几种调试方法综合使用，这样可以大大提高程序调试的效率。

3.5.4　软件调试仿真器 Keil 应用

（1）用 Keil 进行延时程序的仿真调试和延时测量

用 Keil 可以查看指令的执行时间，进行延时子程序的观测和调试等。下面使用 Keil 软件测试

【例 3-15】50ms 延时程序。步骤如下。

① 在 Keil 集成开发环境下，单击菜单栏中的"Project"→"NewProject"命令，建立工程文件，选用 AT89C51 单片机。

② 单击"File"→"New File"命令，建立文本编辑窗口，将【例 3-15】的程序输入，并保存为"延时程序.asm"，如图 3-33 所示。

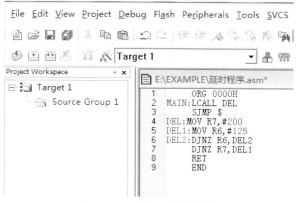

图 3-33　输入源程序并保存

③ 将源程序添加到工程中并编译。

④ 设置时钟频率。单击"Options for Target"按钮，在"Target"选项卡下设置时钟频率为 12MHz。

⑤ 运行、观察延时时间。

单击工具栏中的按钮，进入调试状态。单击"Step Over"按钮或者按<F10>键，则运行调用子程序指令 LCALL DEL，执行子程序 DEL 并返回下一条指令处。"Step Over"是单步执行，也就是将子程序这个过程用单步来完成。在本例中将 DEL 子程序一步执行完，不跳进子程序中去，然后返回 SJMP $指令。如图 3-34 所示，在工程管理窗口的"Register"列表中单击"Sys"，打开下拉列表，可以看到"sec=0.05060500"，这是以秒为单位的运行时间，显然不是很精确，如果需要精确的延时，需要修改程序。

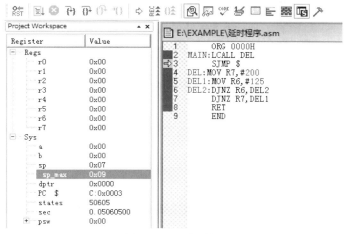

图 3-34　观察时间

（2）用 Keil 进行查表程序的仿真调试

在 Keil 集成开发环境中，当 AT89S51 单片机晶振频率为 12MHz 时，编写程序将 1 位十六进制数转换为 ASCII 码。设 1 位十六进制数存放在 50H 的低 4 位，转换后的 ASCII 码送入 51H 单元中。步骤如下。

① 建立工程文件。

② 输入下面程序，保存为"查表程序.asm"，并将其加入工程文件中。参考程序如下。

```
        ORG 0000H
        AJMP MAIN
        ORG 0100H
MAIN: MOV 50H, #03H
        MOV A, 50H          ; 读数据
        ANL A, #0FH         ; 屏蔽高 4 位
        MOV DPTR, #TAB      ; 设置表格首地址
        MOVC A, @A+DPTR     ; 查表
        MOV 51H, A          ; 存入 51H 单元中
        SJMP $              ; 停机
TAB: DB 30H, 31H, 32H, 33H, 34H, 35H, 36H, 37H, 38H, 39H  ; 0～9 的 ASCII 码
        DB 41H, 42H, 43H, 44H, 45H, 46H      ; A～F 的 ASCII 码
        END
```

③ 编译并调试。

④ 单击"View"→"Memory Window"命令，弹出存储器窗口，如图 3-35 所示，在"Address:"文本框中输入"d：0050h"，可以看到 1 位十六进制数 3 的 ASCII 码为 33H。

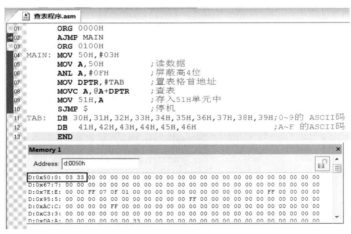

图 3-35　调试界面

3.6　Proteus 软件使用

Proteus 软件是 Lab Center Electronics 公司研发的 EDA 软件。Proteus 软件不仅是模拟电路、数字电路、模/数混合电路的设计与仿真平台，更是目前世界上最先进、最完整的多种型号单片机系统的设计与仿真平台。Proteus 软件从 1989 年问世至今，经过了 30 多年的使用、发展和完善，

功能越来越强，性能越来越好。

3.6.1　Proteus ISIS 环境简介

在计算机中安装好 Proteus 软件后，启动 Proteus ISIS 图标，首先出现 ISIS 界面，接着进入 ISIS 窗口，如图 3-36 所示。其中包括原理图编辑窗口、对象预览窗口和对象选择窗口等。

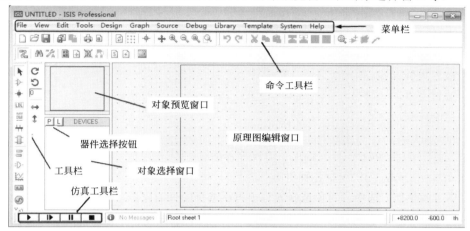

图 3-36　ISIS 窗口

（1）原理图编辑窗口

原理图编辑窗口用来编辑原理图、设计电路、设计各种符号、设计元器件模型等。它也是各种电路、单片机系统的 Proteus 仿真平台。窗口中蓝色方框内为可编辑区，电路设计要在此框内完成。如图 3-36 所示，该窗口中没有滚动条，但是可单击对象预览窗口来改变可视的电路图区域。

（2）对象预览窗口

对象预览窗口可以显示两个内容：在元器件列表中选择一个元器件时，它会显示该元器件的预览图；当鼠标焦点落在原理图编辑窗口时（即放置元器件到原理图编辑窗口后或在原理图编辑窗口中单击鼠标指针后），会显示整张原理图的缩略图，并会显示一个绿色的方框，绿色方框里面的内容就是当前原理图编辑窗口中显示的内容，因此，可以用鼠标指针在上面单击来改变绿色方框的位置，从而改变原理图的可视范围。

（3）对象选择窗口

对象选择窗口用来选择元器件、终端、图表、信号发生器、虚拟仪器等。所处的模式不同，对应的列表不同，如图 3-37 所示。如果选择 按钮，则会打开 "DEVICES" 列表。如果单击 P 按钮，会弹出选择元器件窗口，选择后的元器件会出现在元器件列表里，使用时只要在元器件列表中选择即可。

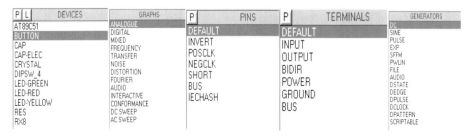

图 3-37　对象选择窗口

（4）工具栏

工具栏分为四类，分别为命令工具栏、模式选择工具栏、方向工具栏和仿真工具栏。其中命令工具栏位于菜单栏的下面，以图标形式给出。模式选择工具栏和方向工具栏位于图 3-36 的左侧。仿真工具栏位于图 3-36 的下方。下面简要地介绍工具栏中的快捷按钮的功能。

① 模式选择工具栏。

主要的工具如下。

▸：选择模式。

⤷：选择元器件模式。

✛：放置连接点。

LBL：放置电气标签。

☰：放置文本。

╫：绘制总线。

⬓：绘制子电路。

⊟：终端，包括 VCC、地、输出、输入等各种终端。

⫯⊳：元器件引脚，用于绘制各种引脚。

Ⓢ：信号发生器。选中后对象选择器列出可供选择的直流电源、正弦激励源、稳定状态逻辑电平、数字时钟信号源和任意逻辑电平序列等模拟和数字激励源。

Ⅳ：使对象选择器列出可供选择的各种仿真分析所需的模拟图表、数字图表、NC 图表等。

▦：对原理图电路进行分割仿真时采用此模式，用来记录前一步仿真的输出，并作为下一步仿真的输入。

ᰒ：电压探针。在原理图中添加电压探针，用来记录原理图中该探针处的电压值，可记录模拟电压值或者数字电压的逻辑值和时长。

ᰒ：电流探针。在原理图中添加电流探针，用来记录原理图中该探针处的电流值，只能用于记录模拟电路的电流值。

☒：使对象选择器列出各种可供选择的虚拟仪器（如示波器、逻辑分析仪、定时/计数器等）。

╱：绘制各种直线，用于在创建元器件时或直接在原理图中绘制直线。

▬：绘制各种方框，用于在创建元器件时或直接在原理图中绘制方框。

⬤：绘制各种圆，用于在创建元器件时或直接在原理图中绘制圆。

◠：绘制各种圆弧，用于在创建元器件时或直接在原理图中绘制弧线。

◍：绘制各种多边形，用于在创建元器件时或直接在原理图中绘制多边形。

A：用于在原理图中插入文字说明。

S：绘制符号，用于从符号库中选择符号元器件。

✛：绘制原点，用于在创建或编辑元器件、符号、各种终端和引脚时，产生各种标记图标。

② 方向工具栏。

主要的工具如下。

↻ ↺：以 90° 为递增量向左、向右旋转。

0°：填写逆时针旋转角度，但只能是 90° 的倍数，如 90°、180° 及 270° 等。

↔：左右镜像。

↕：上下镜像。

③ 仿真工具栏。

图 3-38 所示为仿真工具栏。仿真控制按钮从左至右依次是运行、单步运行、暂停、停止。

图 3-38　仿真工具栏

④ 命令工具栏。

主要的工具如下。

🔄：显示刷新。

⠿：网格显示开关。

✛：手动原点显示开关。

🔍：显示整张图纸。

🔍：显示选中区域。

🔍：从元器件库中挑选元器件、设置符号等。

⌖：将选中器件封装成元件并放入元件库。

🖋：显示可视的封装工具。

🔧：分解元器件。

🔀：自动布线开关。

🔧：属性分配。

$：生成元件列表。

⚡：生成电气规则检查报告。

ARES：借助网络表转换为 ARES 文件。

（5）菜单栏

菜单栏位于图 3-36 的上方，共有 12 项，每一项都有子菜单。菜单栏中的很多命令，例如 "Design" "Template" "System" 等命令，且在工具栏中有相应的按钮。下面简要介绍 "Template" 菜单。

"Template" 菜单主要包括模板的选择、图纸的选择、图样的设置等。但是，模板的设置只用于改变当前运行的 Proteus ISIS。

Goto Master Sheet：跳转到主图。

Set Design Default：编辑设计的默认选项。

Set Graphics Colours：设置图形颜色。

Set Graphics Styles：设置图形风格。

Set Text Styles：设置文本风格。

Set Graphics Text：设置图形文本。

Set Junction Dots：设置连接点，弹出编辑节点对话框。

Load Styles from Design：从其他设计导入风格。

3.6.2　基于 Proteus 的单片机虚拟仿真系统的设计

基于 Proteus 的单片机虚拟仿真系统的设计，全部的过程都在计算机上通过 Proteus 和 Keil 软件完成，如图 3-39 所示，其开发过程分为四个步骤。

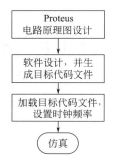

图 3-39 Proteus 电路设计
与仿真流程

（1）Proteus 电路原理图的设计。

在 Proteus ISIS 平台上进行单片机系统的电路设计，包括元器件的选择、电路布线、元器件属性设置以及电气检测等。

（2）软件设计，并生成目标代码文件。

在 Keil 平台上进行单片机系统软件的编辑、编译、代码调试及生成目标代码文件，即 HEX 文件。

（3）加载目标代码文件，设置时钟频率。

将步骤（2）生成的目标代码文件加载到 Proteus ISIS 平台的单片机上，并设置时钟频率。

（4）在 Proteus ISIS 平台上仿真。

下面以流水灯的设计和仿真过程说明单片机 Proteus 的设计与仿真操作。该实例的要求：通过 AT89C51 单片机控制 8 个发光二极管，电路如图 3-40 所示，从上到下单个循环点亮，时间间隔为 1s。

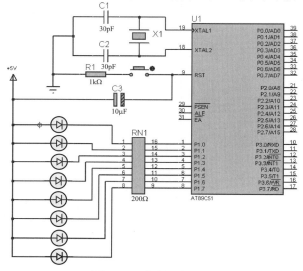

图 3-40 流水灯电路图

① 新建设计文件 单击菜单栏中"File"→"New Design"命令，弹出"Create New Design"对话框，如图 3-41 所示。在此窗口中选择模板，如果直接单击"OK"按钮，则选择系统默认的"DEFAULT"模板。

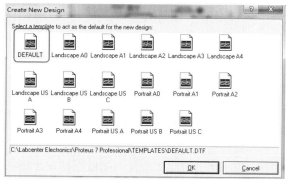

图 3-41 "Create New Design"对话框

② 保存文件　单击菜单栏中"File"→"Save Design"命令，弹出"Save ISIS Design File"对话框，如图 3-42 所示，即保存新建的文件。

图 3-42　"Save ISIS Design File"对话框

③ 选择元器件　单击模式选择工具栏中的"选择元器件"模式 ，单击图 3-43 中的"P"按钮，弹出如图 3-44 所示的选择元器件对话框。在"Keywords"一栏中输入元器件的名称，如"at89c51"，则出现与关键字匹配的元器件列表。在图 3-44 所示对话框中选择"AT89C51"，单击"OK"按钮，或者直接双击"AT89C51"，即把该元件添加到对象选择器中。使用这种方式查找元器件，通过勾选"Match Whole Words"后面的复选框，用户还可以进行精确查找。

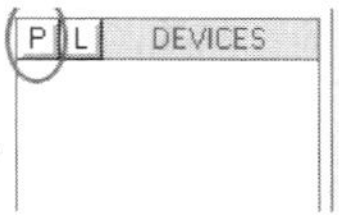

另外，如果已经知道了 AT89C51 所在的元件库，可以直接在选择元器件对话框中的"Category"栏中选择，如图 3-45 所示，然后选择子类或者制造商进一步搜索，找到元器件。

图 3-43　单击"P"按钮

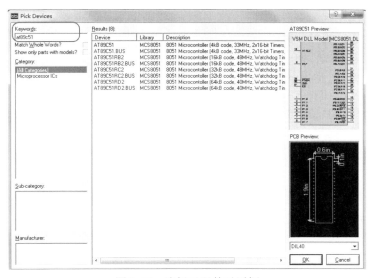

图 3-44　选择元器件对话框

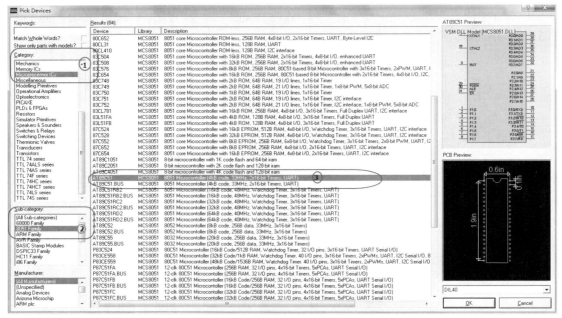

图 3-45　已知元器件库查找元器件

依据上述方法，把表 3-2 中其他元器件添加到对象选择器中，关闭选择元器件对话框。

表 3-2　流水灯所用的元器件

序号	元器件	序号	元器件	序号	元器件	序号	元器件
1	单片机 AT89C51	3	瓷片电容 CAP 30PF	5	晶振 CRYSTAL 12MHz	7	电阻 RES
2	按钮 BUTTON	4	电解电容 CAP-ELEC	6	发光二极管 LED-GREEN	8	电阻排 RX8

④ 元器件的操作　元器件可以进行放置、选中、取消选择等操作。

放置：在对象选择器中选取要放置的元器件，在 ISIS 编辑区空白处单击。

选中：单击编辑区某对象，默认为红色显示。

取消选择：在编辑区的空白处单击。

移动：单击对象，再按住鼠标左键拖动。

对象选择器中的对象转向：单击 ⟳⟲⌐｜↕↔ 中相应按钮即可。

编辑区的对象转向：使用鼠标右键单击操作对象，从弹出的快捷菜单中选择相应的旋转按钮。

复制：选中对象后，单击菜单 "Edit" → "Copy to Clipboard" 命令。

粘贴：复制操作后，单击菜单 "Edit" → "Paste from Clipboard" 命令，然后在编辑区单击鼠标左键即可，使用鼠标右键单击取消粘贴。

删除：使用鼠标右键单击对象，选择快捷菜单中的 "Delete Object" 命令。

元件属性设置：双击对象，即可弹出 "Edit Properties" 对话框。

块操作（多个对象同时操作）：选中操作对象，再单击工具栏中块复制 ▤、块移动 ▤、块旋转 ▤、块删除 ▨ 按钮。

⑤ 布线

a. 自动布线　系统默认自动布线，否则，单击工具栏中的"自动布线"按钮 ▤。只要单击连线的起点和终点，系统会自动以直角走线，生成连线。如图 3-46（a）、（b）所示。在前一指针着落点和当前点之间会自动预画线，它可以是带直角的线。在引脚末端选定第一个画线点后，随着指针移动，自动有预画细线出现，当遇到障碍时，布线会自动绕开障碍。

b. 手动调整路径　在布线过程中，根据使用者的要求，单击鼠标左键改变导线方向。若要手工任意角度画线，在移动鼠标的过程中按住<Ctrl>键，移动指针，预画线自动随着指针呈任意角度，确定后单击即可，如图 3-46（c）所示。

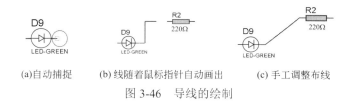

| (a)自动捕捉 | (b)线随着鼠标指针自动画出 | (c)手工调整布线 |

图 3-46　导线的绘制

c. 总线的绘制　单击工具栏的 ⊬ 按钮，移动鼠标指针到绘制总线的起始位置，单击鼠标左键便可绘制出一条总线。如需要改变总线的走向，只需要在希望的拐点处单击鼠标左键，把鼠标指针拉向目标点，拐点处导线的走向只取决于鼠标指针的拖动。如果总线的转折角不是 90°，取消自动布线，总线就可以按任意角度旋转。如果结束绘制总线，只需在终点处双击鼠标左键即可。

d. 总线分支绘制　总线绘制完以后，有时还需绘制总线分支。为了使电路图显得专业和美观，通常把总线分支画成与总线成 45°角的相互平行的斜线，如图 3-47 所示。注意：关闭自动布线快捷按钮松开，总线分支的走向只取决于鼠标指针的拖动。另外，将鼠标移动到起始点，双击鼠标左键就可以完成复制功能。

e. 放置线标签　与总线相连的导线必须放置线标签，有着相同线标签的导线才能够导通。放置线标签的方法如下：单击工具栏的 ⊞ 图标，再将鼠标指针移至需要放置线标的导线上单击，即会出现如图 3-48 所示的 "Edit Wire Label" 对话框，将线标签填入 "String" 栏，单击 "OK" 按钮即可。

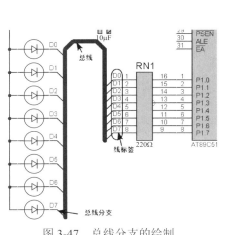

图 3-47　总线分支的绘制

图 3-48　"Edit Wire Label" 对话框

⑥ 为原理图放置头块　首先用鼠标左键单击 2D 图形工具栏中的 ⬒ 按钮，然后选择对象选择器中的 "P" 按钮，出现 "Pick Symbols" 对话框，如图 3-49 所示。在 "Libraries" 中选择 "SYSTEM"，在 "Objects" 中选择 "HEADER"。在原理图编辑窗口合适位置单击放置头块，头块包含图名、作者、版本号、日期和图纸页数。其中，日期和图纸页数 ISIS 自动填写，其他各项需要通过编辑

设计属性来填写。选择菜单"Design"→"Edit Design Properties"命令，弹出如图 3-50 所示对话框，在该对话框中填写头块中相关项目的具体信息。最后绘制的原理图如图 3-51 所示。

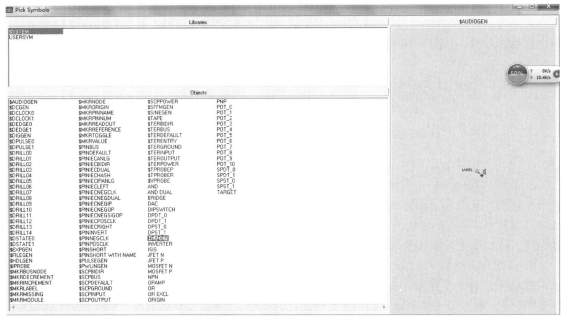

图 3-49　选择 HEADER 头块对话框

⑦ 电气检查　设计电路完成后，要对原理图进行电气规则检查，单击"电气检查"按钮，会出现检查结果窗口，图 3-52 所示为生成的报告单。在该报告单中，系统报告原理图没有电气错误。

⑧ 使用 Keil 软件生成".HEX"文件。

汇编语言程序如下。

```
        ORG 0000H
        AJMP START
        ORG 0030H
START:  MOV A, #0FEH
    L1: MOV P1, A
        RL A
        ACALL DELAY
        AJMP L1
DELAY:  MOV R7, #05H
  DEL1: MOV R6, #0FFH
  DEL2: MOV R5, #0FFH
        DJNZ R5, $
        DJNZ R6, DEL2
        DJNZ R7, DEL1
        RET
        END
```

图 3-50　"Edit Design Properties"
对话框

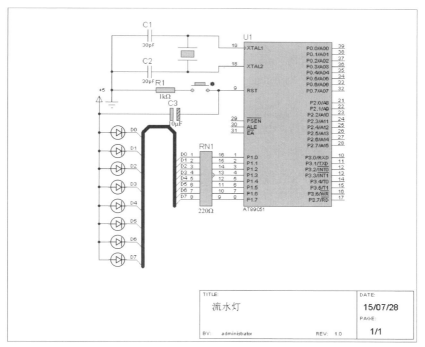

图 3-51　完整的原理图

⑨ Proteus 配置　在 Proteus 的 ISIS 中双击单片机 AT89C51，出现如图 3-53 所示的 "Edit Component" 对话框，将步骤⑧生成的目标代码文件加载到 "Program File" 中。在 "Clock Frequency" 栏中设置 12MHz，即设置系统的时钟频率为 12MHz，单击 "OK" 按钮退出。

图 3-52　电气检查窗口

图 3-53　"Edit Component" 对话框

⑩ 运行程序　用鼠标左键单击▶️按钮，运行程序，观察仿真结果。

3.6.3　Proteus 与 Keil 软件的联调

（1）下载并安装文件

在 Proteus 官方网站下载 vdmagdi.exe 文件，并安装文件。安装过程中注意选择 "AGDI Drivers for μVision3"。

（2）Keil 软件的配置

启动 Keil 的工程文件，单击&按钮，出现如图 3-54 所示的对话框，选择"Debug"选项卡，设置如图 3-54 所示，仿真器选择"Proteus VSM Simulator"，其余采用默认值即可。

图 3-54 "Option for Target 'Target 1'"对话框

在图 3-54 中单击"Settings"按钮，弹出如图 3-55 所示对话框，如果 Proteus 与 Keil 安装在同一台计算机上，则要使用本地地址"127.0.0.1"，Port 为"8000"，单击"OK"按钮退出。

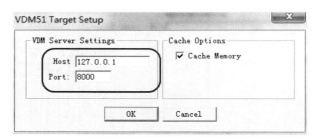

图 3-55 "VDM51 Target Setup"对话框

（3）Proteus 的配置

启动 Proteus 的 ISIS，打开工程文件，选择"Debug"→"Use Remote Debug Monitor"命令。然后单击单片机 AT89C51，弹出如图 3-53 所示对话框，将"Program File"栏设置为空。

（4）Keil 和 Proteus 的联调过程

在 Keil 中将文件编译，并全速运行程序，此时 Proteus ISIS 中的单片机系统也会自动运行，实现了 Keil 和 Proteus 的联调，如图 3-56 所示。调试过程可以将 Keil 软件中的各种调试手段，如单步、跳出、运行到当前行、设置断点等命令配合使用来进行单片机系统运行的软硬件调试。

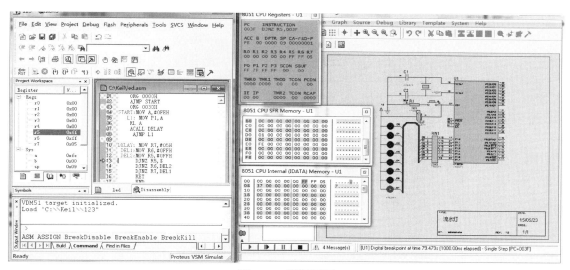

图 3-56　联调界面

3.7　案例：点亮一只彩灯

【任务目的】掌握 Keil 和 Proteus 软件的基本使用方法。学会使用 Keil 和 Proteus 软件进行联机调试。

【任务描述】使用单片机点亮一只发光二极管。

（1）硬件电路设计

双击桌面上 图标，打开 ISIS 7 Professional 窗口。单击菜单 "File"→"New Design" 命令，新建一个 "DEFAULT" 模板，保存文件名为 "FirstLed.DSN"。在 "器件选择" 按钮 中单击 "P" 按钮，或执行菜单 "Library"→"Pick Device/Symbol" 命令，添加如表 3-3 所示的元器件。

表 3-3　点亮第一只彩灯所用的元器件

序号	元器件	序号	元器件	序号	元器件	序号	元器件
1	单片机 AT89C51	3	瓷片电容 CAP 30PF	5	晶振 CRYSTAL 12MHz	7	电阻 RES
2	按钮 BUTTON	4	电解电容 CAP-ELEC	6	发光二极管 LED-GREEN		

在 ISIS 原理图编辑窗口中放置元器件，再单击工具箱中的 "元器件终端" 按钮 ，在对象选择器中单击 "POWER" 和 "GROUND" 放置电源和地。放置好元器件后，布好线。双击各元器件，设置相应元器件参数，完成仿真电路设计，如图 3-57 所示。

（2）程序设计

```
        ORG 0000H
        AJMP START
        ORG 0030H
START:  CLR P1.0
        SJMP $
        END
```

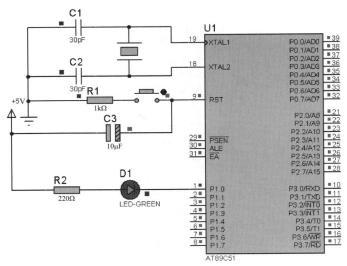

图 3-57　点亮第一只彩灯仿真电路图

（3）加载目标代码、设置时钟频率

将按键显示程序生成目标代码文件"点亮第一只彩灯.hex"，加载到图 3-57 中单片机"Program File"属性栏中，并设置时钟频率为 12MHz。

（4）仿真

单击 ▶ ⏭ ⏸ ⏹ 中的 ▶ 按钮，启动仿真。

3.8　案例：延时控制彩灯闪烁电路设计

【任务目的】掌握循环程序的设计方法；理解子程序的设计方法和子程序中参数的传递方法。

【任务描述】8 个发光二极管 D1～D8 分别接在 P1.0～P1.7 上，采用共阳极接法，即输出 0 时，发光二极管亮，输出 1 时发光二极管熄灭。每个二极管依次点亮，且点亮的不熄灭，全点亮后 1s 熄灭。然后 8 只发光二极管闪烁 4 次。

（1）硬件电路设计

双击桌面上 ⅠⓈ 图标，打开 ISIS 7 Professional 窗口。单击菜单"File"→"New Design"命令，新建一个"DEFAULT"模板，保存文件名为"liushd.DSN"。在"器件选择"按钮 P L DEVICES 中单击"P"按钮，或执行菜单"Library"⟶"Pick Device/Symbol"命令，添加如表 3-4 所示的元器件。

表 3-4　延时控制彩灯闪烁所用的元器件

序号	元器件	序号	元器件	序号	元器件	序号	元器件
1	单片机 AT89C51	3	瓷片电容 CAP 30PF	5	晶振 CRYSTAL 12MHz	7	电阻 RES
2	按钮 BUTTON	4	电解电容 CAP-ELEC	6	发光二极管 LED-GREEN	8	电阻排 RX8

在 ISIS 原理图编辑窗口中放置元器件，再单击工具箱中的"元器件终端"按钮 ⊟，在对象选择器中单击"POWER"和"GROUND"放置电源和地。放置好元器件后，布好线。双击各元器件，

设置相应元器件参数，完成仿真电路设计，如图 3-58 所示。

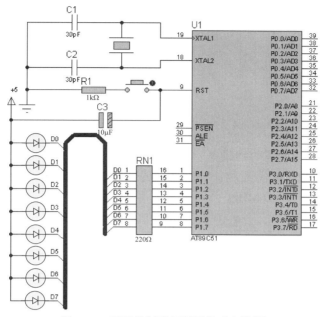

图 3-58　延时控制彩灯闪烁仿真电路图

（2）程序设计

```
        ORG 0000H
        AJMP START
        ORG 0030H
START:  MOV A, #0FEH    ; 赋初值
        MOV R4, #8      ; 闪烁次数
   L1:  MOV P1, A
        CLR C           ; C 清零
        RLC A
        MOV B, #02H     ; 参数传递
        ACALL  DELAY    ; 调用延时程序
        DJNZ  R4, L1
        MOV  B, #4
        ACALL  DELAY
        MOV  R4, #8
        MOV  A, #0FFH
   L2:  MOV P1, A
        CPL A
        MOV B, #4
        ACALL DELAY
        DJNZ R4, L2
        SJMP $
```

```
DELAY: MOV R7, B          ; 延时程序, 若 B=1 , 延时时间是 250ms
 DEL1: MOV R6, #0FAH
  DEL: MOV R5, #0F8H
       DJNZ R5, $
       NOP
       DJNZ R6, DEL2
       DJNZ R7, DEL1
       RET
       END
```

（3）加载目标代码、设置时钟频率

将按键显示程序生成目标代码文件"liushd.hex"，加载到图 3-58 中单片机"Program File"属性栏中，并设置时钟频率为 6MHz。

（4）仿真

单击 ▶ ▶ ▮▮ ▮ 中的 ▶ 按键，启动仿真。

思考题与习题

一、填空题

1. 假定外部数据存储器 3000H 单元的内容为 50H，执行下列指令后，累加器 A 中的内容为＿＿＿＿＿。

```
MOV     DPTR, #3000H
MOVX    A, @DPTR
```

2. 已知程序执行前，在 AT89S51 单片机片内 RAM 中，A=02H，SP=52H，（51H）=FFH，（52H）=FFH。下述程序执行后：

```
POP  DPH
POP  DPL
MOV  DPTR, #4000H
RL   A
MOV  B, A
MOVC A, @A+DPTR
PUSH ACC
MOV  A, B
INC  A
MOVC A, @A+DPTR
PUSH  ACC
ORG  4000H
DB 11H, 75H, 90H, 30H, 46H, 78H, 70H, 98H
```

请问：A=＿＿＿＿＿，SP=＿＿＿＿＿，（51H）=＿＿＿＿＿，（52H）=＿＿＿＿＿。

3. 已知（30H）=21H，（31H）=04H，说明下列程序的功能，执行后（30H）=＿＿＿＿＿，（31H）=＿＿＿＿＿。

```
PUSH 30H
PUSH 31H
POP  30H
POP  31H
```

4. 已知程序执行前，在 AT89S51 单片机片内 RAM 中，A=02H，SP=52H，（51H）=FFH，（52H）=FFH。下述程序执行后：

```
POP  DPH
POP  DPL
MOV  DPTR, #4000H
RL   A
MOV  B, A
MOVC A, @A+DPTR
PUSH ACC
MOV  A, B
INC  A
MOVC A, @A+DPTR
PUSH  ACC
RET
ORG  4000H
DB   11H, 75H, 90H, 30H, 46H, 78H, 70H, 98H
```

请问：A=＿＿＿＿＿，SP=＿＿＿＿＿，（51H）=＿＿＿＿＿，（52H）=＿＿＿＿＿，PC=＿＿＿＿＿。

5. 执行下列指令序列后，所实现的逻辑运算式为＿＿＿＿＿＿。

```
MOV   C, P1.0
ANL   C, /P1.1
MOV   20H, C
MOV   C, /P1.0
ANL   C, P1.1
ORL   C, 20H
MOV   P3.0, C
```

6. 已知程序执行前，在 AT89S51 单片机片内 RAM 中，（A）=33H，（R0）=28H，（28H）=0BCH，写出执行以下程序后，累加器 A 中的内容为＿＿＿＿＿＿。

```
ANL A, #60H
ORL 28H, A
XRL A, @R0
CPL A
```

二、选择题

1. 对程序存储器的读操作能使用的指令是（　　　）。

　　A. MOV 指令　　　B. MOVX 指令　　　C. PUSH 指令　　　D. MOVC 指令

2. 对外部数据存储器的读操作能使用的指令是（　　　）。

　　A. MOV 指令　　　B. MOVX 指令　　　C. PUSH 指令　　　D. MOVC 指令

3. 执行以下三条指令后，20H 单元的内容是（　　　）。

```
MOV    R0, #20H
MOV    40H, #0FH
MOV    @R0, 40H
```

　　A. 30H　　　　　　B. 20H　　　　　　C. 0FH　　　　　　D. FFH

三、判断题

1. MOV R1，R2　　　　　　　　　　　　　　　　　　　　　　　　　（　　）

2. MOV 20H，@R3　　　　　　　　　　　　　　　　　　　　　　　（　　）

3. DEC DPTR　　　　　　　　　　　　　　　　　　　　　　　　　（　　）

4. INC DPTR　　　　　　　　　　　　　　　　　　　　　　　　　（　　）

5. MOVX A，@R1　　　　　　　　　　　　　　　　　　　　　　　（　　）

6. MOVC A，@DPTR　　　　　　　　　　　　　　　　　　　　　（　　）

7. PUSH DPTR　　　　　　　　　　　　　　　　　　　　　　　　（　　）

8. CLR R1　　　　　　　　　　　　　　　　　　　　　　　　　　（　　）

9. MOV 20H，30H　　　　　　　　　　　　　　　　　　　　　　　（　　）

10. MOV F0，C　　　　　　　　　　　　　　　　　　　　　　　　（　　）

11. CPL R7　　　　　　　　　　　　　　　　　　　　　　　　　　（　　）

12. RC　A　　　　　　　　　　　　　　　　　　　　　　　　　　（　　）

四、分析题

1. 指出下列每条指令的寻址方式。

（1）MOV A，40H

（2）MOV 30H，#00H

（3）SJMP　LOOP

（4）MOVC A，@A+DPTR

（5）MOVX　A，@R0

（6）MOV C，20H

（7）MOV 20H，R3

（8）MOV 31H，20H

2. 已知程序执行前，在 AT89S51 单片机片内，RAM（10H）=20H，（20H）=33H，（33H）=45H，（45H）=56H。分析下列程序按顺序执行每条指令后的结果。

```
MOV A, 33H
MOV R1, A
MOV @R1, #0FFH
MOV 45H, 33H
```

```
MOV R0, #10H
MOV A, @R0
MOV P1, #0FFH
MOV A , P1
MOV 20H, A
```

3. 已知程序执行前，在 AT89S51 单片机片内 RAM 中，（A）=85H，（R0）=20H，（20H）=0AFH，（CY）=1，（21H）=0FFH。写出下列指令独立执行后寄存器和存储单元的内容，若该指令影响标志位，写出 CY、AC、OV 和 P 的值。

```
ADD  A, @R0
ADDC A, 21H
SWAP A
SUBB A, #50H
DEC R0
XCHD A, @R0
```

4. 写出完成以下要求的指令，但是不能改变未涉及相应位的内容。

（1）将 ACC.3，ACC.4，ACC.5 和 ACC.6 置"1"。

（2）将累加器 A 的中间 4 位清"0"。

（3）将内部数据存储器 10H 单元中的数据的高 2 位，低 3 位清"0"。

（4）将内部数据存储器 50H 单元中的数据所有位取反。

（5）将内部数据存储器 40H 单元中的数据高 4 位取反。

（6）将内部数据存储器 10H 单元中的数据低 3 位置"1"。

五、简答题

1. MCS-51 系列单片机共有哪几种寻址方式？试举例说明。

2. MCS-51 系列单片机指令按功能可以分为哪几类？每类指令的作用是什么？

3. 访问 SFR，可使用哪些寻址方式？

4. 执行指令：MOV A，R0。

程序状态字 PSW 中，在① RS1=0，RS0=0；② RS1=1，RS0=0 两种情况下，上述指令执行结果有何不同？

5. SJMP（短转移）指令和 LJMP（长对转移）指令的目的地址的范围各是多少？

6. JB 指令和 JBC 指令的区别是什么？

六、编程题

1. 在外部 RAM3000H 单元中有一个 8 位二进制数，试编程将该数的低四位屏蔽掉，并送给外部 RAM3001H 单元中。

2. 已知 $f_{OSC}=12\text{MHz}$，试编写延时 20ms 和 1s 的程序。

3. 若有 3 个无符号数 x、y、z 分别存放在内部存储器 40H、41H、42H 单元中，试编写一个程序，实现 $x \geqslant y$ 时，$x+z$ 的结果存放在 43H、44H 单元中；当 $x<y$ 时，$y+z$ 的结果存放入 43H、44H 单元中。

4. 在外部 RAM3000H 起始的单元中存放一组有符号数，字节个数存放在内部 RAM20H 单元中。统计其中大于 0、等于 0 和小于 0 的数的数目，并把统计结果存放在内部 RAM21H、22H 和 23H 单元中。

5. 在片内 RAM 的 30H 单元开始，相继存放 5 个无符号数，请使用冒泡法编写程序，使这组数据按照从小到大顺序排列。

第4章 ▶▶ MCS-51 系列单片机 C51 语言程序设计

 知识目标

（1）了解单片机 C 语言基本知识。

（2）掌握 C51 语言的数据类型、存储类型，理解 C51 语言对单片机硬件的访问方法。

（3）掌握运算符及表达式的运算规则。

（4）理解 C51 语言函数的定义与调用。

（5）掌握 C51 语言结构化程序设计方法。

技能目标

（1）掌握 C51 语言程序的设计及调试。

（2）熟悉 C51 语言的结构化程序设计。

（3）能够利用 Keil 进行 C51 程序调试。

（4）掌握基于 Proteus 与 C51 单片机应用系统的设计与仿真调试。

采用高级语言编程，对系统硬件资源的分配比用汇编语言简单，且程序的阅读、修改以及移植比较容易，适合于编写规模较大的程序，尤其适合编写运算量较大的程序。

4.1 C51 语言简介

C51 语言是在 ANSI C 的基础上，针对 MCS-51 系列单片机的特性开发的 C 语言，目前，最先进、功能最强大、国内用户最多的 C51 编译器是 Keil Software 公司推出的 Keil C51，所以，一般所说的 C51 就是 Keil C51。

4.1.1 C51 语言与汇编语言的比较

C51 语言与 MCS-51 系列单片机的汇编语言相比，具有以下优点。

① 可读性好   C51 语言程序比汇编语言程序的可读性好，因而编程效率高，程序便于修改。

② 模块化开发与资源共享   用 C51 语言开发出来的程序模块可以不经修改，直接被其他项目所用，这使得开发者能够很好地利用已有的大量的标准 C 程序资源与丰富的库函数，减少重复

劳动。

③ 可移植性好　为某种型号单片机开发的 C 语言程序，只需将与硬件相关之处以及参数进行适当修改，就可以方便地移植到其他型号的单片机上（如 PIC 单片机）。

④ 代码效率高　当前较好的 C51 语言编译系统编译出来的代码效率只比直接使用汇编语言低 20%左右。

4.1.2　C51 语言与标准 C 语言的主要区别

① 头文件的差异　MCS-51 系列单片机厂家有多个，它们的差异在于内部资源（如定时器、中断、I/O 等数量以及功能）的不同，而对使用者来说，只需要将相应的功能寄存器的头文件加载在程序内，就可实现所具有的功能。

② 数据类型的不同　MCS-51 系列单片机包含位操作空间和丰富的位操作指令，因此 Keil C51 与 ANSI C 相比又扩展了 4 种数据类型，以便能够灵活地进行操作。数据的不同格式就称为数据类型。

③ 数据存储类型的不同　由于 MCS-51 系列单片机有片内、片外程序存储器，还有片内、片外数据存储器，所以 C51 语言增加了这部分存储器及 SFR 的地址范围的定义。

④ C51 语言增加了处理中断的功能。

4.2　C51 语言程序设计基础

4.2.1　C51 语言数据类型与存储器类型

（1）数据类型

数据是单片机操作的对象，是具有一定格式的数字或数值，数据的不同格式就称为数据类型。Keil C51 编译器支持的数据类型见表 4-1。

表 4-1　Keil C51 编译器支持的数据类型

数据类型	位数	字节数	值域
unsigned char	8	1	0～255
signed char	8	1	−128～+127
unsigned int	16	2	0～65535
signed int	16	2	−32768～+32767
unsigned long	32	4	0～4294967295
signed long	32	4	−2147483648～+2147483647
float	32	4	±1.175494E-38～±3.402823E+38
*	8～24	1～3	对象的地址
bit	1		0 或 1
sbit	1		可进行位寻址的特殊功能寄存器的某位的绝对地址
sfr	8	1	0～255
sfr16	16	2	0～65535

注：最后 4 行为扩展的数据类型，不能使用指针对它们进行存取。

（2）数据类型分析

① char 字符类型　char 类型的长度是 1B，通常用于定义处理字符数据的变量或常量。分为无符号字符类型 unsigned char 和有符号字符类型 signed char，默认值为 signed char 类型。unsigned char 常用于处理 ASCII 字符或用于处理小于或等于 255 的整型数。

② int 整型　int 整型长度为 2B，用于存放一个双字节数据。分为有符号整型数 signed int 和无符号整型数 unsigned int，默认值为 signed int 类型。

③ long 长整型　long 长整型长度为 4B，用于存放一个 4 字节数据。分为有符号长整型 signed long 和无符号长整型 unsigned long，默认值为 signed long 类型。

④ float 浮点型　float 浮点型用于表示包含小数点的数据类型，长度为 4B。由于 MCS-51 系列单片机是 8 位机，因此，编程时尽量不要用浮点型数据，这样会降低程序的运行速度和增加程序的长度。

⑤ * 指针型　指针型本身就是一个变量，在这个变量中存放的是指向另一个数据的地址。这个指针变量要占据一定的内存单元，在 C51 语言中，它的长度一般为 1～3B。

⑥ bit 位标量　这是 C51 编译器的一种扩充数据类型，利用它可以定义一个位标量。

⑦ sbit 定义可寻址位　这是 C51 编译器的一种扩充数据类型，利用它可以访问单片机片内 RAM 中的可寻址位和特殊功能寄存器的可寻址位。

⑧ sfr 定义特殊功能寄存器　这是 C51 编译器的一种扩充数据类型，利用它可以访问单片机所有内部的特殊功能寄存器。它占用一个内存单元，地址范围为 0～255。

⑨ sfr16 定义 16 位特殊功能寄存器　它占用两个内存单元，地址范围为 0～65535。

（3）数据存储器类型

C51 编译器完全支持 MCS-51 系列单片机的硬件结构，可以访问其硬件系统的各个部分，对于各个变量，可以准确地赋予其存储器类型，使之能够在单片机内准确定位。Keil C51 编译器支持的存储器类型见表 4-2。

表 4-2　Keil C51 编译器支持的存储器类型

存储器类型	与存储空间的对应关系
data	片内 RAM 的低 128B，采用直接寻址方式，访问速度最快
bdata	片内 RAM 20H～2FH，采用直接寻址方式，允许位或字节访问
idata	片内 RAM 的 256B，采用间接寻址方式
pdata	片外 RAM，分页访问外部数据存储器（256B），使用@Ri 间接寻址
xdata	片外 RAM，访问全部外部数据存储器（64KB），使用@DPTR 间接寻址
code	程序存储器（64KB），使用 DPTR 寻址

单片机访问片内 RAM 比访问片外 RAM 相对快一些，所以应当尽量把频繁使用的变量置于片内 RAM，即采用 data、bdata 或 idata 存储器类型；而将容量较大的或使用不太频繁的那些变量置于片外 RAM，即采用 pdata 或 xdata 存储器类型；常量只能采用 code 存储器类型。

例如：

```
char    data    a;
float   idata   b;
bit     bdata   c;
unsigned int    pdata   var1;
unsigned char   xdata   var2[2][3];
```

（4）数据存储模式

如果在变量定义时略去存储器类型标识符，编译器会自动默认存储器类型。默认的存储器类型由 SMALL、COMPACT 和 LARGE 存储模式指令限制。

① SMALL 模式　变量被定义在单片机的片内数据存储器，与使用 data 指定存储器类型的方式一样。在此模式下，变量访问效率高，但是所有数据对象和堆栈必须使用片内 RAM。

② COMPACT 模式　变量被定义在片外数据存储器的一页，与使用 pdata 指定存储器类型的方式一样。该存储器类型适用于变量不超过 256B 的情况，此限制是由寻址方式决定的。与 SMALL 模式相比较，该存储模式的效率低，对变量访问的速度也慢一些，但比 LARGE 模式快。

③ LARGE 模式　所有变量被定义在片外数据存储器，与使用 xdata 指定存储器类型的方式一样。在该模式下，通过数据指针访问片外数据存储器的效率较低，特别是当变量为 2 字节或更多字节时，该模式要比 SMALL 和 COMPACT 产生更多的代码。

4.2.2　C51 语言特殊功能寄存器及位变量的定义

（1）特殊功能寄存器的定义

C51 语言允许通过使用关键字 sfr、sbit 或直接引用编译器提供的头文件来对特殊功能寄存器（SFR）进行访问。

① 使用关键字 sfr 定义。

定义格式：

sfr　特殊功能寄存器名=特殊功能寄存器地址

例如：

```
sfr    P0=0x80;        //P0 为特殊功能寄存器，地址为 80H
sfr    PSW= 0xD0;      //PSW 为特殊功能寄存器，地址为 D0H
sfr    TMOD= 0x89;     //TMOD 为特殊功能寄存器，地址为 89H
```

说明：sfr 之后的寄存器名称必须大写，定义之后可以直接对这些寄存器赋值。

在 MCS-51 系列单片机中，如要访问 16 位 SFR，可使用关键字 sfr16 进行定义。

例如：

```
    sfr16  DPTR=0x82;   //DPTR 地址为 82H
```

② 通过头文件访问 SFR。

C51 编译器包括对 MCS-51 系列单片机各特殊功能寄存器定义的头文件 reg51.h。在程序设计时，只需在使用之前用一条预处理命令 #include <reg51.h>把这个头文件包含到程序中即可。用户可以通过文本编辑器对头文件进行修改。

例如：

```
#include <reg51.h>
void  main()
{
P0=0x0f;    //P0 已在 reg51.h 中定义
...
}
```

③ 特殊功能寄存器中的位定义。

对 SFR 中的可寻址位的访问，要使用关键字 sbit 来定义，共有 3 种方法。

a. sbit　位变量名=位地址;

这种方法将位的绝对地址赋给位变量，位地址必须位于 80H～FFH。

例如：

```
sbit   OV=0xD2;        //定义位变量 OV, 地址为 D2H
sbit   RSPIN=0x80;     //定义位变量 RSPIN, 地址为 80H
```

b. sbit　位变量名=特殊功能寄存器名^位置;

适用已定义的特殊功能寄存器位变量的定义，位置值为 0～7。

例如：

```
sbit   OV=PSW^2;          //定义位变量 OV, 它是 PSW 的第 2 位, 地址为 D2H
sbit   RSPIN=P0^0;        //定义位变量 RSPIN, 它是 P0 口的第 0 位, 地址为 80H
```

c. sbit　位变量名=字节地址^位置;

这种方法是以特殊功能寄存器的地址作为基址，其值位于 80H～FFH，位置值为 0～7。

例如：

```
sbit   OV=0xd0^2;         //定义位变量 OV, 直接指明了 PSW 的地址为 D0H, 它是 D0H 的第 2
                          //  位, 地址为 D2H
sbit   RSPIN=0x80^0;      //定义位变量 RSPIN, 直接指明了 P0 口的地址为 80H, 它是 80H 的
                          //  第 0 位, 地址为 80H
```

（2）位变量的定义

当位对象位于 MCS-51 系列单片机的片内存储器的可寻址区 bdata 时，称之为"可位寻址对象"。C51 编译器编译时会将对象放入 MCS-51 系列单片机内部可位寻址区。

① 用 bit 定义位变量。

定义格式：

```
bit  bit_name;
```

例如：

```
bit  ov_flag;        //将 ov_flag 定义为位变量
```

② 定义位寻址区变量。

例如：

```
unsigned  int  bdata  my_y=0x20;      //定义变量 my_y 的存储器类型为 bdata, 分配内存
                                      //    时, 自然分配到位寻址区, 并赋值 20H
```

③ 定义位寻址区位变量。

例如：

```
sbit  my_ybit0=my_y^0;        //定义位变量 my_y 的第 0 位地址为变量 my_ybit0
```

操作符后面的位置的最大值取决于指定的基址的数据类型，对于 char 来说是 0～7，对于 int 来说是 0～15，对于 long 来说是 0～31。

4.2.3　C51 语言的绝对地址访问

在对 MCS-51 系列单片机的片内 RAM、片外 RAM 及 I/O 空间进行访问时，C51 语言提供了两种比较常用的访问绝对地址的方法。

（1）绝对宏

C51 编译器提供了一组宏定义来对 code、data、pdata 和 xdata 空间进行绝对寻址。在程序中，用 #include <absacc.h> 对 absacc.h 中声明的宏来访问绝对地址，包括 CBYTE、CWORD、DBYTE、DWORD、XBYTE、XWORD、PBYTE、PWORD，具体使用方法参考 absacc.h 头文件。其中：

CBYTE：以字节形式对 code 区寻址；

CWORD：以字形式对 code 区寻址；

DBYTE：以字节形式对 data 区寻址；

DWORD：以字形式对 data 区寻址；

XBYTE：以字节形式对 xdata 区寻址；

XWORD：以字形式对 xdata 区寻址；

PBYTE：以字节形式对 pdata 区寻址；

PWORD 以字形式对 pdata 区寻址。

【例 4-1】片内 RAM、片外 RAM 及 I/O 的定义示例。

```
#include <absacc.h>
#define PORTA  XBYTE[0xffc0]      //将 PORTA 定义为外部 I/O 口，地址为 0xffc0
#define NRAM  DBYTE[0x50]         //将 NRAM 定义为片内 RAM，地址为 0x50
main()
{
PORTA =0x3d;    //将数据 0x3d 写入地址为 0xffc0 的外部 I/O 端口 PORTA
NRAM=0x01;      //将数据 0x01 写入片内 RAM 的 0x50 单元
}
```

（2）_at_ 关键字

格式：

[存储器类型] 数据类型说明符 变量名 _at_ 地址常数

说明：存储器类型为 C51 语言能识别的数据类型；数据类型为 C51 语言支持的数据类型；地址常数用于指定变量的绝对地址，必须位于有效的存储器空间之内；使用_at_定义的变量必须为全局变量。

【例 4-2】使用_at_实现绝对地址访问示例

```
data unsigned char y1 _at_ 0x50 ;
viod  main()
{
y1 =0x01;        //将数据 0x01 写入片内 RAM 的 0x50 单元
...
}
```

4.2.4 C51 语言的基本运算符及表达式

C51 语言的基本运算符与标准 C 语言类似，主要包括算数运算符、关系运算符、逻辑运算符、位运算符、指针和取地址运算符。

（1）算术运算符及表达式

算数运算符及说明见表 4-3。

表 4-3　算数运算符及说明

符号	说明	举例（设 $x=12$，$y=5$）
+	加法运算	$z=x+y$；　　//$z=17$
–	减法运算	$z=x-y$；　　//$z=7$
*	乘法运算	$z=x*y$；　　//$z=60$
/	除法运算	$z=x/y$；　　//$z=2$
%	取余数运算	$z=x\%y$；　　//$z=2$
++	自增 1	$z=++x$；//z 为 13，x 为 13 $z=x++$；//z 为 12，x 为 13
——	自减 1	$z=--x$；//z 为 11，x 为 11 $z=x--$；//z 为 12，x 为 11

（2）逻辑运算符及表达式

逻辑运算的结果只有"真"和"假"两种，"1"表示真，"0"表示假。逻辑运算符及说明见表 4-4。

表 4-4　逻辑运算符及说明

符号	说明	举例（设 $x=12$，$y=5$）
&&	逻辑与	$x\&\&y$；　　//返回值为 1
||	逻辑或	$x\|\|y$；　　//返回值为 1
!	逻辑非	! x；　　//返回值为 0

（3）关系运算符及表达式

关系运算符就是判断两个数之间的关系，关系运算符及说明见表 4-5。

表 4-5　关系运算符及说明

符号	说明	举例（设 $x=12$，$y=5$）
>	大于	$x>y$；　　//返回值为 1
<	小于	$x<y$；　　//返回值为 0
>=	大于等于	$x>=y$；　　//返回值为 1
<=	小于等于	$x<=y$；　　//返回值为 0
==	等于	$x==y$；　　//返回值为 0
! =	不等于	$x!=y$；　　//返回值为 1

（4）位运算符及表达式

位运算符及说明见表 4-6。

表 4-6　位运算符及说明

符号	说明	举例
&	按位逻辑与	0x0f&0x4d=0x0d
|	按位逻辑或	0x0f|0x4d=0x4f
^	按位异或	0x0f^0x4d=0x42
~	按位取反	x=0x0f，则~x=0xf0
<<	按位左移（高位丢弃，低位补 0）	y=0x0f，如 y<<2，则 y=0x3c
>>	按位右移（低位丢弃，高位补 0）	z=0x0f，如 z>>2，则 z=0x03

（5）指针和取地址运算符

C51 语言的指针变量，用于存储某个变量的地址，C51 语言用"*"和"&"运算符来提取变量的内容和地址，见表 4-7。

表 4-7　指针和取地址运算符及说明

符号	说明	符号	说明
*	提取变量的内容	&	提取变量的地址

提取变量的内容和变量的地址的一般形式如下。

```
目标变量=*指针变量
指针变量=&目标变量
```

例如：

```
int  a; // 定义 int 类型变量 a
int *p; // 定义指向 int 类型的指针变量 p
p=&a;    // 将变量 a 的地址赋给指针变量 p
```

4.2.5　C51 语言的程序结构

C51 语言的程序按结构可分为三种，即顺序结构、分支结构和循环结构。

（1）顺序结构

顺序结构是程序的基本结构，程序自上而下，从 main（）函数开始一直到程序运行结束，程序只有一条路可走。

（2）分支结构

实现分支控制的语句有 if 语句和 switch 语句。

① if 语句。

if 语句是用来判断所给定的条件是否满足，根据判定结果决定执行两种操作之一。

如：if（表达式）{语句；}

表达式成立时，程序执行大括号内的语句；否则，程序跳过大括号中的语句部分，而直接执行下面的其他语句。

C51 语言提供三种形式的 if 语句。

```
形式 1：if(表达式) {语句；}
形式 2：if(表达式) {语句 1；}
        else {语句 2；}
形式 3：if(表达式 1) {语句 1；}
        else if(表达式 2){语句 2；}
        else if(表达式 3){语句 3；}
        …
        else {语句 n；}
```

在 if 语句中又含有一个 if 语句，这称为 if 语句嵌套。应该注意 if 与 else 的对应关系，else 总是与它前面最近的一个 if 语句相对应。

② switch 语句。

switch 语句是多分支选择语句。其一般形式如下。

```
switch(表达式)
{
case 常量表达式1 : {语句1; } break;
case 常量表达式2 : {语句2; } break;
…
case 常量表达式n : {语句n; } break;
default {语句n+1; }
}
```

说明：

a. 表达式与某一 case 后的常量表达式的值相同，执行其语句，遇 break 退出。

b. break 不可遗忘，否则将不会按规定退出 switch 语句，而是将执行后续的 case 语句。switch 语句的最后一个分支可以不加 break 语句，结束后直接退出 switch 结构。

c. 每一个 case 后的常量表达式必须互不相同，否则将出现混乱。

d. 各个 case 和 default 出现的次序，不影响程序执行的结果。

（3）循环结构

实现循环结构的语句有以下三种：while 语句、do-while 语句和 for 语句。

① while 语句。

```
while(表达式)
{
循环体语句;
}
```

表达式是 while 循环能否继续的条件，如果表达式为真，就重复执行循环体语句；反之，则终止循环体语句。

while 循环结构的特点是先判断循环条件，如果条件不成立，则循环体语句一次也不能执行。

② do-while 语句。

```
do
{
循环体语句;
}
while(表达式);
```

do-while 语句的特点是先执行循环体语句，再计算表达式，如果表达式的值为非 0，则继续执行循环体语句，直到表达式的值为 0 时结束循环。

③ for 语句。

for 语句不仅可以用于循环次数已知的情况，也可以用于循环次数不确定而只给出循环条件的情况。

for 循环的一般格式如下。

```
for(表达式1; 表达式2; 表达式3)
{
循环体语句;
}
```

for 的执行过程如下：

a. 计算"表达式 1"，表达式 1 通常为"初值设定表达式"。

b. 计算"表达式 2"，表达式 2 通常为"终值条件表达式"，若满足条件，转下一步；若不满足条件，则转步骤 e。

c. 执行 1 次 for 循环体。

d. 计算"表达式 3"，表达式 3 通常为"更新表达式"，转向步骤 b。

e. 结束循环，执行 for 循环之后的语句。

【**例 4-3**】如图 4-1 所示，当开关 S1、S2 全接通时，LED 灯全亮，否则全灭。

```
#include < reg51.h>
main()
{unsigned char n;
  P1=0xff;
  while(1)
   { n=P1;
    n= n & 0x03;
   if(n==0x00)
     {P2=0x00; }
   else
     {P2=0xff; }
   }
    }
```

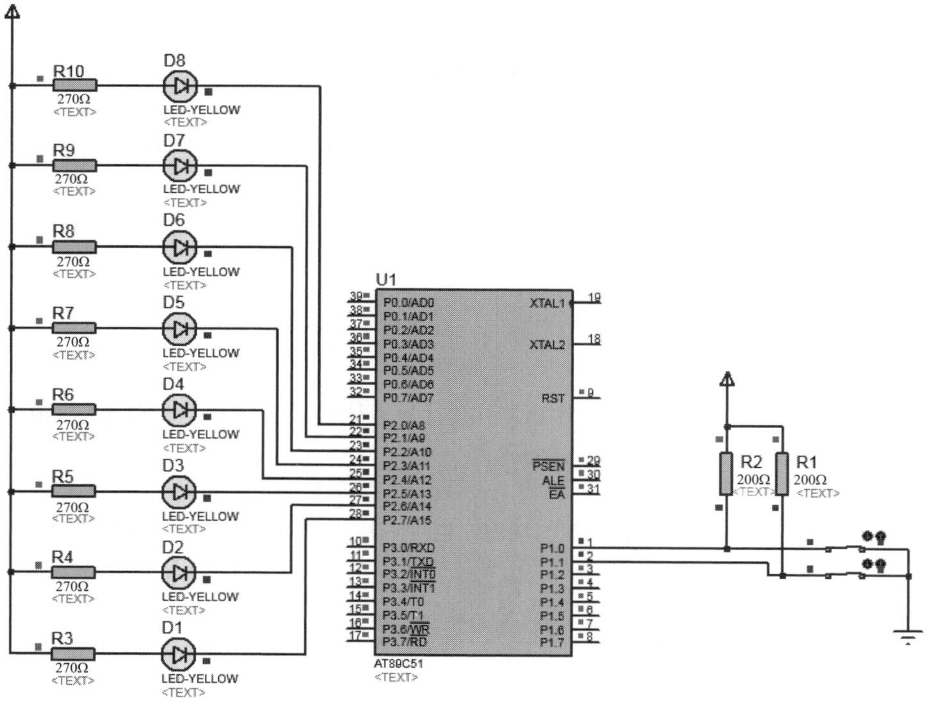

图 4-1　例题 4-3 仿真图

4.2.6　C51 语言的数组

在 C51 语言程序设计中，数组使用较为广泛。

（1）数组简介

数组是同类数据的一个有序结合，用数组名来标识。数组中的数据称为数组元素。数组中各元素的顺序用下标表示，下标为 n 的元素可以表示为"数组名[n]"。改变[ ]中的下标可以访问数组中的所有元素。

数组有一维、二维、三维和多维数组之分。C51 语言中常用的有一维数组、二维数组和字符数组。

① 一维数组。

具有一个下标的数组元素组成的数组称为一维数组，一维数组的形式如下。

类型说明符　数组名[元素个数];

其中，数组名是一个标识符，元素个数是一个常量表达式，不能是含有变量的表达式。

例如：

```
int array[8];
```

定义了一个名为 array 的数组，数组包含 8 个元素，在定义数组时可以对数组进行整体初始化，若定义后对数组赋值，则只能对每个元素分别赋值。

例如：

```
int a[3]={1, 2, 3}; //给全部元素赋值, a[0]=1, a[1]=2, a[2]=3
```

② 二维数组。

具有两个或两个以上下标的数组称为二维数组或多维数组。定义二维数组的一般形式如下。

类型说明符　数组名[行数] [列数];

例如：

```
int a[3][4]={1, 2, 3, 4}, {5, 6, 7, 8}, {9, 10, 11, 12};   //a 数组全部初始化
int b[2][3]={1, 2, 3}//b 数组部分初始化, 未初始化的元素为 0
```

③ 字符数组。

若一个数组的元素是字符型的，则该数组就是一个字符数组。

例如：

```
char c[10]={'L', 'N', 'P', 'U', '\0'};   //字符数组
```

定义了一个字符数组 c[ ]，有 10 个元素，并且将 5 个字符（其中包括 1 个字符串结束标志'\0'）分别赋给了 c[0]~c[4]，剩余的元素被系统自动赋予空格字符。

C51 语言还允许用字符串直接给字符数组赋初值。

例如：

```
char a[10]={"BEI JING"};
```

用双引号括起来的字符为字符串常量，C51 编译器会自动在字符串末尾加上结束符'\0'。

（2）数组的应用

在 C51 语言编程中，数组的查表功能非常有用。

【例 4-4】 使用查表法，计算数 0~9 的二次方值。

```
#define uchar unsigned char
uchar code sqare[ ]={0, 1, 4, 9, 16, 25, 36, 49, 64, 81}; //0~9 的平方表, 存放在
程序存储器中
```

```
uchar function(uchar num)
{
return sqare[num]; //返回数 num 的平方
}
main()
 {
 uchar  result;
 result=function(5); //函数 function()的实际参数为 5，其平方值 25 存入变量 result 单元
 }
```

4.2.7　C51 语言的指针

　　指针是 C51 语言中广泛使用的一种数据类型。运用指针编程是 C51 语言最主要的风格之一。利用指针变量可以表示各种数据结构，能很方便地使用数组和字符串，并能像汇编语言一样处理内存地址，从而编出精练而高效的程序。

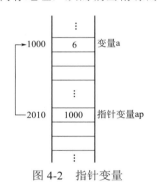

图 4-2　指针变量

　　在 C51 语言中，定义了一种特殊的变量，这种变量是用来存放内存地址的。假设程序中定义了一个整型变量 a，其值为 6，C51 编译器将地址为 1000 和 1001 的 2B 内存单元分配给了变量 a。现在，再定义一个这样的变量 ap，它也有自己的地址 2010。若将变量 a 的内存地址 1000 存放到变量 ap 中，这时要访问变量 a 所代表的存储单元，可以先找到变量 ap 的地址 2010，从中取出 a 的地址 1000，然后再去访问以 1000 为首地址的存储单元。这种通过变量 ap 间接得到变量 a 的地址，然后再存取变量 a 值的方式称为"间接存取"方式，ap 称为指向变量 a 的指针变量，如图 4-2 所示。

（1）指针变量的定义

　　C 语言规定。所有的变量在使用之前必须定义，以确定其类型。指针变量也不例外，由于它是用来专门存放地址的，因此必须将它定义为"指针类型"。

　　指针定义的一般形式如下。

　　类型识别符　*指针变量名

　　例如：

```
int *ap;
```

（2）指针变量的引用

　　当进行完变量、指针变量定义之后，如果对这些语句进行编译，那么 C51 编译器就会给每一个变量和指针变量在内存中安排相应的内存单元。然而，这些单元的地址除非使用特殊的调试程序，否则是看不到的。

　　例如：

```
int a, b, c;     //定义整型变量 a, b, c
int *ap;         //定义指针变量 ap
int *bp;         //定义指针变量 bp
int *cp;         //定义指针变量 cp
```

如果 C51 编译器将地址为 1000 和 1001 的 2B 内存单元指定给变量 a 使用,将地址为 1002 和 1003 的 2B 内存单元指定给变量 b 使用,将地址为 1004 和 1005 的 2B 内存单元指定给变量 c 使用。同理,指针变量 ap 的地址为 2010,指针变量 bp 的地址为 2012,指针变量 cp 的地址为 2014。具体情形如图 4-3 所示。

下面使用赋值语句对变量 a、b、c 进行赋值。

```
a=6;
b=8;
c=10;
```

到现在为止,仍然没有对指针变量 ap、bp 和 cp 赋值,所以它们所对应的内存地址单元仍然为空白。为了使空白的指针变量指向某一个具体的变量,就必须执行指针变量的引用操作。

指针变量的引用是通过取地址运算符"&"来实现的。使用取地址运算符"&"和赋值运算符"="就可以使一个指针变量指向一个变量。例如:

```
ap=&a;
bp=&b;
cp=&c;
```

在赋值运算操作后,指针 ap 就指向了变量 a,即指针变量 ap 所对应的内存地址单元中就装入了变量 a 所对应的内存单元的地址 1000;指针变量 bp 就指向了变量 b,即指针变量 bp 所对应的内存地址单元中就装入了变量 b 所对应的内存单元的地址 1002;指针变量 cp 就指向了变量 c,即指针变量 cp 所对应的内存地址单元中装入了变量 c 所对应的内存单元的地址 1004。具体情形如图 4-4 所示。

图 4-3　变量的地址定位

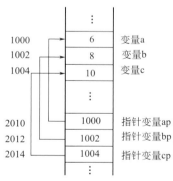

图 4-4　赋值后的指针变量

在完成了变量、指针变量的定义以及指针变量的引用之后,就可以通过指针和指针变量来对内存进行间接访问了。这时就要用到指针运算符(又称间接运算符)"*"。若使用指针变量 ap 进行间接访问,则用"x=*ap;"访问。

4.3　C51 语言的函数

在程序设计过程中,对于较大的程序,一般采用模块化结构。通常将其分为若干个子程序模块,每个子程序模块完成一种特定的功能。在 C51 语言中,子程序模块是用函数来实现的。C51 语言程序由一个主函数和若干个子函数组成，每个子函数完成一定的功能。一个程序中只能有一个主函数，主函数不能被调用。程序执行时从主函数开始，到主函数最后一条语句结束。子函数可以被主函数调用，也可以被其他子函数或其本身调用，形成函数嵌套。

4.3.1　概述

从 C51 语言程序的结构上划分，C51 语言函数分为主函数 main（）和普通函数两种。而普通函数又分为标准库函数和用户自定义函数。

（1）标准库函数

标准库函数是由 C51 编译器提供的，供使用者在设计应用程序时使用。在调用库函数时，用户在源程序 include 命令中应该包含头文件名。例如，调用左移位函数_crol_时，要求程序在调用输出库函数前包含以下的 include 命令：

```
#include < intrins.h>
```

include 命令必须以#号开头，系统提供的头文件以 ".h" 作为文件的后缀，文件名用一对尖括号括起来。注意：include 命令不是 C51 语句，因此不能在最后加分号。

C51 语言的强大功能及其高效率之一在于提供了丰富的可直接调用的库函数。使用库函数可以使程序代码简单、结构清晰、易于调试和维护。

下面介绍在程序设计中几类重要的库函数。

① 特殊功能寄存器包含文件 reg51.h 或 reg52.h。

reg51.h 中包含了所有的 8051 单片机的 sfr 及其位定义。reg52.h 中包含了所有的 8052 单片机的 sfr 及其位定义，一般系统都包含 reg51. h 或 reg52.h。

② 字符串处理库函数的原型声明包含在头文件 string.h 中，字符串函数通常接收指针串作为输入值。一个字符串应包括两个或多个字符，字符串的结尾以空字符表示。

③ 输入/输出流函数位于 stadio.h 文件中。库中函数默认 8051 单片机的串口作为数据的输入/输出。

④ 数学计算库函数的原型声明包含在头文件 math.h 中。

（2）用户自定义函数

所谓用户自定义函数是用户根据自己的需要编写的函数。编写时，需要注意以下几点。

a. 函数的首部（函数的第 1 行）包括函数名、函数类型、函数参数（形式参数）名、参数类型。例如：

```
void  delay(unsigned int i)
        {  函数体; }
```

b. 函数体，即函数首部下面的大括号 "{}" 内的部分。

c. 每个语句最后必须以分号结束。

d. C51 语言区分大小写，例如，DELAY 与 delay 是不同的名称。

从函数定义的形式上划分，用户自定义函数分为三种形式：无参函数、有参函数和空函数。

① 无参函数。

此种函数在被调用时，无参数输入，一般用来执行指定的一组操作。无参函数的定义形式如下。

类型标识符　函数名（）

```
    {
    类型说明；
    函数体；
    }
```

类型标识符是指函数值的类型，若不写类型说明符，则默认为 int 类型。若函数类型标识符为 void，则表示不需要带回函数值。{}中的内容称为函数体，在函数体中也有类型说明，这是对函数体内部所用到的变量的类型说明。例如：

```
void  delay ()    //延时 1s 程序
{
uint i, j;
for(i= 1000; i>0; i--)
for(j =115; j>0; j--) ; //此处分号不可少
}
```

这里，delay 为函数名，是一个无参函数。当这个函数被调用时，延时 1s 时间。void 表示这个函数执行完后，不带回任何数据。

② 有参函数。

在调用此种函数时，必须输入实际参数，以传递给函数内部的形式参数，在函数结束时返回结果，供调用它的函数使用。有参函数的定义方式如下。

```
类型标识符　函数名；（形式参数表）
形式参数类型说明
    {
    类型说明；
    函数体；
    }
```

有参函数比无参函数多了形式参数表，各参数之间用逗号间隔。在进行函数调用时，主调函数将赋予这些形式参数实际的值。

③ 空函数。

此种函数体内无语句，是空白的。调用空函数时，什么工作也不做，不起任何作用。定义形式如下。

```
返回值类型说明符 函数名()
            { }
```

4.3.2　函数的参数及返回值

（1）函数的参数

定义一个函数时，位于函数名后面圆括号中的变量名为形式参数（简称形参），而在调用函数时，函数名后面括号中的表达式为实际参数（简称实参）。使用的过程中要注意以下几点。

① 进行函数调用时，主调用函数将实际参数的值传递给被调用函数中的形式参数。为了完成正确的参数传递，实际参数的类型必须与形式参数的类型一致。

② 函数调用中发生的数据传送是单向的，即只能把实参的值传送给形参，而不能把形参的值

反向地传送给实参。

（2）函数的返回值

函数的返回值是指函数被调用之后，执行函数体中的程序段所取得的并返回给主调用函数的值。函数的返回值只能通过 return 语句返回主调用函数。一般形式如下。

return 表达式；

或者：

return（表达式）；

该语句的功能是计算表达式的值，并返回给主调用函数。在函数中允许有多个 return 语句，但每次调用只能有一个 return 语句被执行，因此只能返回一个函数值。

函数体内可以没有 return 语句，程序的流程就一直执行到函数末尾，然后返回主函数。因此，此类函数定义时要定义为 void 类型。

【例 4-5】 单片机控制 P0 口 8 个 LED 灯以间隔 1s 亮灭闪烁。

解： 源程序如下。

```
# include < reg51.h>
void delay_ms(unsigned int xms)      //被调函数定义，xms 是形式参数
{
unsigned int i, j;
for(i= xms; i>0; i--)         //i= xms，即延时 xms，xms 由实际参数传入一个值
for(j= 115; j>0; j--);        //此处分号不可少
}
void main()
{
while(1)
    {
    P0= 0xff;
    delay_ms(1000);        //主调函数
    P0= 0x00;
    delay_ms(1000);        //主调函数
    }
}
```

delay_ms（unsigned int xms）函数括号中的变量 xms 是这个函数的形式参数，其类型为 unsigned int。当这个函数被调用时，主调用函数 delay_ms（1000）将实际参数 1000 传递给形式参数 xms，从而达到延时 1s 的效果。delay_ms 函数前面的 void 表示这个函数执行完后，不带回任何数据。

上面的例子是没有带返回值的，下面的例子是带有返回值的。

```
int min(int a, int b)
{ if(a<b) return a;
      else return b;
}
```

该例中 return 语句把 a 或 b 的值作为函数的值返回给主调用函数。

4.3.3　函数的调用与声明

（1）函数调用

函数调用的一般形式如下。

```
函数名(实际参数列表);
```

对于有参函数，若包含多个实际参数，则应将各参数之间用逗号分隔开。主调用函数的数目与被调用函数的形式参数的数目应该相等。实际参数与形式参数按实际顺序一一对应传递数据。

如果调用的是无参函数，则实际参数表可以省略，但函数名后面必须有一对空括号。

主调用函数对被调用函数的调用有以下三种方式。

① 函数调用语句把被调用函数的函数名作为主调用函数的一个语句，例如：

```
delay();
```

此时，并不要求函数返回结果数值，只要求函数完成某种操作。

② 函数结果作为表达式的一个运算对象，例如：

```
result=2*min(a, b);
```

被调用函数以一个运算对象出现在表达式中。这要求被调用函数带有 return 语句，以便返回一个明确的数值参加表达式的运算。被调函 min（）为表达式的一部分，它的返回值乘以 2 再赋给变量 result。

③ 函数参数即被调函数作为另一个函数的实际参数，例如：

```
k=min(a, mm(c, d));
```

其中，mm（c，d）是一次函数调用，它的值作为另一个函数 min（）的实际参数之一。

（2）函数声明

若子函数的定义在主函数之后，则需在主函数之前对该子函数进行声明，其格式如下。

```
函数类型 函数名(参数类型 [参数名]);
```

4.3.4　文件包含

文件包含是指一个程序文件将另一个指定文件的全部内容包含进来。在前面的例子中已经多次使用过文件包含命令# include <stdio. h>，就是将 C51 编译器提供的输入输出库函数的说明文件 stdio.h 包含到程序中去。文件包含命令的一般格式如下。

```
#include<文件名>
```

或

```
#include "文件名"
```

文件包含命令#include 的功能是用指定文件的全部内容替换该预处理行。在进行较大规模程序设计时，文件包含命令十分有用。为了适应模块化编程的需要，可以将组成 C51 语言程序的各个功能函数分散到多个程序文件中，分别由若干人员完成编程，最后再用# include 命令将它们嵌入一个总的程序文件中去。需要注意以下方面。

① 一个#include 命令只能指定一个被包含文件，如果程序中需要包含多个文件，则应使用多个文件包含命令。

② 当程序中需要调用 C51 编译器提供的各种库函数的时候，必须在程序的开头使用#include 命令将相应函数的说明文件包含进来。

③ 文件包含命令#include 通常放在 C51 语言程序的开头，被包含的文件一般是一些公用的宏定义和外部变量说明，当它们出错或由于某种原因而要修改其内容时，只需对相应的包含文件进行修改，而不必对使用它们的各个程序文件都修改，这样有利于程序的维护和更新。

思考题与习题

1. C51 语言在标准的 C 语言基础上，扩展了哪几种数据类型？

2. C51 语言有哪几种数据存储类型？其中数据类型 idata、code、xdata 和 pdata 各对应 AT89S51 单片机的哪些存储器空间？

3. 在 C51 语言中，如何定义单片机的特殊功能寄存器？试举例说明。

4. bit 与 sbit 定义的位变量有什么区别？

5. 说明 3 种数据存储模式 SMALL、COMPACT 和 LARGE 之间的差别。

6. 编写 C51 语言程序，将片外 RAM 2000H 为首地址的连续 10 个单元的内容读入片内 RAM 的 40H~49H 单元中。

7. 使用 C51 语言设计一个开关控制电路，用两个开关控制 3 个 LED 灯，当 K1、K2 都打开时，3 个 LED 灯 L1、L2、L3 都熄灭；当仅有 K1 闭合时，L1 点亮；当仅有 K2 闭合时，L2 点亮；当 K1 和 K2 全闭合时，3 个 LED 灯全亮。

第 5 章
单片机人机交互通道的接口技术

 知识目标

（1）正确使用 LED 数码管、LCD。掌握单片机的静态、动态显示电路设计及程序设计。

（2）掌握矩阵式键盘工作原理及程序设计。

 技能目标

（1）掌握利用 Keil 软件进行键盘、显示电路的程序设计及调试。

（2）掌握利用 Proteus 软件完成键盘、显示电路的程序设计及调试。

5.1 单片机与 LED 数码管的接口技术

在单片机系统中，要实现良好的人-机界面，除需要键盘等输入设备以外，一般还配有显示输出设备。常用的显示器有发光二极管显示器（简称 LED 显示器）、液晶显示器（简称 LCD）。LED 显示器和 LCD 具有结构简单、成本低、配置灵活、与单片机接口方便等特点。

5.1.1 LED 数码管基础知识

（1）LED 的结构和显示原理

发光二极管是由半导体发光材料做成的 PN 结，只要在发光二极管两端通过正向电流 5～20mA 就能实现正常发光。LED 的发光颜色通常有红、绿、黄、白，其外形和电气图形符号如图 5-1 所示。单个 LED 通常是通过点亮、熄灭来指示系统运行状态和用快速闪烁来报警。

(a)外形　　　　(b)电气图形符号

图 5-1　LED 外形及电气图形符号

通常所说的 LED 显示器由 7 个条形发光二极管组成，因此也称为七段 LED 数码管显示器。其排列形状如图 5-2（a）所示。数码管中还有一个圈点型发光二极管（在图中以 dp 表示），用于显示小数点。通过 7 个 LED 亮暗的不同组合，可以显示多种数字、字母以及其他符号。LED 数码管中的发光二极管有共阳极和共阴极两种连接方法，如图 5-2 所示。

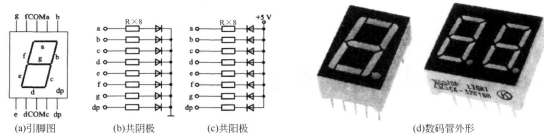

图 5-2 LED 数码管

① 共阳极接法。

把发光二极管的阳极连在一起构成公共阳极。使用时公共端 COM 接+5V，当阴极端输入低电平，对应发光二极管导通点亮；当阴极端输入高电平，对应发光二极管截止不点亮。

② 共阴极接法。

把发光二极管的阴极连在一起构成公共阴极。使用时公共端 COM 接地，当阳极端输入高电平，对应发光二极管导通点亮；当阳极端输入低电平，对应发光二极管截止不点亮。

（2）字形码（字段码）

由数码管的结构可知，直接将要显示的数码或字符发送到显示器的驱动端是不可能正确显示的，七段 LED 显示器所显示的字形是由对应的字形代码确定的。七段 LED，再加上一个小数点位，共计八段。因此，提供给 LED 显示器的字形代码正好是一个字节。各代码位的对应关系见表 5-1。

表 5-1 各代码位的对应关系

代码位	D7	D6	D5	D4	D3	D2	D1	D0
显示段	dp	g	f	e	d	c	b	a

用 LED 显示器显示十六进制数的字形代码见表 5-2。

表 5-2 十六进制数字形代码

字形	共阳极代码	共阴极代码	字形	共阳极代码	共阴极代码
0	C0H	3FH	9	90H	6FH
1	F9H	06H	A	88H	77H
2	A4H	5BH	B	83H	7CH
3	B0H	4FH	C	C6H	39H
4	99H	66H	D	A1H	5EH
5	92H	6DH	E	86H	79H
6	82H	7DH	F	8EH	71H
7	F8H	07H	暗	FFH	00H
8	80H	7FH			

要获得显示数据的字段码，一般可以通过硬件译码或软件译码方式得到。硬件译码采用专用译码器芯片将 BCD 码译成 LED 显示需要的字段码。软件译码采用程序转换方法，将等待显示的数据翻译成显示字段码，通过数据总线直接驱动输出字段码。硬件译码可以简化程序，减少对 CPU 的依赖；软件译码则能充分发挥 CPU 的功能，简化硬件结构，降低成本。在单片机实际应用系统中，普遍采用软件译码。

在单片机应用系统中，只有 1 位的数字显示是不常见的，往往要驱动多个 LED 数码管。一般来说，显示器显示常用静态显示和动态扫描显示两种方法。

5.1.2　LED 数码显示器应用

（1）静态显示

静态显示就是当 LED 显示器显示某一字符时，相应段的发光二极管恒定地导通或截止。这种显示方法的每 1 位 LED 都需要有一个 8 位输出口控制。

静态显示的优点是显示稳定，在 LED 导通、电流一定的情况下数码管的亮度高。控制系统在运行过程中，仅在需要更新显示内容时，CPU 才执行一次显示更新子程序，这样大大节省了 CPU 的时间，提高了 CPU 的工作效率；缺点是当位数较多时，所需的 I/O 接口较多，硬件成本较大。

【例 5-1】编程实现在两个 LED 数码管上显示数字"1""2"。

解：静态显示接口电路仿真图如图 5-3 所示，LED 数码管采用共阳极接法，其中 RN1、RN2 为电阻排，起限流作用。

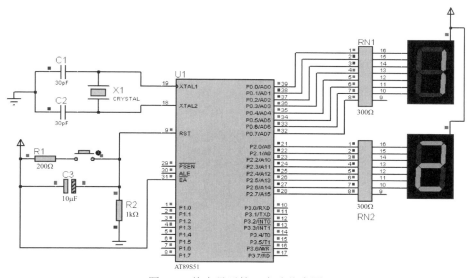

图 5-3　静态显示接口电路仿真图

① 汇编语言参考源程序。

```
ORG  0030H
MOV  P0, #0F9H
MOV  P2, #0A4H
END
```

② C51 语言参考源程序。

```
#include <reg51.h>
void main(void)
{
P0=0xf9;    //将数字"1"的段码送 P0 口
```

```
P2=0xa4;        //将数字"2"的段码送 P2 口
while(1)         //无限循环
;
}
```

（2）动态扫描显示

动态扫描显示就是一位一位地轮流点亮各位数码管（扫描），对于显示器的每一位而言，每隔一段时间点亮一次。在同一时刻只有一位数码管在工作（点亮），利用人眼的视觉暂留效应和发光二极管熄灭时的余晖效应，看到的却是多个字符"同时"显示。一般来说，1s 内对 4 位数码管扫描 24 次，就可看到不闪烁的显示，即扫描一次时间约 42ms。由此可以计算出，对应于每位数码管，显示延时约为 11ms。经实验证明，每位延时超过 18ms，就可以观察到明显的闪烁，【例 5-2】中选择每位数码管延时时间为 10ms。

显示器亮度既与点亮时的导通电流有关，也与点亮时间和间隔时间的比例有关。调整电流和时间参数，可实现亮度较高且稳定的显示。

动态显示器的优点是节省硬件资源，成本较低。但在控制系统运行过程中，为了保证显示器正常显示，CPU 必须每隔一段时间执行一次显示子程序，占用 CPU 大量时间，降低了 CPU 的工作效率，同时显示亮度较静态显示低。

若显示器的位数不大于 8 位，则控制显示器公共端电位只需一个 8 位 I/O 接口（称为扫描口或字位口），控制各位 LED 数码管所显示的字形也需要一个 8 位 I/O 口（称为数据口或字形口）。

【例 5-2】编程实现 4 位一体共阳极数码管从左到右依次显示数字"1""2""3""4"。

解：数码管动态显示电路仿真图如图 5-4 所示，采用共阳极数码管。晶振为 12MHz，设计采用动态显示数码管方式，它既满足 4 个数码管的显示要求，又节省了单片机的 I/O 口资源。

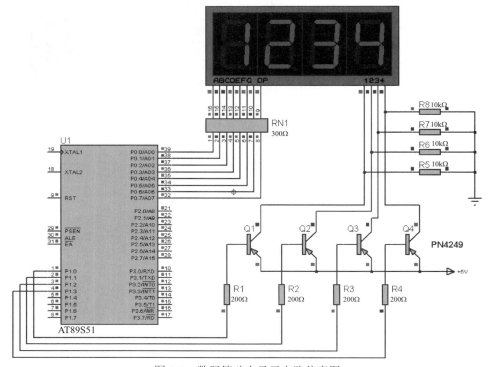

图 5-4　数码管动态显示电路仿真图

① 汇编语言参考源程序。

```
        ORG   0000H
        SJMP START
        ORG   0030H
START:  MOV  P1, #0FFH          ; 关闭位选口
        MOV  P0, #0FFH          ; 关闭段选口
L1:     MOV  R0, #1             ; 计数器预设为 1
        MOV  R1, #0FEH          ; 选通 P1.0 控制的显示器
L2:     MOV  A, R0
        LCALL   SEG7            ; 将 R0 中的数字转换为显示码，从 P0 口输出
        CPL  A                 ; 取反，将阴码变为阳码
        MOV  P0, A             ; 通过 R0 得到的显示码送 P0 口
        MOV  A, R1             ; 未选通数据送 P1
        MOV  P1, A
        LCALL   DLY            ; 延时 10ms
        MOV  P1, #0FFH         ; 关闭位选通
        INC  R0               ; 计数加 1
        CJNE R0, #5H, L3       ; 4 位是否扫描完
        SJMP L1               ; 1～4 扫描完重新开始
L3:     MOV  A, R1             ; 1～4 依次显示
        RL   A                 ; 更新选通位
        MOV  R1, A
        SJMP L2               ; 循环，显示下一位
DLY:    MOV  R7, #14H          ; 延时 10ms
DL1:    MOV  R6, #0
        DJNZ R6, $
        DJNZ R7, DL1
        RET
SEG7:   INC  A                 ; 将数字转换为显示码
        MOVC A, @A+PC
        RET
        DB   3FH, 06H, 5BH, 4FH   ; 七段共阴极数码管段码表
        DB   66H, 6DH, 7DH, 07H
        DB   7FH, 6FH, 77H, 7CH
        DB   39H, 5EH, 79H, 71H
        END
```

② C51 语言参考源程序。

```
#include <reg51.h>
#include <intrins.h>
#define uchar unsigned char
```

```
#define uint unsigned int
uchar code dis_code[]={0x3f, 0x06, 0x5b, 0x4f, 0x66, 0x6d, 0x7d, 0x07, 0x7f,
0x6f, 0x77, 0x7c, 0x39, 0x5e, 0x79, 0x71};        //七段共阴极数码管段码表
void delayms(uint xms)        //a=xms 即延时约 xms
{ uint a, b;
    for(a=xms; a>0; a--)
        {for(b=110; b>0; b--);
        }
 }
void  main()
{
uchar i, j=0xfe;
P0=0xff;
P1=0xff;
while(1)
    {
    for(i=1; i<5; i++)
    {
    P0=~dis_code[i];        //将阴码变为阳码，P0 口输出段控码
    P1=j;                   //P1 口输出位控码
    j=_crol_(j, 1);         //_crol_(j, 1) 将 j 循环左移 1 位
    delayms(200);
    P1=0xff;
    }
    }
 }
```

说明：在实际的单片机系统中，LED 显示程序都是作为一个子程序供监控程序调用，因此各位数码管都扫描过后，就返回监控程序。经过一段时间间隔后，再调用显示扫描程序。通过这种反复调用来实现 LED 显示器的动态扫描。

5.2　单片机与字符型液晶显示器的接口技术

液晶显示器（LCD）由于体积小巧和功耗低等特点已在显示器领域获得了广泛应用。在单片机系统中随处可见液晶显示器的影子。在单片机系统中广泛应用的 LCD 主要有两种：字符型和点阵型。字符型可以用来显示 ASCII 码字符；点阵型可用来显示中文、图形等更复杂的内容。

5.2.1　LCD 基础知识

（1）字符型 LCD 结构

字符型 LCD 是专用于显示字母、数字、符号等的点阵式 LCD。它多与 HD44780 控制驱动器

集成在一起，构成字符型 LCD 模块，用 LCM 表示，有 16×1、16×2、20×2、40×2 等产品。图 5-5 所示的 LCD1602 字符型液晶显示模块是 16×2（每行显示 16 个，两行共 32 个 ASCII 码字符）模块，接口引脚为 16 个。LCD1601 和 LCD1602 两种液晶显示模块的引脚定义相同，见表 5-3。

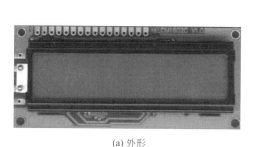
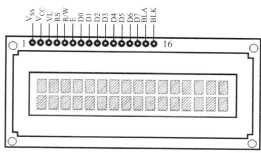

(a) 外形　　　　　　　　　　　　　(b)引脚分配

图 5-5　LCD1602 外形及引脚分配

表 5-3　液晶显示模块的引脚定义

编号	符号	引脚说明	编号	符号	引脚说明
1	V_{SS}	接地	9	D2	Data I/O
2	V_{CC}	+5V	10	D3	Data I/O
3	VL	液晶显示的偏压信号	11	D4	Data I/O
4	RS	数据/命令选择端	12	D5	Data I/O
5	R/W	读写选择端	13	D6	Data I/O
6	E	使能信号	14	D7	Data I/O
7	D0	Data I/O	15	BLA	背光源正极
8	D1	Data I/O	16	BLK	背光源负极

（2）LCD1602 的控制命令

LCD1602 内部采用一片型号为 HD44780 的集成电路作为控制器，它具有驱动和控制两个主要功能。内部包含了 80B 显示缓冲区（DDRAM）及用户自定义的字符发生存储器（CGROM），可以用于显示数字、英文字母、常用符号和日文假名等，每个字符都有一个固定代码。如数字的代码为 30H～39H。将这些字符代码输入 DDRAM 中，就可以显示。还可以通过对 HD44780 编程实现字符的移动、闪烁等功能。

显示缓冲区的地址分配按 16×2 格式一一对应。格式如下：

00	01	02	03	04	05	06	07	08	09	0A	0B	0C	0D	0E	0F	…	27
40	41	42	43	44	45	46	47	48	49	4A	4B	4C	4D	4E	4F	…	67

如果是第一行第一列，则地址为 00H；若为第二行第五列，则地址为 44H。

控制器内部设有一个数据地址指针，可用它访问内部显示缓冲区的所有地址，数据指针的设置必须在缓冲区地址基础上加 80H。例如，要访问左上方第一行第一列的数据，则指针为 80H+00H=80H。

LCD1602 内部控制器有 4 种工作状态。

a. 当 RS=0，R/W=1，E=1 时，可从控制器中读出当前的工作状态。

b. 当 RS=0，R/W=0，E=上升沿时，可向控制器写入控制命令。

c. 当 RS=1，R/W=1，E=1 时，可从控制器中读数据。

d. 当 RS=1，R/W=0，E=上升沿时，可向控制器写入数据。

LCD1602 内部控制命令共有 11 条，这里简单介绍几条。

① 清屏。

RS	R/W	E	D7	D6	D5	D4	D3	D2	D1	D0
0	0	1	0	0	0	0	0	0	0	1

该命令用于清除显示器的内容，即将 DDRAM 中的内容全部写入"空"的 ASCII 码"20H"。此时，光标回到显示器的左上方，同时将地址计数器 AC 的值设置为 0。

② 光标归位。

RS	R/W	E	D7	D6	D5	D4	D3	D2	D1	D0
0	0	1	0	0	0	0	0	0	1	×

该命令用于将光标回到显示器的左上方，同时地址计数器 AC 值设置为 0，DDRAM 中的内容不变。

③ 模式设定。

RS	R/W	E	D7	D6	D5	D4	D3	D2	D1	D0
0	0	1	0	0	0	0	0	1	I/D	S

该命令用于设定每写入一个字节数据后，光标的移动方向及字符是否移动。

a. 若 I/D=0、S=0，则光标左移一格且地址计数器 AC 减 1。

b. 若 I/D=1、S=0，则光标右移一格且地址计数器 AC 加 1。

c. 若 I/D=0、S=1，则显示器字符全部右移一格，但光标不动。

d. 若 I/D=1、S=1，则显示器字符全部左移一格，但光标不动。

④ 显示器开关控制。

RS	R/W	E	D7	D6	D5	D4	D3	D2	D1	D0
0	0	1	0	0	0	0	1	D	C	B

该命令用于控制显示器开/关、光标显示/关闭及光标是否闪烁。

a. 当 D=1 时，显示器显示；D=0 时，显示器不显示。

b. 当 C=1 时，光标显示；C=0 时，光标不显示。

c. 当 B=1 时，光标闪烁；当 B=0 时，光标不闪烁。

⑤ 功能设定。

RS	R/W	E	D7	D6	D5	D4	D3	D2	D1	D0
0	0	1	0	0	1	1	1	0	0	0

该命令表示设定当前显示器显示方式为 16×2，字符点阵 5×7，8 位数据接口。

5.2.2 接口电路设计

对 LCD1602 的编程分两步完成：首先进行初始化，即设置液晶控制模块的工作方式、显示模式控制、光标位置控制、起始位置控制、起始字符地址等，然后再将待输出显示的数据传送出去。

AT89S51 单片机与 LCD1602 的接口电路原理如图 5-6 所示。其中，VL 用于调整液晶显示器的对比度，当 VL 接地时，对比度最高；当 VL 接电源时，对比度最低。

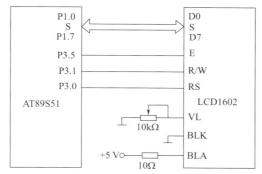

图 5-6　AT89S51 单片机与 LCD1602 的接口电路原理

【例 5-3】用汇编语言编程，实现在液晶模块 LM016L 中间显示字符"B"。

解：

（1）硬件电路设计

LM016L 液晶显示电路仿真图如图 5-7 所示。

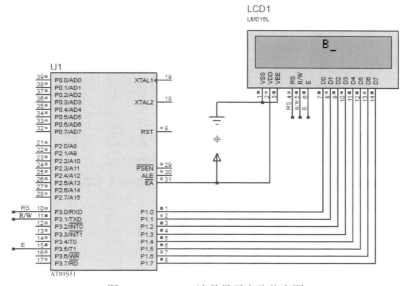

图 5-7　LM016L 液晶显示电路仿真图

（2）汇编语言参考程序

```
ORG  0000H
      LJMP  START
      ORG  000BH
      LJMP  L1
      ORG  0100H
START: MOV  TMOD, #00H
```

```
        MOV   TH0, #00H
        MOV   TL0, #00H
        MOV   IE, #82H
        SETB  TR0
        MOV   R5, #50H
        MOV   SP, #60H
        LCALL NEXT            ; 调用初始化程序
        MOV   A, #88H         ; 写入显示地址
        ACALL WRITE
        MOV   A, #42H         ; 字母 "B" 的代码
        LCALL WDR
        SJMP  $
L1:     MOV   TH0, #00H       ; 中断服务子程序
        MOV   TL0, #00H
        DJNZ  R5, L2
        MOV   R5, #50H
L2:     RETI
NEXT:   MOV   A, #38H         ; 初始化功能设定, 显示方式为 16×2
        LCALL WRITE
        MOV   A, #0EH         ; 显示器开、光标开、光标不闪烁
        LCALL WRITE
        MOV   A, #06H         ; 字符不动, 光标自动右移一格
        LCALL WRITE
        RET
WRITE:  LCALL L3              ; 写入指令寄存器子程序
        CLR   P3.5            ; 提供 E 端上升沿脉冲
        CLR   P3.0            ; 使 RS=0, 选通命令寄存器
        CLR   P3.1            ; 使 R/W=0, 发出写信号
        SETB  P3.5
        MOV   P1, A           ; 写控制命令
        CLR   P3.5
        RET
WDR:    LCALL L3              ; 写入数据寄存器子程序
        CLR   P3.5            ; 提供 E 端上升沿脉冲
        SETB  P3.0            ; 使 RS=0, 选通命令寄存器
        CLR   P3.1            ; 使 R/W=0, 发出写信号
        SETB  P3.5
        MOV   P1, A           ; 写显示数据
        CLR   P3.5
        RET
```

```
L3:  PUSH  ACC                ; 检查忙碌子程序
     LOOP: CLR  P3.0
     SETB  P3.1               ; 使 R/W=1，发出读信号
     CLR  P3.5
     SETB  P3.5
     MOV  A, P1               ; 读状态
     CLR  P3.5
     JB  ACC.7, LOOP          ; 若最高位=1，表示 LCD 忙，等待
     POP  ACC
     ACALL  DELAY
     RET
DELAY: MOV  R6, #255          ; 延时子程序
  D1:  MOV  R7, #255
  D2:  DJNZ  R7, D2
     DJNZ  R6, D1
     RET
     END
```

【例 5-4】用 C51 语言编程，实现在液晶模块 LM016L 第一行显示"Hello everyone"，在第二行显示"Welcome to here"。

解：

（1）硬件电路设计

LM016L 液晶显示电路仿真图如图 5-8 所示。

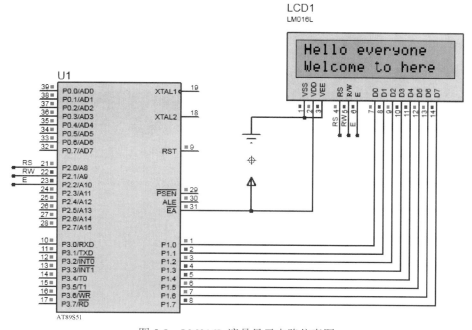

图 5-8　LM016L 液晶显示电路仿真图

（2）C51 语言参考源程序

```c
#include <reg51.h>
#include <intrins.h>
#define uchar unsigned char
#define uint unsigned int
#define out P0
sbit rs=P2^0;
sbit rw=P2^1;
sbit e=P2^2;
void check_busy(void);
void write_command(uchar com);
void write_data(uchar dat);
void LCD_initial(void);
void string(uchar ad , uchar *s);
void lcd_test(void);
void delay(uint);
void main(void)  //主程序
{
LCD_initial();
while(1)
    {
    string(0x80, "Hello everyone");
    string(0xC0, "Welcome to here");
    delay(100);
    write_command(0x01); //清屏
    delay(100);
    }
}

void delay(uint j)  //1ms 延时程序
{
uchar i=250;
for(; j>0; j--)
    {
    while(--i);
    i=249;
    while(--i);
    i=250;
    }
}
```

```
void check_busy(void)  //查忙程序
{
uchar dt;
do
    {
dt=0xff;
e=0;
rs=0;
rw=1;
e=1;
dt=out;
    }while(dt&0x80);
e=0;
}
void write_command(uchar com)  //写控制指令
{
check_busy();
e=0;
rs=0;
rw=0;
out=com;
e=1;
_nop_();
e=0;
delay(1);
}
void write_data(uchar dat)  //写数据指令
{
check_busy();
e=0;
rs=1;
rw=0;
out=dat;
e=1;
_nop_();
e=0;
delay(1);
}
void LCD_initial(void)  //液晶屏初始化
{
    write_command(0x38); //8 位总线，双行显示，5×7 的点阵字符
```

```
        write_command(0x0C); //开整体显示，光标关，无黑块
        write_command(0x06); //光标右移
        write_command(0x01); //清屏
        delay(1);
}
void string(uchar ad, uchar *s)  //输出字符串
{
write_command(ad);
while(*s>0)
        {
        write_data(*s++);
        delay(100);
        }
}
```

5.3 单片机与键盘的接口技术

在微机应用系统中，为了输入数据、查询和控制系统的工作状态，一般都设置有键盘，主要包括数字键、复位键和各种功能键。根据按键的连接方式可分为独立式按键和矩阵式键盘。本节主要讲述单片机与矩阵式键盘的接口技术。

5.3.1 键盘概述

（1）键的可靠输入

常用键盘的键是一个机械开关结构，当按键被按下时，由于机械触点的弹性作用，在触点闭合或断开的瞬间会出现电压抖动，抖动的时间一般为 5～10ms，如图 5-9 所示。抖动现象会引起单片机对一次按键操作进行多次处理，因此必须考虑去抖动措施。

去抖动有硬件和软件两种方法：硬件方法就是在键盘中附加去抖动电路（RS 触发器），从根本上消除抖动产生的可能性；而软件方法则是采用时间延迟以躲过抖动（延时 5～10ms 即可），等待行线上状态稳定之后，再进行状态输入。一般多采用软件方法。

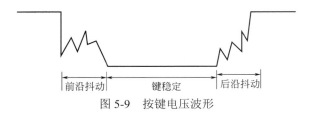

图 5-9　按键电压波形

（2）独立式键盘

独立式键盘是一组相互独立的按键，这些按键可直接与单片机的 I/O 接口或扩展口相连，每个按键独占一条口线，接口简单，电路如图 5-10 所示，一般只适合按键较少的场合。按键输入采用低电平有效，上拉电阻保证按键断开时，I/O 口线有确定的高电平。当 I/O 口的内部有上拉电阻时，外电路可不连接上拉电阻。图 5-10 中虚线部分为中断按键处理法而设。

【例 5-5】如图 5-10 所示，S0、S1、S2 按键分别与单片机的 P1.0、P1.1、P1.2 相连，当不考虑虚线内电路时，试编制键盘管理程序。

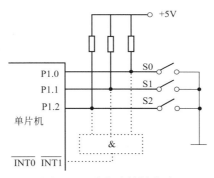

图 5-10　独立式按键电路

解：

① 汇编语言参考源程序。

```
        ORG  0000H
KEY:    MOV  P1, #0FFH          ; 设置 P1 口为输入态
        MOV  A, P1              ; 读键
        CPL  A                  ; 取反
        ANL  A, #07H            ; 屏蔽高 5 位
        JZ   NEXT               ; 无键闭合，返回
        LCALL  DELAY            ; 延时 12ms，去抖动
        JB   ACC.0, S0          ; 转 S0 键功能程序
        JB   ACC.1, S1          ; 转 S1 键功能程序
        JB   ACC.2, S2          ; 转 S2 键功能程序
NEXT:   SJMP  KEY…
  S0:   AJMP  PS0               ; 执行 S0 键功能程序
  S1:   AJMP  PS1               ; 执行 S1 键功能程序
  S2:   AJMP  PS2               ; 执行 S2 键功能程序
          ⋮
  PS0:  …
  PS1:  …
  PS2:  …
DELAY:  MOV  R6, #20H           ; 延时 12ms
  Q6:   MOV  R5, #0BBH
  Q5:   DJNZ  R5, Q5
        DJNZ  R6, Q6
        RET
        END
```

② C51 语言参考源程序。

```
#include<reg52.h>
#include<intrins.h>
```

```
int i, j;
void delayms(int xms)   //a=xms 即延时约 xms
    { int a, b;
        for(a=xms; a>0; a--)
            {for(b=110; b>0; b--);
             }
        }
void main()
{
  while(1)
  {
    P1=0xff;
    delayms(12);
    P1=~P1;
    P1=P1&&0x07;
    if(P1==0x01)
    {
        … //S0 程序
    }
    if(P1==0x02)
    {
        … //S1 程序
    }
    if(P1==0x01)
    {
        … //S2 程序
    }
  }
}
```

【例5-6】如图 5-11 所示，P3 口接 8 个独立按键，P1 口接 8 个发光二极管，编写程序，当有键按下时，则 P1 口对应的 LED 灯亮。

解：

C51 语言参考源程序：

```
#include <reg51.h>
#define uchar unsigned char
#define uint unsigned int
void Delay1ms(uint count)
{ uint i, j;
for(i=0; i<count; i++)
for(j=0; j<110; j++) ;
}
void main()
{
    uchar temp;
```

```
while(1)
  {
  P3=0xff ;
  temp=P3 ;        //读 P3 口，送入 temp 中
  P1=temp ;
  Delay1ms(10)


  }
}
```

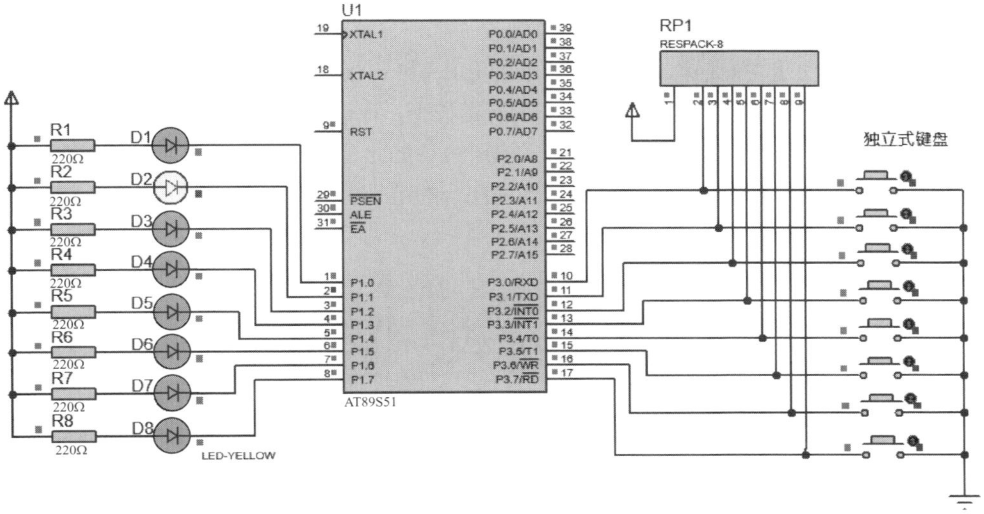

图 5-11　独立式键盘 Proteus 仿真图

（3）矩阵式键盘

① 行列式键盘结构　独立式键盘每一按键都需要一条 I/O 线，当按键数较多时，占用硬件资源较多，I/O 接口利用率不高。在这种情况下，可采用矩阵式键盘，也称行列式键盘。图 5-12 为单片机与 4×4 键盘的接口电路。按键设置在行列的交叉点上，只要有键按下，就将对应的行线和列线接通，使其电平互相影响。键盘中共有 16 个按键，每一个键都给予编号，键号分别为 0、1、2、…、15。

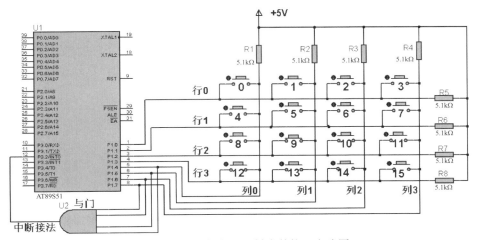

图 5-12　单片机与 4×4 键盘的接口电路图

设键盘中有 $m \times n$ 个按键，采用矩阵式结构需要 $m+n$ 条口线。图 5-12 中，键盘有 4×4 个按键，则需要 8 条口线，若键 7 按下，则行 1 与列 3 接通。行 1 若为低电平，则列 3 也输出低电平，而其他列输出都为高电平，根据行和列的电平信号就可以判断出按键所处的行和列的位置。

　　② 按键的识别　按键的识别包括判断有无键的按下以及当前按下键的键号，判断键号是设计键盘接口程序的重要部分。按键的识别通常有两种方法：一种称为扫描法；另一种称为线反转法。其中扫描法较为常见，下面以图 5-13 所示键盘为例，说明扫描法识别按键的过程。

　　其识别过程如下。

　　a. 判别键盘上有无按键按下。由 AT89S51 单片机向所有行线发出低电平信号，如果该行线所连接的键没有按下，则连线所连接的输出端口得到的是全 1 信号；如果有键按下，则得到的是非全 1 信号。

　　b. 判别键号。方法是先扫描第 0 行，即输出 1110B（第 0 行为 0，其余 3 行为 1），然后读入列信号，判断是否为全 1。若是全 1，则表明当前行没有键按下，行输出值右移，即输出 1101B（第 1 行为 0，其余 3 行为 1），再次读入列信号，判断是否为全 1。如此逐行扫描下去，直到读入的列信号不为全 1 为止。根据此时的行号和列号即可计算出当前闭合的键号。整个工作过程可用图 5-13 表示。

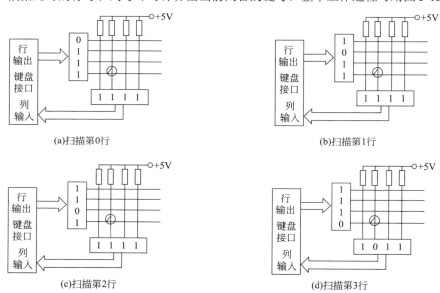

图 5-13　键盘扫描法工作原理

　　c. 键码计算。键码图如图 5-14 所示，键号是按从左到右、从上到下的顺序编排的，各行的首号依次是 00H、08H、10H、18H。如列号按 0～7 顺序排列，则键码的计算公式如下。

　　键码=低电平行的首号+低电平的列号

图 5-14　键码图

5.3.2　键盘的接口及程序设计

单片机对键盘的扫描方式有随机方式、中断扫描方式和定时扫描方式三种。

（1）随机方式

随机方式是利用 CPU 的空闲时间调用键盘扫描子程序，响应键盘的输入请求。

（2）中断扫描方式

在图 5-12 中，当按键按下时，列线中必有一个为低电平，经与门输出低电平，向单片机 $\overline{INT0}$ 引脚发出中断请求，CPU 执行中断服务程序，判断闭合的键号，并进行相应的处理。这种方式可大大提高 CPU 的效率。

（3）定时扫描方式

利用单片机内部定时器，每隔一定时间 CPU 执行一次键盘扫描程序，并在有键闭合时转入该键的功能处理程序。定时扫描方式要求扫描间隔时间不能太长，否则有可能漏掉按键输入，一般取几十毫秒。

5.4　案例：按键显示电路设计

【任务目的】掌握单片机的键盘、显示接口电路设计方法，用 Proteus 软件完成接口电路设计，用 Keil 完成程序设计，并进行实时交互仿真。

【任务描述】该任务用 AT89S51 单片机对 4×4 矩阵键盘进行动态扫描，当有按键按下时，将相应按键值（0～F）实时显示在数码管上。

（1）硬件电路设计

双击桌面上 图标，打开 ISIS 7 Professional 窗口。单击菜单 "File" → "New Design" 命令，新建一个 "DEFAULT" 模板，保存文件名为 "键盘.DSN"。在 "器件选择" 按钮 P L DEVICES 中单击 "P" 按钮，或执行菜单 "Library" → "Pick Device/Symbol" 命令，添加表 5-4 所示的元器件。

表 5-4　按键显示所用的元器件

序号	元器件	序号	元器件	序号	元器件	序号	元器件
1	单片机 AT89S51	3	瓷片电容 CAP 30PF	5	晶振 CRYSTAL 12MHz	7	电阻 RES
2	按钮 BUTTON	4	电解电容 CAP-ELEC	6	7SEG-COM-AN-GRN	8	排阻 RX8

在 ISIS 原理图编辑窗口中放置元器件，再单击工具箱中的 "元器件终端" 按钮 ，在对象选择器中单击 "POWER" 和 "GROUND" 放置电源和地。放置好元器件后，布好线。双击各元器件，设置相应元器件参数，完成电路设计，如图 5-15 所示。

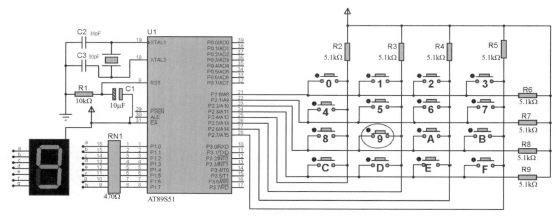

图 5-15　按键显示电路仿真图

（2）程序设计

① 汇编语言参考源程序。

```
        ORG  0000H
        SJMP  STAR
        ORG  0030H
STAR:   ACALL DE100
  KEY:  MOV  R3, #0FEH          ; 扫描初值
        MOV  R1, #0             ; 取码指针
   Q1:  MOV  A, R3              ; 开始扫描
        MOV  P2, A              ; 将扫描值输出至 P2
        MOV  A, P2              ; 读入 P2 值，判断是否有按键按下
        SWAP  A
        MOV  R4, A              ; 有按键，存入 R4，以判断是否放开
        SETB  C                ; C=1
        MOV  R5, #4             ; 扫描 P2.4～P2.7
   Q2:  RRC  A                 ; 将按键值右移 1 位
        JNC  Q3                ; C=0 有键按下，转 Q3
        INC  R1                ; 无按键，取码指针加 1
        DJNZ  R5, Q2           ; 4 列扫描完
        MOV  A, R3
        SETB  C
        RLC  A                ; 扫描下一行
        MOV  R3, A             ; 存扫描指针
        JB  ACC.4, Q1
        JMP  KEY               ; 4 行扫描完
   Q3:  ACALL  DE10           ; 消抖动
   K1:  MOV  A, P2             ; 与上次读入值做比较
        XRL  A, R4
```

```
        JZ   K1                    ; 相等，键未放开
        ACALL  Q4                  ; 键放开后调显示段码
        MOV  P1, A                 ; 段码送 P1 口显示
        SJMP  KEY                  ; 不相等，键放开，进入下一次的扫描
    Q4: MOV  A, R1
        INC  A
        MOVC  A, @A+PC             ; 取显示码 (即共阳段码)
        RET
        DB  0C0H, 0F9H, 0A4H, 0B0H ; 共阳段码 0, 1, 2, 3
        DB  99H, 92H, 82H, 0F8H    ; 4, 5, 6, 7
        DB  80H, 90H, 88H, 83H     ; 8, 9, A, B
        DB  0C6H, 0A1H, 86H, 8EH   ; C, D, E, F
DE100: MOV  R6, #200               ; 延时 100ms
   D1: MOV  R7, #250
        DJNZ  R7, $
        DJNZ  R6, D1
        RET
DE10: MOV  R6, #20                 ; 延时 10ms
  D2: MOV  R7, #248
        DJNZ  R7, $
        DJNZ  R6, D2
        RET
        END
```

② C51 语言参考源程序。

```c
#include<reg51.h>
#include<intrins.h>
#define uchar unsigned char
#define uint unsigned int
#define PSEG P1
#define PKEY P2
void delayms(uint);
uchar scan(void);
uchar code seg[]={0xc0, 0xf9, 0xa4, 0xb0, 0x99, 0x92, 0x82, 0xf8, 0x80, 0x90,
0x88, 0x83, 0xc6, 0xa1, 0x86, 0x8e};
void main(void)
{
    uchar key;
    while(1)
        {
        key=scan();       //读取键盘值
```

```
                if(key! =16)
                PSEG=seg[key];    //显示
                }
        }
    void delayms(uint j)          //延时函数

    {
        uchar i;
        for(; j>0; j--)
            {
            i=250;
            while(--i);
            i=249;
            while(--i);
            }
    }
    uchar scan(void)              //键盘扫描函数
    {
        uchar k=16, m, n, in;
        PKEY=0xf0;                //扫描所有行
        if((PKEY&0xf0)! =0xf0)
            {
            for(m=0; m<4; m++)
                {
                PKEY=~(0x01<<m);
                for(n=0; n<4; n++)
                    {
                    in=PKEY;
                    in=in>>(4+n);
                    if((in&0x01)==0)
                        {
                        delayms(10);
                        if((in&0x01)==0){k=n+m*4; break; }
                        }
                    }
                if(k! =16){break; }
                }
            }
    return(k);
    }
```

（3）加载目标代码、设置时钟频率

将按键显示程序生成目标代码文件"键盘.hex"，加载到图 5-15 中单片机"Program File"属性栏中，并设置时钟频率为 12MHz。

（4）仿真

单击 ▶ ⏯ ⏸ ⏹ 中的 ▶ 按钮，启动仿真。当按键盘的键时，可将相应按键值（0～F）实时显示在数码管上。

思考题与习题

一、填空

1. LED 数码管的使用与发光二极管相同，根据其材料不同，正向压降一般为＿＿＿＿V，额定电流为＿＿＿＿mA，最大电流为＿＿＿＿mA。

2. 在单片机系统中，常用的显示器有＿＿＿＿、＿＿＿＿和＿＿＿＿等显示方式。

3. 键盘扫描控制方式可分为＿＿＿＿控制、＿＿＿＿控制和＿＿＿＿控制方式。

4. LED 显示器的静态显示的优点：＿＿＿＿；缺点：＿＿＿＿。动态驱动显示的优点：＿＿＿＿；缺点：＿＿＿＿。

5. 矩阵键盘的识别有＿＿＿＿和＿＿＿＿两种方式。

二、判断题

1. 为了消除按键的抖动，常用的方法有硬件和软件两种方法。　　　　　　（　　）

2. LED 显示器有两种显示方式：静态方式和动态方式。　　　　　　　　（　　）

3. LED 数码管显示器有共阴极和共阳极两种。　　　　　　　　　　　　（　　）

三、简答题

1. 为什么要消除按键的机械抖动？消除按键抖动的方法有几种？

2. 说明矩阵式键盘按键按下的识别原理。

3. 键盘有哪三种工作方式？它们各自的工作原理及特点是什么？

4. 说明 LCD 的工作原理，画出 AT89S51 单片机与 LCD1602 的接口电路连接图。

四、设计题

1. 设计将字符"AB"通过液晶模块 LCD1602 显示在屏幕的左边。

2. 设计一个 AT89S51 单片机外扩键盘和显示电路，要求扩展 8 个键，4 位 LED 显示器。

第6章
AT89S51 单片机的中断系统与定时器/计数器

 知识目标

（1）了解单片机中断系统和定时器/计数器基本知识。

（2）掌握中断系统和定时器/计数器相关寄存器设置。

（3）掌握中断系统和定时器/计数器的程序设计。

 技能目标

（1）能够利用 Keil 软件进行单片机的中断系统和定时器/计数器程序调试。

（2）掌握基于 Proteus 软件的中断系统和定时器/计数器电路的设计与仿真调试。

6.1 中断系统

中断是单片机应用中的重要概念。中断系统是单片机为实现中断、控制中断的功能组成部分，它使单片机能及时响应并处理运行过程中内部和外部的突发事件，解决单片机快速 CPU 与慢速外设之间的矛盾，从而提高单片机的工作效率及可靠性。

6.1.1 中断基本概念

（1）中断的定义

中断是指计算机暂时停止原程序执行转而为外设服务（执行中断服务程序），并在服务完后自动返回原程序执行的过程。中断由中断源产生，中断源在需要时可以向 CPU 提出中断请求。中断请求通常是一种电信号，CPU 对这个电信号进行检测，一旦响应便可自动转入该中断源的中断服务程序执行，并在执行后自动返回原程序继续执行。中断源不同，中断服务程序的功能也不同。计算机中断过程如图 6-1 所示。

（2）中断技术

在单片机应用系统的硬件、软件设计中，应用中断系统处理随机发生事件和突发事件的技术称为中断技术。

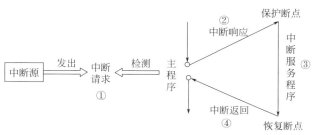

图 6-1　计算机中断过程示意图

（3）中断系统

AT89S51 单片机的中断系统由中断源、与中断控制有关的特殊功能寄存器、中断入口、顺序查询逻辑电路等组成。它是由 5 个中断源（$\overline{\text{INT0}}$、$\overline{\text{INT1}}$、T0、T1、RXD/TXD）、中断标志位（位于 TCON、SCON 中）、中断允许控制器 IE、中断优先级控制寄存器 IP 及中断入口地址组成，可对每个中断源实现两级允许控制及两级优先级控制。

6.1.2　中断系统结构

AT89S51 单片机的中断系统结构如图 6-2 所示。

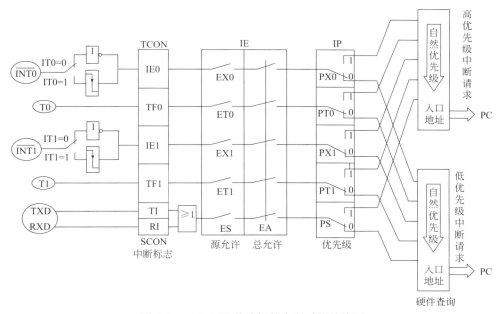

图 6-2　AT89S51 单片机的中断系统结构图

（1）中断源

中断源是指能够引起中断、发出中断请求的装置或事件。AT89S51 单片机的中断源有五个。

① 外部中断 0（$\overline{\text{INT0}}$）。中断请求信号从单片机的 P3.2 脚输入，触发方式为低电平或下降沿。

② 外部中断 1（$\overline{\text{INT1}}$）。中断请求信号从单片机的 P3.3 脚输入，触发方式为低电平或下降沿。

③ 定时器/计数器 0（T0）。溢出中断。

④ 定时器/计数器 1（T1）。溢出中断。

⑤ 串行口中断。包括串行口的发送中断标志 TI 和串行口的接收中断标志 RI。

（2）中断入口地址

5 个中断源对应的中断入口地址见表 6-1，它们都在 ROM 中。

表 6-1　AT89S51 单片机的中断入口地址及内部优先权

中断源	中断请求标志位	中断入口地址	优先权
$\overline{\text{INT0}}$	IE0	0003H	最高级
T0	TF0	000BH	
$\overline{\text{INT1}}$	IE1	0013H	↓
T1	TF1	001BH	
串行口中断	RI/TI	0023H	最低级

若启动中断功能，则在程序设计时必须留出 ROM 中相应的中断入口地址，不得被其他程序占用。中断服务程序的首地址多经中断入口处的转移指令导入。

（3）中断优先级、优先权、中断嵌套

① 中断优先级　AT89S51 单片机将 5 个中断源分为两个优先级：高优先级和低优先级。不同级的中断源同时申请中断时，CPU 优先服务于高优先级的中断申请，后服务于低优先级的中断申请；中断优先级的划分是可编程的。即用指令可设置哪些中断源为高优先级，哪些中断源为低优先级。

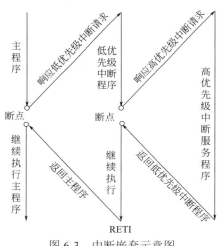

图 6-3　中断嵌套示意图

② 优先权　对于同一优先级中所有中断源，按优先权先后排序。如表 6-1 所示，$\overline{\text{INT0}}$ 优先权最高，串行口中断优先权最低。若在同一时刻发出请求中断的两个中断源属于同一优先级，CPU 先响应优先权排在前面的中断源中断申请，后响应优先权排在后面的中断源中断申请。优先权由单片机决定，而非编程决定。

③ 中断嵌套　当 CPU 响应某一中断请求并进行中断处理时，若有优先级级别高的中断源发出中断申请，则 CPU 要暂时中断正在执行的中断服务程序，保留暂时中断的断点（称中断嵌套断点）和现场，响应高优先级中断源的中断。高优先级中断处理完毕后，再回到中断的断点，继续处理被暂时中断的低优先级中断，这就是中断嵌套。图 6-3 所示为中断嵌套示意图。

6.1.3　与中断控制有关的寄存器

AT89S51 单片机中涉及中断控制的有 4 个特殊功能寄存器，通过对它们进行置 1 或清 0 操作，可实现中断控制功能。

（1）TCON（定时器/计数器和外中断控制寄存器）

TCON 是定时器/计数器和外中断控制寄存器，字节地址 88H，它是可位寻址的特殊功能寄存器。TCON 结构及位名称、位地址见表 6-2。

表 6-2　TCON 结构及位名称、位地址

位名称	TF1	TR1	TF0	TR0	IE1	IT1	IE0	IT0
位地址	8FH	8EH	8DH	8CH	8BH	8AH	89H	88H
位号	TCON.7	TCON.6	TCON.5	TCON.4	TCON.3	TCON.2	TCON.1	TCON.0

IT0：外部中断 0 请求（$\overline{\text{INT0}}$）触发方式控制位，由软件置 1 或清 0。IT0=0，$\overline{\text{INT0}}$ 触发方式为电平触发方式，当 P3.2 引脚出现低电平时信号有效；IT0=1，$\overline{\text{INT0}}$ 触发方式为边沿触发方式，当 P3.2 引脚出现下降沿时信号有效。

IE0：外部中断 0 中断请求标志位，当 P3.2 引脚出现有效的外部中断信号时，由硬件置 1，请求中断。

IT1：外部中断 1 请求（$\overline{\text{INT1}}$）触发方式控制位，其意义和 IT0 类似。

IE1：外部中断 1 中断请求标志，其意义和 IE0 类似。

TF0：片内定时器/计数器 0 溢出中断请求标志位，在启动定时器/计数器 0 计数后，定时器/计数器 0 将从初始值开始计数，当最高位产生溢出时，由硬件将 TF0 置 1，向 CPU 申请中断，CPU 响应中断时将该标志位清 0。TF0 也可用软件清 0（查询方式）。

TF1：片内定时器/计数器 1 溢出中断申请标志位，功能和 TF0 类似。

（2）SCON（串行口控制寄存器）

SCON 为串行口控制寄存器，字节地址为 98H，它是可位寻址的特殊功能寄存器。SCON 的低 2 位 TI 和 RI 为串行口的接收中断和发送中断标志位，SCON 结构及位名称、位地址见表 6-3。

表 6-3　SCON 结构及位名称、位地址

位名称	SM0	SM1	SM2	REN	TB8	RB8	TI	RI
位地址	9FH	9EH	9DH	9CH	9BH	9AH	99H	98H
位号	SCON.7	SCON.6	SCON.5	SCON.4	SCON.3	SCON.2	SCON.1	SCON.0

TI：串行口发送中断标志位。

RI：串行口接收中断标志位。

CPU 在响应串行发送中断、接收中断后，TI、RI 不能自动清 0，必须用软件清 0。

（3）IE（中断允许控制寄存器）

IE 为中断允许控制寄存器，字节地址为 A8H，它是可位寻址的特殊功能寄存器。单片机是否接受中断申请，接受哪个中断申请是由 IE 决定的，各控制位为"1"表示允许中断，为"0"表示禁止中断。IE 结构及位名称、位地址见表 6-4。

表 6-4　IE 结构及位名称、位地址

位名称	EA	×	×	ES	ET1	EX1	ET0	EX0
位地址	AFH	×	×	ACH	ABH	AAH	A9H	A8H
位号	IE.7	IE.6	IE.5	IE.4	IE.3	IE.2	IE.1	IE.0

EA：CPU 中断允许总开关标志位。EA=0，则 CPU 禁止所有中断；EA=1，则 CPU 开放中断。

ES：串行口中断允许控制位。

ET1：定时器/计数器 1 中断允许控制位。

EX1：外部中断 1 中断允许控制位。

ET0：定时器/计数器 0 中断允许控制位。

EX0：外部中断 0 中断允许控制位。

【例 6-1】 如果要设置外部中断 0、外部中断 1 及定时器/计数器 0 中断允许，其他中断不允许，求 IE 值。

解： 参照表 6-4，根据题意将 IE 设置，见表 6-5，求得（IE）=87H。

表 6-5　根据题意设置 IE 中断允许位

EA	×	×	ES	ET1	EX1	ET0	EX0
1	0	0	0	0	1	1	1

汇编语言控制程序如下。

```
SETB  EA
SETB  EX1
SETB  ET0
SETB  EX0
```

或

```
MOV  IE, #87H
```

C51 语言控制程序如下。

```
EA=1;
EX1=1;
ET0=1;
EX0=1;
```

或

```
IE=0x87;
```

（4）IP（中断优先级控制寄存器）

IP 是中断优先级控制寄存器，字节地址为 B8H，它是可位寻址的特殊功能寄存器，IP 结构及位名称、位地址见表 6-6。

表 6-6　IP 结构及位名称、位地址

位名称	×	×	PS	PT1	PX1	PT0	PX0
位地址	BFH	BDH	BCH	BBH	BAH	B9H	B8H
位号	IP.7	IP.5	IP.4	IP.3	IP.2	IP.1	IP.0

以上某位被置 0，则定义相应中断为低优先级；某位被置 1，则定义相应中断为高优先级。

5 个中断源全部设定为高优先级或全部设定为低优先级，相当于不分优先级。这时，相应中断的先后顺序依系统内规定的优先权行事，见表 6-1。

PS：串行口中断优先级控制位。

PT1：T1 中断优先级控制位。

PX1：$\overline{\text{INT1}}$ 中断优先级控制位。

PT0：T0 中断优先级控制位。

PX0：$\overline{\text{INT0}}$ 中断优先级控制位。

【例 6-2】 如果要将外部中断 0、T1 设为高优先级，其他为低优先级，求 IP 值。

解：根据表 6-6 来设置。IP 高 3 位地址未用，可取任意值，设为 000，其他各位根据题目要求进行设置，见表 6-7，求得（IP）=09H。

表 6-7　根据题意设置 IP 各位

×	×	×	PS	PT1	PX1	PT0	PX0
0	0	0	0	1	0	0	1

汇编语言控制程序如下。

```
SETB  PX0
SETB  PT1
```

或

```
MOV IP, #09H
```

C51 语言控制程序如下。

```
PX0=1;
PT1=1;
```

或

```
IP=0x09;
```

6.1.4　中断响应过程

AT89S51 单片机的中断处理过程大致可分中断请求、中断响应、中断处理、中断返回 4 步，如图 6-4 所示。其中大部分操作是 CPU 完成的，用户只需了解来龙去脉，设置堆栈、设置中断允许、设置中断优先级、编写中断服务程序等，若为外部中断，还需设置触发方式。

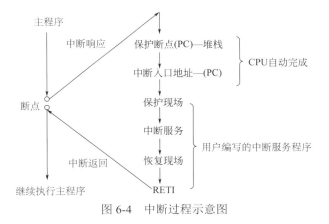

图 6-4　中断过程示意图

（1）中断请求

中断源要求 CPU 为它服务时，必须发出一个中断请求信号。若是外部中断源，则需将外部中断源接到单片机的 P3.2（$\overline{INT0}$）或 P3.3（$\overline{INT1}$）引脚上。当外部中断源发出有效中断信号时，相应的中断请求标志 IE0 或 IE1 置 1，提出中断请求。若是内部中断源发出有效信号，如 T0、T1 溢出，则相应的中断请求标志 TF0 或 TF1 置 1，提出中断请求。CPU 将不断查询这些中断请求标志，一旦查询到这些中断请求标志，CPU 将根据中断响应条件响应中断请求。

（2）中断响应

① 中断响应条件　中断源发出中断请求后，CPU 响应中断必须满足如下条件。

a. 已开总中断（EA=1）和相应中断源的中断（相应允许控制位置位）。

b. 未执行同级或更高级的中断。

c. 当前执行指令的指令周期已经结束。

d. 正在执行的不是 RETI 和访问 IE、IP 指令，否则，要再执行一条指令后才能响应。

② 中断响应操作　CPU 响应中断后，进行如下操作。

a. 在一种中断响应后，屏蔽同优先级和低优先级的其他中断。

b. 响应中断后，应清除该中断源的中断请求标志，否则，中断返回后，将重复响应该中断而出错。有的中断请求标志（TF0、TF1，边沿触发方式下的 IE0、IE1）在 CPU 响应中断后，会由 CPU 自动清除；有的中断标志（RI、TI）CPU 不能清除，只能由用户编程清除；还有电平触发方式下的中断请求标志（IE0、IE1），一般要通过外电路清除。

CPU 响应中断后，首先将中断点的 PC 值压入堆栈保护起来。然后 PC 装入相应的中断入口地址，并转移到该入口地址执行中断服务程序。当执行完中断服务程序的最后一条指令 RETI 后，自动将原先压入堆栈的中断点的 PC 值弹回 PC 中，返回执行中断点处的指令。

（3）中断处理

根据要完成的项目和任务编写中断服务程序。一般来说，中断服务程序包含以下几部分。

① 保护现场。　一旦进入中断服务程序，便将与断点处信息相关的且在中断服务程序中可能改变的存储单元（如 ACC、PSW、DPTR 等）的内容通过"PUSH　direct"指令压入堆栈保护起来，以便中断返回时恢复。

② 执行中断服务程序主体，完成相应操作。中断服务程序中的操作内容和功能是中断源请求中断的目的，是 CPU 完成中断处理操作的核心和主体。

③ 恢复现场。与保护现场相对应，在返回前（即执行返回指令 RETI 前），通过"POP direct"指令将保护现场时压入堆栈的内容弹出，送到原来相关的存储单元后，再中断返回。

（4）中断返回

在中断服务程序的最后，应安排一条中断返回指令 RETI，其作用如下。

① 恢复断点地址。将原来压入堆栈中的断点地址弹出，送到 PC 中。这样 CPU 就返回原中断断点处，继续执行被中断的程序。

② 开放响应中断时屏蔽的其他中断。

（5）中断请求的撤除

中断响应后，中断请求信号及中断请求标志不清除，就意味着请求仍然存在，很容易造成中断程序的多次重复执行。有关中断请求的撤除，具体分析如下。

① 硬件清 0。定时器/计数器 T0、T1 和边沿触发方式下的外部中断 $\overline{INT0}$、$\overline{INT1}$ 的中断请求标志位 TF0、TF1、IE0、IE1，在中断响应后由 CPU 硬件自动清除。

② 软件清 0。CPU 响应串行中断后，其硬件不能自动清除其中断请求标志位。用户应在串行中断服务程序中用指令清除标志位 TI、RI。

③ 强制清 0。对于外部中断的电平触发方式，当外部中断源使 $\overline{INT0}$ 或 $\overline{INT1}$ 引脚端低电平维持时间过长，很容易引起中断的再次响应。对于这种情况，可采用外加电路的方法，清除引起置位中断请求标志的来源。图 6-5 为外加清 0 电路，当外部设备出现低电平的中断请求信号时，Q 端输出为低电平，$\overline{INT0}$ 有效，向单片机发出中断申请。CPU 响应后，在中断服务程序中增加以下两

条指令，即可撤除中断申请信号。

```
ANL  P1, #7FH
ORL  P1, #80H
```

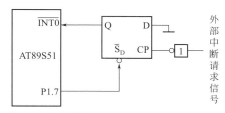

图 6-5　电平触发式外中断请求的撤除电路

执行第一条指令使 P1.7 输出为"0"，延续时间为 2 个机器周期，加到锁存器 $\overline{S}_D$，使锁存器置位，Q 端输出为"1"，从而撤出中断请求。执行第二条指令使 P1.7 变为"1"，否则 D 触发器的 $\overline{S}_D$ 引脚端始终有效，$\overline{INT0}$ 引脚端始终为"1"，下一次无法申请中断。可见，低电平方式的外部中断请求信号的完全撤除，是通过软硬件相结合的方法来实现的。

6.1.5　中断函数

为了直接使用 C51 语言编写中断服务程序，C51 语言中定义了中断函数。由于 C51 编译器在编译时对声明为中断服务程序的函数自动添加了现场保护、阻断其他中断、返回时自动恢复现场等程序段，因而，在编写中断函数时，可不必考虑这些问题，减小了用户编写中断服务程序的烦琐程度。

中断函数的一般形式如下。

```
viod 函数名() interrupt  n  using  m
{
中断服务程序内容
}
```

关键字 interrupt 后的 n 是中断号，n 的取值为 0～4，编译器从 $8 \times n + 3$ 处产生中断向量。AT89S51 单片机的中断源对应的中断号和中断向量见表 6-8。

表 6-8　AT89S51 单片机中断源对应的中断号和中断向量

中断号 n	中断源	中断向量（$8 \times n + 3$）
0	外部中断 0	0003H
1	定时器/计数器 0	000BH
2	外部中断 1	0013H
3	定时器/计数器 1	001BH
4	串行口	0023H
其他值	保留	$8 \times n + 3$

关键字 using 后的 m 是所选择的寄存器组，using 是一个选项，可以省略。如果没有使用 using 关键字指明寄存器组，中断函数中所有工作寄存器的内容将被保存到堆栈中。

例如：

```
viod T1_time() interrupt  3   //定时器/计数器 1 中断服务程序，中断号 n=3
```

中断函数与标准 C 语言的函数调用是不一样的，当发生中断时，对应的中断函数被自动调用，中断函数既没有参数，也没有返回值。中断函数会带来以下影响。

① 编译器为中断函数自动生成中断向量。

② 退出中断函数时，所有保存在堆栈中的工作寄存器及特殊功能寄存器被恢复。

③ 在必要时，特殊功能寄存器 ACC、B、DPH、DPL 以及 PSW 的内容被保存到堆栈中。

编译 AT89S51 单片机中断程序时，应遵循以下规则。

① 中断函数没有返回值，如果定义了一个返回值，将会得到不正确的结果。因此，建议将中断函数定义为 viod 类型，以明确说明没有返回值。

② 中断函数不能进行参数传递，如果中断函数中包含任何参数声明，都将导致编译出错。

③ 在任何情况下都不能直接调用中断函数，否则会产生编译错误。

④ 如果在中断函数中再调用其他函数，则被调用的函数所使用的寄存器必须与中断函数使用的寄存器不同。

6.2　中断应用

6.2.1　中断应用步骤

中断系统应用中，编写程序要解决的问题是中断初始化和中断服务程序。

（1）中断初始化

中断初始化应在产生中断请求前完成，一般放在主程序中，并常与主程序初始化综合考虑一起进行。

① 开中断。将控制寄存器 IE 中的中断控制位 EA 和相应的中断允许控制位置 1。

② 若是外部中断，则要定义外中断触发方式，将控制寄存器 TCON 中相关的控制位置 1。

③ 定义中断优先级。将中断优先级控制寄存器 IP 中相关的控制位置 1。

（2）中断服务程序

用汇编语言编写中断服务程序时，中断程序中除包含中断处理的程序段外，还包括以下几个方面的内容，编程时予以注意。

① 在相应的中断入口地址处设置一条跳转指令（SJMP、AJMP 或 LJMP），将中断服务程序转到合适的 ROM 空间。若中断服务程序长度不大于 8 个字节，可直接放置在中断入口地址处。

② 保护现场。为减轻堆栈负担，保护现场的数据存储单元数量力求少。

③ CPU 响应中断后，其硬件不能自动清除中断请求标志位时，应考虑清除中断请求标志位的其他操作。

④ 恢复现场最后一条指令必须是中断返回指令 RETI。

6.2.2　中断应用举例

【例 6-3】将单脉冲接到外部中断 0（$\overline{\text{INT0}}$）引脚，用 P1.0 作为输出，经反相器接发光二极管，如图 6-6 所示。编写程序，每按动一次按钮，产生一个外部中断信号，使发光二极管亮、灭交替。

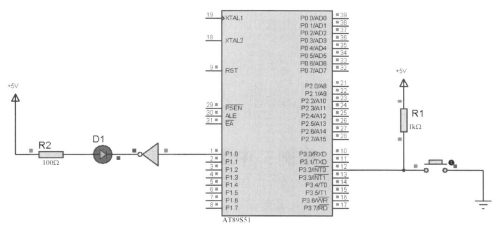

图 6-6　以中断方式控制发光二极管状态变化电路仿真图

解： 依题意，需对外部中断 0 开放中断，则中断允许寄存器 IE 设置如下。

EA			ES	ET1	EX1	ET0	EX0
1	–	–	0	0	0	0	1

IE

① 汇编语言参考源程序。

```
        ORG   0000H
        LJMP  MAIN          ; 转主程序
        ORG   0003H         ; 外部中断 0 中断入口
        LJMP  EX0INT        ; 转中断服务程序入口
        ORG   0030H         ; 主程序
 MAIN:  SETB  IT0           ; 设置下降沿触发方式
        MOV   IE，#81H      ; 外部中断 0 开中断
        CLR   P1.0          ; 灯的初始状态为暗
 WAIT:  NOP                 ; 等待中断
        SJMP  WAIT
        ORG   0100H         ; 中断服务程序
EX0INT: CPL   P1.0          ; 中断处理
        RETI                ; 中断返回
        END
```

② C51 语言参考源程序。

```
#include <reg51.h>
#define uchar unsigned char
sbit P10=P1^0;
void int_0 () interrupt 0
{
P10=~P10;
}
void main()
```

```
{
IE=0x81;
P10=0;
while(1) ;
}
```

6.3 案例：中断系统应用

【**任务目的**】理解 AT89S51 单片机中断原理及中断过程，掌握中断系统编程方式。用 Proteus 设计电路、仿真 AT89S51 单片机外部中断过程。

【**任务描述**】该任务用 AT89S51 单片机外中断功能控制 4 个发光二极管的显示。预先设定发光二极管的亮灭。当无外部中断 0 时，发光二极管不显示；当有外部中断 0 输入时，立即产生中断，转而执行中断服务程序，查询相应发光二极管的设定值，使其点亮。

（1）硬件电路设计

双击桌面上 █ 图标，打开 ISIS 7 Professional 窗口。单击菜单"File"→"New Design"命令，新建一个"DEFAULT"模板，保存文件名为"中断系统应用.DSN"。在"器件选择"按钮 P L ▓▓ DEVICES 中单击"P"按钮，或执行菜单"Library"→"Pick Device/Symbol"命令，添加表 6-9 所示的元器件。

表 6-9 中断系统应用电路所需元器件清单

序号	元器件	序号	元器件	序号	元器件
1	单片机 AT89S51	4	发光二极管 LED-BLUE	7	电阻 RES
2	开关 SW-SPDT	5	发光二极管 LED-RED	8	与非门 74LS00
3	开关 SW-SPST	6	发光二极管 LED-YELLOW	9	发光二极管 LED-GREEN

在 ISIS 原理图编辑窗口中放置元器件，再单击工具箱中的"元器件终端"按钮 █，在对象选择器中单击"POWER"和"GROUND"放置电源和地。放置好元器件后，布好线。双击各元器件，设置相应元器件参数，完成原理图设计，如图 6-7 所示。

（2）程序设计

① 汇编语言参考源程序。

```
        ORG   0000H
        LJMP  MAIN        ;上电，转向主程序
        ORG   0003H       ;外部中断 0 的入口地址
        LJMP  NEXT        ;转向中断服务程序
        ORG   0030H       ;主程序
MAIN:   SETB  EX0         ;允许外部中断 0 中断
        SETB  IT0         ;选择下降沿触发方式
        SETB  EA          ;开中断
HERE:   SJMP  HERE        ;等待中断
```

```
        ORG 0100H              ;中断服务程序
NEXT: MOV  A, #0FFH
        MOV  P1, A             ;将 P1 口置高电平，准备读引脚
        MOV  A, P1             ;取开关状态
        SWAP  A               ;A 的高、低 4 位互换
        MOV  P1, A             ;输出驱动 LED 发光
        RETI                   ;中断返回
        END
```

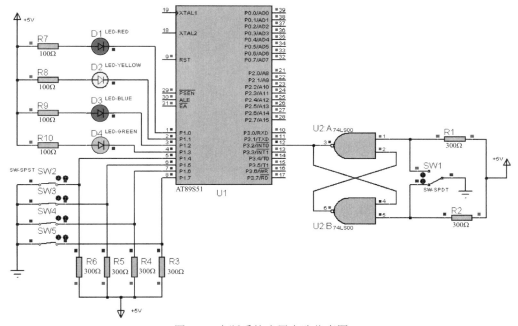

图 6-7　中断系统应用电路仿真图

② C51 语言参考源程序。

```c
#include <reg51.h>
#define uchar unsigned char
uchar  m ;
 void int_0() interrupt 0
 {
  EX0=0;         //禁止外部中断 0 中断
  P1=0xff ;
  m=P1;
  m=m&0xf0;
  P1=m>>4;
  EX0=1;         //中断返回前，打开外部中断 0 中断
 }
 void main()
```

```
    {
     EX0=1;
     EA=1;
     IT0=1;
     while(1) ;
    }
```

（3）加载目标代码、设置时钟频率

将中断系统应用汇编程序生成目标代码文件"中断.hex"，加载到图6-7中单片机的"Program File"属性栏中，并设置时钟频率为12MHz。

（4）仿真

单击 ▶ ▐▶ ▐▐ ▐ ▌ 中的按钮 ▶ ，启动仿真。单击图 6-7 中的按键，可以看到二极管亮与灭不仅取决于对应的按键，还要取决于外部中断 0 的控制。

6.4　定时器/计数器

在检测、控制和智能仪器等应用中，常用定时器作时钟，实现定时检测、定时控制，还可以用定时器产生毫秒宽的脉冲，驱动步进电动机一类的电气设备。AT89S51 单片机有两个可编程的定时器/计数器，它们可以工作在定时状态，也可以工作在计数状态。作为定时器时，不能再作为计数器；反之亦然。

6.4.1　定时器/计数器概述

AT89S51 单片机内部有两个可编程的定时器/计数器 T0、T1。每个定时器/计数器都可以实现定时计数功能。定时器/计数器 T0、T1 的结构框图如图 6-8 所示。它们各有一个 16 位的加法计数器，计数器由低 8 位 TL 和高 8 位 TH 组成。图中用特殊功能寄存器 TH0、TL0、TH1、TL1 表示，每输入一个脉冲，计数器加 1。当加法计数器计满时，计数器发出溢出信号，可由程序安排是否产生中断请求信号。

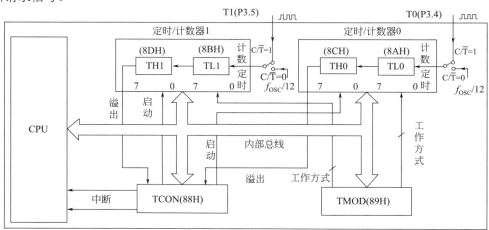

图 6-8　定时器/计数器 T0、T1 的结构框图

　　定时器/计数器可由程序选择作为定时器或作为计数器。作为定时器用时，加法计数器对内部机器周期脉冲计数。由于机器周期是定值，如机器周期=1μs，计数值 100，相当于定时 100μs。脉冲来自 T0（P3.4）或者 T1（P3.5）时，可实现外部事件的计数功能。

　　TMOD 是定时工作方式寄存器，用来控制 T0、T1 的工作方式。TCON 是控制寄存器，用来控制定时器的运行及溢出标志位等。

　　加法计数器的初值可以由程序设定，设置的初值不同，计数值或定时时间就不同。在定时器/计数器的工作过程中，加法计数器的内容可由程序读回 CPU。

6.4.2　定时器/计数器的控制

（1）工作方式寄存器 TMOD

　　TMOD 用来选择 T0、T1 的工作方式，低 4 位用于 T0，高 4 位用于 T1，TMOD 不可以进行位操作。TMOD 的结构及各位名称见表 6-10。

表 6-10　TMOD 结构及各位名称

定时/计数器	T1				T0			
位名称	GATE	C/$\overline{\text{T}}$	M1	M0	GATE	C/$\overline{\text{T}}$	M1	M0

　　① 定时器/计数器工作方式选择位 M1、M0。定时器/计数器 4 种工作方式的选择由 M1、M0 的值决定，见表 6-11。

表 6-11　T0、T1 的工作方式

M1　M0	工作方式	工　作　方　式	容量
0　　0	0	13 位计数器，$N=13$	$2^{13}=8192$
0　　1	1	16 位计数器，$N=16$	$2^{16}=65536$
1　　0	2	两个 8 位/计数器，初值自动装入，$N=8$	$2^8=256$
1　　1	3	两个 8 位/计数器，仅适用于 T0，$N=8$	$2^8=256$

　　② 定时器/计数器功能选择位 C/$\overline{\text{T}}$。C/$\overline{\text{T}}=1$ 为计数器工作方式，C/$\overline{\text{T}}=0$ 为定时器工作方式。

　　③ 门控位 GATE。如果 GATE=0，定时器/计数器的工作只受控制寄存器 TCON 中的运行控制位 TR0/TR1 的控制，与引脚 $\overline{\text{INT0}}$、$\overline{\text{INT1}}$ 无关。如果 GATE=1，定时器/计数器 0 的工作受运行控制位 TR0/TR1 和外部输入信号（$\overline{\text{INT0}}$、$\overline{\text{INT1}}$）的双重控制。

（2）控制寄存器 TCON

　　控制寄存器 TCON 的结构及位名称和位地址见表 6-12。高 4 位用于控制定时器 0、1 的运行；低 4 位用于控制外部中断。

表 6-12　TCON 结构及位名称、位地址

位名称	TF1	TR1	TF0	TR0	IE1	IT1	IE0	IT0
位地址	8FH	8EH	8DH	8CH	8BH	8AH	89H	88H
位号	TCON.7	TCON.6	TCON.5	TCON.4	TCON.3	TCON.2	TCON.1	TCON.0

　　① TF0：定时器/计数器 T0 溢出标志位。在启动 TR0 后，T0 从初始开始计数，当最高位产生溢出时，由硬件为 TF0 置 1，向 CPU 申请中断。CPU 响应 TF0 中断时，由硬件自动将 TF0 清 0，TF0

也可用软件清 0（查询方式）。

② TF1：定时器/计数器 T1 的溢出标志位，功能和 TF0 类似。

③ TR0：定时器/计数器 T0 运行控制位。由软件置 1/清 0，来开启/关闭。

④ TR1：定时器/计数器 T1 运行控制位。由软件置 1/清 0，来开启/关闭。

6.4.3　定时器/计数器的工作方式

（1）方式 0

M1M0=00 时，定时器/计数器 T1 工作于方式 0，构成 13 位定时器/计数器。图 6-9 为定时/计数器 1 工作于方式 0 的结构。

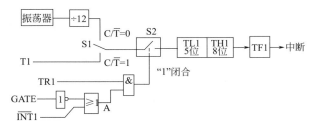

图 6-9　T1 工作于方式 0 的结构图

TH1 是高 8 位加法计数器，TL1 是低 5 位加法计数器（只用 5 位，其高 3 位未用）。TL1 低 5 位计数满时不向 TL1 的第 6 位进位，而是向 TH1 进位。13 位计数溢出时，TF1=1，请求中断，最大计数值为 2^{13}=8192（计数器初值为 0 时）。

可用程序将 0～8191 的某一数送入 TH1、TL1 作为初值，TH1、TL1 从初值开始计数直至溢出。所以设置的初值不同，定时或计数也不相同。需要注意的是：加法计数器 TH1 溢出后，必须用程序重新对 TH1、TL1 设置初值，否则下一次 TH1、TL1 将从 0 开始加法计数。

（2）方式 1

M1M0=01 时，定时器/计数器 T1 工作于方式 1，构成 16 位定时器/计数器。图 6-10 为定时/计数器 1 工作于方式 1 的结构。由 TH1 高 8 位、TL1 低 8 位组成。16 位计数溢出时，TF1=1，请求中断，最大计数值为 2^{16}=65536（计数器初值为 0 时）。其他与工作于方式 0 时相同。

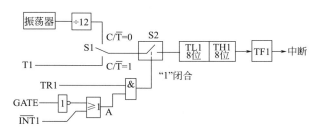

图 6-10　T1 工作于方式 1 的结构图

（3）方式 2

当 M1M0=10 时，定时器/计数器 T1 工作于方式 2。方式 2 是自动重新装入初值（自动重装载）的 8 位定时器/计数器，结构如图 6-11 所示。

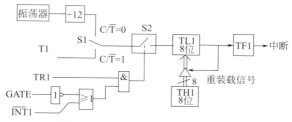

图 6-11 T1 工作于方式 2 的结构图

在图 6-11 中，TL1 作为 8 位加法计数器使用，TH1 作为初值寄存器使用。TH1、TL1 的初值都由软件预置。TL1 计数溢出时，不仅将 TF1 置 1，而且发出重装载信号，使三态门打开，将 TH1 中初值自动送入 TL1，使 TL1 从初值开始重新计数。重新装入初值后，TH1 的内容保持不变。工作方式 2 最大计数值为 2^8=256。可以看出，方式 2 的优点是定时初值可自动恢复，缺点是计数范围小。

（4）方式 3

M1M0=11 时，定时器/计数器 T1 工作于方式 3。T0 有工作方式 3，T1 无工作方式 3。有关工作方式 3 的情况，读者可参阅有关资料。

6.4.4 定时器/计数器的编程和应用

（1）最大计数容量

定时器/计数器本质上是一个加 1 计数器，每来一个脉冲，计数器计数加 1，其最大的计数量就是定时器/计数器的最大计数容量，若用 N 表示计数的位数，则最大计数容量为 2^N。

若定时器/计数器工作在方式 2，则 N =8，为 8 位计数器，计数容量为 256。若从 0 开始计数，当计到 256 个数时，计数器的内容由 FFH 变为 100H，因为 8 位计数器只能容纳 8 位数，所以计数产生溢出，定时器/计数器的中断标志位（TF0 或 TF1）被置 1，请求中断，与此同时，计数器内容变为 0。在方式 0 和方式 1 下，其最大计数容量分别为 2^{13}=8192 和 2^{16}=65536。

（2）初值确定方法

定时器/计数器的计数起点不一定要从 0 开始。计数起点可根据需要，预先设定为 0 或任意小于计数容量的值。这个预先设定的计数起点值称为计数初值。从该初值开始计数，直到计数溢出，计数容量为（2^N−初值）。定时器/计数器用作定时器时，由单片机内部提供脉冲源，为晶振频率 f_{OSC} 的 1/12，其周期就是机器周期，当工作方式确定后，N 便可确定。定时时间与计数初值之间有如下关系：

$$定时时间=（2^N−初值）×机器周期$$

$$初值=2^N-\frac{定时时间}{机器周期}$$

其中，机器周期=12/f_{OSC}。所以又有

$$初值=2^N-\frac{定时时间×f_{\text{OCS}}}{12}$$

显然，初值为零时，定时时间最长，称为最大定时时间。

（3）初始化

初始化程序主要完成以下工作。

① 对 TMOD 赋值，确定 T0 和 T1 的工作方式。

② 计算初值，并将其送入 TH0、TL0 或 TH1、TL1。

③ 如使用中断，则还要对 IE 进行赋值，开放中断。

④ 将 TR0 或 TR1 置位，启动定时器/计数器。

【例 6-4】已知某单片机振荡频率 f_{OSC}=12MHz，使用定时器产生周期为 2ms 的等宽方波，由 P1.0 端输出。要求使用定时器 1，以工作方式 1，分别采用查询、中断两种方式。

解：

① 分析。

a. 计算计数初值 TH1、TL1。要产生 1ms 的等宽方波，只要使用 P1.0 端交替输出各为 1000μs 的高、低电平即可。定时时间为 1000μs，设计数初值为 x，由下式可得：

$$\frac{(2^{16}-x)\times 12}{12\times 10^6}=1\times 10^{-3}$$

解得 x=64536，转化为十六进制 0xfc18。将高 8 位装入 TH1=0xfc；低 8 位装入 TL1，TL1=0x18。

b. TMOD 寄存器初始化。定时器 1 启动定时功能，C/$\overline{T}$=0；无需 $\overline{INT0}$ 控制，GATE=0；工作方式为 M1M0=01，定时器 0 不用，有关位均设为 0。因此，TMOD 寄存器的内容为 10H。

c. TR 及 IE 的使用。因为采用查询方式，要关闭中断，IE 为 0。启动计数时，TR1 要置 1。

② 程序设计。

a. 采用查询方式。

汇编语言参考源程序：

```
        ORG   0000H
        MOV   TMOD, #10H      ; 设置 T1 为工作方式 1
        MOV   TH1, #0FCH      ; 设置计数初值
        MOV   TL1, #18H
        MOV   IE, #00H        ; 禁止中断
        SETB  TR1             ; 启动定时
LOOP:   JNB   TF1, LOOP       ; 查询计数溢出
        CPL   P1.0            ; 输出取反
        MOV   TH1, #0FCH      ; 重新设置计数初值
        MOV   TL1, #18H
        CLR   TF1             ; 清除计数溢出标志位
        AJMP  LOOP
        END
```

C51 语言参考源程序：

```
#include <reg51.h>           //输入头文件 reg51.h
sbit P1_0=P1^0;
void main(void)              //主程序
{
TMOD=0x10;                   //设置 T0 为方式 1
TR1=1;                       //启动 T0
while(1)                     //无限循环
    {
```

```
        TH1=0xfc;              //T0 高 8 位置初值
        TL1=0x18;              //T0 低 8 位置初值
        do{}while(! TF1);      //查询 TF0 标志位
        P1_0=! P1_0;
        TF1=0;                 //TF0 标志重新置零
        }
    }
```

b. 采用中断方式。

汇编语言参考源程序：

```
        ORG  0000H
        LJMP  START
        ORG  001BH
        LJMP  T1F
        ORG  0100H
START: MOV   TMOD, #10H     ; 定时器 1 工作方式 1
        MOV   TH1, #0FCH     ; 设置计数初值
        MOV   TL1, #18H
        SETB  EA             ; 开放中断
        SETB  ET1            ; 开放定时器 0 中断
        SETB  TR1            ; 定时开始
        SJMP  $              ; 等待中断
                             ; 中断服务程序
        ORG  0200H
  T1F:  CPL   P1.0           ; 输出取反
        MOV   TH1, #0FCH     ; 重新设置计数初值
        MOV   TL1, #18H
        RETI
        END
```

C51 语言参考源程序：

```
#include "reg51.h"
sbit P1_0=P1^0;
void time() interrupt 3 using 1    //中断服务程序入口
{ P1_0=! P1_0;                      //P1.0 取反
TH1=(65536-1000)/256;               //预置计数器初值
TL1=(65536-1000)%256;
}
void main(void)
{TMOD=0x10;                         //设置定时器的工作方式
TH1=(65536-1000)/256;
P1_0=0;
TL1=(65536-1000)%256;
```

```
    EA=1;
    ET1=1;
    TR1=1;
    do{} while(1);                    //等待中断
    }
```

【例 6-5】 使用定时器 0 以工作方式 2，由 P1.6 输出周期为 100μs 连续等宽方波。已知晶振频率为 12MHz。

解:

① 计算计数初值。

等宽方波周期 100μs，定时时间应为 50μs，设计数初值为 x。

$$\frac{(2^8 - x) \times 12}{12 \times 10^6} = 50 \times 10^{-6}$$

$$x = 2^8 - 50 = 100H - 32H = 0CEH$$

② 程序设计。

汇编语言参考源程序:

```
        ORG  0000H
        LJMP  MAIN
        ORG  000BH
        LJMP  T0F
        ORG  0100H
MAIN: MOV  TMOD, #02H
        MOV  TH0, #0CEH
        MOV  TL0, #0CEH
        SETB  EA
        SETB  ET0
        SETB  TR0
        SJMP  $
    ; 中断服务程序
        ORG  0200H
        T0F: CPL  P1.6
        RETI
        END
```

C51 语言参考源程序:

```
#include "reg51.h"
sbit P1_6=P1^6;
void time() interrupt  1        //中断服务程序入口
{
  P1_6=! P1_6;   //P1.6取反
  }
void main(void)
```

```
{
TMOD=0x02;            //设置定时器的工作方式
  P1_6=0;
  TH0=0xce;
  TL0=0xce;
  EA=1;
  ET0=1;
  TR0=1;
  do
  {
  }while(1);          //等待中断
}
```

6.5　案例：60s 倒计时装置电路设计

【任务目的】理解定时及定时中断原理，掌握中断与定时器/计数器综合程序设计及外围电路的设计。

【任务描述】AT89S51 有两个定时器/计数器，在任务中，定时器/计数器 1（T1）用作定时器，选用方式 1。基本定时时间为 50ms，则定时溢出次数达 20 次为定时 1s。显示器采用共阳极数码管，静态显示，每 1s 显示刷新一次。

（1）硬件电路设计

双击桌面上 ⟨GG⟩ 图标，打开 ISIS 7 Professional 窗口。单击菜单"File"→"New Design"命令，新建一个"DEFAULT"模板，保存文件名为"60s 倒计时.DSN"。在"器件选择"按钮 ⟨P|L DEVICES⟩ 中单击"P"按钮，或执行菜单"Library"→"Pick Device/Symbol"命令，添加表 6-13 所示的元器件。

表 6-13　60s 倒计时装置所需元器件清单

序号	元器件	序号	元器件	序号	元器件	序号	元器件
1	单片机 AT89S51	3	瓷片电容 CAP 30PF	5	晶振 CRYSTAL 12MHz	7	电阻 RES
2	按钮 BUTTON	4	电解电容 CAP-ELEC	6	7SEG-COM-AN-GRN	8	排阻 RX8

在 ISIS 原理图编辑窗口中放置元器件，再单击工具箱中的"元器件终端"按钮 ⟨目⟩，在对象选择器中单击"POWER"和"GROUND"放置电源和地。放置好元器件后，布好线。双击各元器件，设置相应元器件参数，完成电路设计，如图 6-12 所示。

（2）程序设计

① 汇编语言程序设计。

a. 程序流程。

主程序流程如图 6-13 所示，中断服务程序流程如图 6-14 所示。

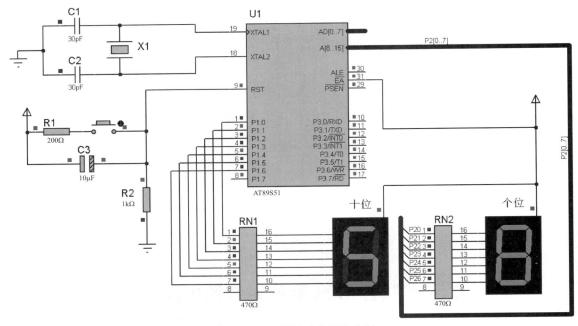

图 6-12　60s 倒计时电路仿真图

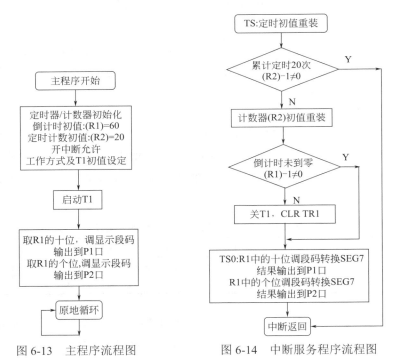

图 6-13　主程序流程图　　　　　　图 6-14　中断服务程序流程图

b. 汇编语言参考源程序。

```
      ORG  0000H
      SJMP  MAIN
      ORG  001BH
      LJMP  TS                    ;转 T1 中断服务程序
```

```
        ORG  0030H                    ; 主程序
MAIN: MOV  R1, #60                    ; 倒计时初值
      MOV  R2, #20                    ; 定时中断溢出计数器 R2 初值为 20
      MOV  IE, #88H                   ; T1 开中断
      MOV  TMOD, #10H                 ; T1 方式 1
      MOV  TH1, #3CH                  ; 定时初值
      MOV  TL1, #0B0H                 ; 定时初值
      SETB  TR1                       ; 启动 T1
      ACALL DIS
      SJMP  $
      ORG  0100H                      ; 定时器 1 中断服务子程序
  TS: MOV  TH, #3CH                   ; 重装初值
      MOV  TL1, #0B0H
      DJNZ  R2, TS1                   ; 定时 1s 到否
      MOV  R2, #20                    ; 到 1s, 重置 R2=20
      DJNZ  R1, TS0                   ; 倒计时递减
      CLR  TR1                        ; 倒计时结束, 关定时器
      SJMP  TS1
TS0: ACALL  DIS                       ; 调显示
TS1: RETI                             ; 中断返回


DIS: MOV  A, R1                       ; 单字节十六进制数转为十进制数子程序
      MOV  B, #10
      DIV  AB
      ACALL  SEG7                     ; 显示十位
      MOV  P1, A
      MOV  A, B
      ACALL  SEG7                     ; 显示个位
      MOV  P2, A
      RET                             ; 子程序返回
SEG7: INC  A
      MOVC  A, @A+PC                  ; 取显示段
      RET
      DB  0C0H, 0F9H, 0A4H, 0B0H      ; 0～3 的共阳型显示码
      DB  99H, 92H, 82H, 0F8H         ; 4～7 的共阳型显示码
      DB  80H, 90H, 88H, 83H          ; 8～B 的共阳型显示码
      DB  0C6H, 0A1H, 86H, 8EH        ; C～F 的共阳型显示码
      END
```

② C51 语言参考源程序。

```
#include<reg51.h>
```

```
#define uchar unsigned char
#define uint unsigned int
uchar second , timer , shi, ge;
 uchar code dis_code[]={0xc0, 0xf9, 0xa4, 0xb0, 0x99, 0x92, 0x82, 0xf8, 0x80,
                        0x90, 0x88, 0x83, 0xc6, 0xa1, 0x86, 0x8e};
                                    //共阳数码管段码表

void  t1_init ()                    //定时器初始化函数
{
TMOD=0x10;
IE=0x88;
TH1=0x3c;
TL1=0xb0;
TR1=1;
}
void  main()                        //主函数
{
t1_init ();
second=59;
timer=0;
while(1) ;

}
void  ti_func() interrupt3          //定时器 T1 中断函数
{
TH1=0x3c;
TL1=0xb0;
if(timer<20)
{timer=timer+1; }
else if(timer==20)
{
timer=0;
if(second==0)
{second=59 ; }
else
{second=second-1; }
                }
shi=second/10;
ge=second%10;
P2= dis_code[ge] ;
P1= dis_code[shi] ;
}
```

（3）加载目标代码、设置时钟频率

将 60s 倒计时装置汇编程序生成目标代码文件"60s 倒计时.hex"，加载到图 6-12 中单片机"Program File"属性栏中，并设置时钟频率为 12MHz。

（4）仿真

单击 ▶ ▐▶ ▐▐ ▐■ 中的按钮 ▶ ，启动仿真。可以见到两个数码管从 60 开始显示，每 1s 显示刷新一次，数据依次递减，直到显示 01 停止，完成 60s 倒计时。

思考题与习题

一、填空

1. AT89S51 单片机的五个中断源的中断入口地址分别是 $\overline{INT0}$: _____ $\overline{INT1}$: _____ T0: _____ T1: _____ ；串行口: _____ 。

2. AT89S51 单片机中断系统中共有_____、_____、_____、_____、_____五个中断源，其中优先权最高的是_____，优先级最低的是_____。

3. 在 CPU 未执行同级或更高优先级中断服务程序的条件下，中断响应等待时间最少需要____。

4. AT89S51 单片机的堆栈区只可设置在_____，堆栈寄存器 SP 是_____位寄存器。

5. 若（IP）=00010100B，则中断优先级最高者为_____，最低者为_____。

6. 对中断进行查询时，查询的中断标志位共有_____、_____、_____、_____、和_____六个中断标志位。

7. AT89S51 单片机内部有_____个位加 1 定时器/计数器，可通过编程决定它们的工作方式，其中可进行 13 位定时/计数器的方式是_____。

8. 处理定时器/计数器的溢出请求有两种方法，分别是中断方式和查询方式。使用中断方式时，必须_____；使用查询方式时，必须_____。

9. 假定定时器 1 工作在方式 2，单片机的振荡频率为 6MHz，则最大的定时时间为_____。

二、选择题

1. CPU 响应中断后，能自动清除中断请求"1"标志的有（ ）。
   A. $\overline{INT0}$ / $\overline{INT1}$ 采用电平触发方式　　　　B. $\overline{INT0}$ / $\overline{INT1}$ 采用边沿触发方式
   C. 定时器/计数器 T0/T1 中断　　　　　　D. 串行口中断 TI/RI

2. AT89S51 五个中断源中，属外部中断的有（ ）。
   A. $\overline{INT0}$　　　　B. $\overline{INT1}$　　　　C. T0　　　　D. T1　　　　E. TI　　　　F. RI

3. 按下列中断优先顺序排列，不可能实现的是（ ）。
   A. T0、T1、$\overline{INT0}$、$\overline{INT1}$、串行口　　　　B. $\overline{INT0}$、T1、T0、$\overline{INT1}$、串行口
   C. $\overline{INT0}$、$\overline{INT1}$、串行口、T0、T1　　　　D. $\overline{INT1}$、串行口、T0、$\overline{INT0}$、T1

4. 各中断源发出的中断申请信号，都会标记在 AT89S51 单片机的（ ）中。
   A. TMOD　　　　B. TCON/SCON　　C. IE　　　　D. IP

5. 外部中断初始化的内容不包括（ ）。
   A. 设置中断响应方式　　　　　　　　　B. 设置外部中断允许
   C. 设置中断总允许　　　　　　　　　　D. 设置中断触发方式

6. 在 AT89S51 单片机中，需要软件实现中断撤销的是（　　）。

　A. 定时中断　　　　　　　　　　　B. 脉冲触发的外部中断

　C. 电平触发的外部中断　　　　　　D. 串行口中断

7. 在下列寄存器中，与定时器/计数器控制无关的是（　　）。

　A. TCON　　　　　　　　　　　　B. SCON

　C. IE　　　　　　　　　　　　　　D. TMOD

8. 与定时工作方式 0 和 1 相比较，定时工作方式 2 具备的特点是（　　）。

　A. 计数溢出后能自动恢复计数初值　B. 增加计数器的位数

　C. 提高了定时的精度　　　　　　　D. 适于循环定时和循环计数

9. 对定时器 0 进行关中断操作，需要复位中断允许控制寄存器的（　　）。

　A. EA 和 ET0　　　　　　　　　　B. EA 和 EX0

　C. EA 和 ET1　　　　　　　　　　D. EA 和 EX1

三、判断题

1. 中断响应最快响应时间为 3 个机器周期。　　　　　　　　　　　　（　　）

2. AT89S51 单片机每个中断源相应地在芯片上都有其中断请求输入引脚。（　　）

3. AT89S51 单片机对最高优先权的中断响应是无条件的。　　　　　　（　　）

4. 中断初始化时，对中断控制器的状态设置，只可使用位操作指令，而不能使用字节操作指令。　　　　　　　　　　　　　　　　　　　　　　　　　　　（　　）

5. 外部中断 $\overline{\text{INT0}}$ 入口地址为 0013H。　　　　　　　　　　　　　　（　　）

四、简答题

1. 什么叫中断？AT89S51 单片机能提供几个中断源？几个优先级？各个中断源的优先级怎样确定？在同一优先级中各个中断源的优先级怎样确定？

2. 写出 AT89S51 单片机 5 个中断源的入口地址、中断请求标志位名称、位地址及其所在的特殊功能寄存器。

3. 开 AT89S51 单片机外部中断 1，如何操作？写出操作指令。

4. AT89S51 单片机有几个定时器/计数器？定时和计数有何异同？

5. AT89S51 单片机内部的定时器/计数器控制寄存器有哪些？各有何作用？

6. 定时器 T0 和 T1 各有几种工作方式？

7. 设 AT89S51 单片机的晶振频率为 12MHz，问定时器处于不同的工作方式时，最大定时范围分别是多少？

8. 设单片机的 f_{OSC} =12MHz，要求用 T0 定时 150μs，分别计算采用定时方式 0、定时方式 1 和定时方式 2 的定时初值。

五、编程题

1. 使用定时器从 P1.0 输出周期为 1s 的方波，设系统时钟频率为 12MHz。

2. 将定时器 T1 设置为外部事件计数器，要求每计 500 个脉冲，T1 转为定时方式，在 P1.2 输出一个脉宽 10ms 的正脉冲。设系统时钟频率为 12MHz。

3. 已知 f_{OSC} =12MHz，采用查询方式编写 24 小时制的模拟电子钟程序，秒、分钟、小时分别存放于 R2、R3、R4 中。

第 7 章 ▶▶

单片机的存储器及I/O 口扩展技术

 知识目标

（1）掌握 AT89S51 单片机外部扩展时总线的形成。

（2）掌握程序存储器及数据存储器的扩展方法。

（3）掌握 8255A 硬件接口设计及软件驱动程序设计。

 技能目标

掌握基于 Proteus 的单片机扩展 8255A 接口电路的仿真调试。

7.1 系统扩展结构及地址分配

7.1.1 系统扩展结构

在构建单片机应用系统时，许多情况下只靠片内资源是不够的。为此经常需要对单片机进行扩展，其中主要是存储器扩展和 I/O 接口扩展，以构成一个满足需要功能更强的单片机应用系统。

AT89S51 单片机系统的扩展结构如图 7-1 所示，单片机扩展是以单片机为核心进行的，主要包括 ROM、RAM 和 I/O 接口电路的扩展。

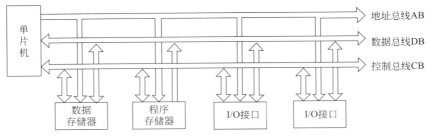

图 7-1　AT89S51 单片机系统扩展结构图

7.1.2 系统总线及总线构造

（1）系统总线

总线就是连接计算机各部件的一组公共信号线。AT89S51 单片机使用的是并行总线结构，按功能分为地址总线、数据总线和控制总线三组。AT89S51 单片机存储器扩展总线结构如图 7-2 所示。

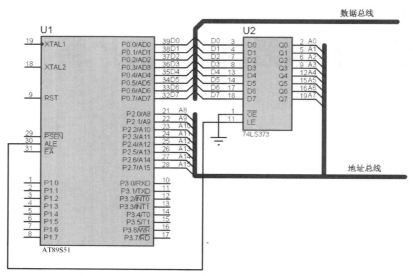

图 7-2　AT89S51 单片机存储器扩展总线结构示意图

① 数据总线（Data Bus，DB）　数据总线用于数据传送，AT89S51 单片机是 8 位字长，数据总线有 8 根，存储单元和 I/O 端口等数据单元的各位由低到高分别与 8 根线相连。数据传输是双向的，但某一时刻只能有一个存储单元或外设与总线信号相通，其他单元尽管连接在数据总线上，但与数据总线的信息是隔离的。

② 地址总线（Address Bus，AB）　地址总线上传送的是地址信号，用于数据单元（包括存储器单元或外设端口）的选择。CPU 从地址总线上发出地址信息，经地址译码器控制其中一个数据单元与数据总线相通。

地址总线的数目决定可直接访问的存储单元数目。例如，10 位地址线可以产生 2^{10}=1024 个连续地址编码，因此可以访问 1024 个存储单元，即通常所说的寻址范围为 1KB 地址单元。AT89S51 单片机共有 16 条地址线，因此存储器最多可扩展 64KB。

③ 控制总线（Control Bus，CB）　控制总线实际上是一组控制信号线，有一些是 CPU 发出的，如数据读写命令等。

（2）总线构造

① 数据总线　AT89S51 单片机数据总线是由 P0 口提供的，由 P0 口引出 8 根线作为数据总线。

② 地址总线　AT89S51 单片机地址总线为 16 根，其中高 8 位由 P2 口提供，低 8 位由 P0 口。P0 口既作为数据总线，又作为低 8 位地址总线，采用分时复用技术，对地址和数据进行分离。

③ 控制总线　AT89S51 单片机控制线有 $\overline{WR}$、$\overline{RD}$、$\overline{PSEN}$、ALE、$\overline{EA}$ 等，分别说明如下。

a. $\overline{WR}$、$\overline{RD}$ 为读、写信号。用于扩展片外数据存储器及 I/O 端口的读写选通信号，当执行外部数据存储器操作 MOVX 指令时，这两个信号分别自动生成。

b. $\overline{EA}$ 为片外 ROM 选通信号。

c. $\overline{PSEN}$ 为片外 ROM 读选通信号。用于片外扩展程序存储器的读选通信号，执行片外程序或查表指令 MOVC 时，该信号自动生成。$\overline{PSEN}$ 与扩展的程序存储器输出允许端相接。

d. ALE 为地址锁存允许信号。

当 P0、P2、P3 口用作系统总线时，就不能再作为 I/O 接口使用，程序中尽量不要出现对 P0、P2、P3 口的操作指令，以免造成总线的混乱。

（3）单片机的串行扩展技术

串行扩展是通过串行接口实现的，这样可以减少芯片的封装引脚，降低成本，简化系统结构，增加系统扩展的灵活性。在第 9 章会详细介绍串行扩展技术。

7.1.3　存储器扩展与编址技术

存储器扩展是单片机系统扩展的主要内容，因为扩展是在单片机芯片之外进行的，因此通常把扩展的程序存储器 ROM 称为片外 ROM，把扩展的数据存储器 RAM 称为片外 RAM。

AT89S51 单片机片内集成了 4KB 的 Flash ROM 和 128B 的数据存储器，外部存储器结构采用的是哈佛结构，即程序存储器和数据存储器是分开的。但有时片内资源不能满足系统的设计需求，就需要扩展存储器，AT89S51 单片机数据存储器和程序存储器的最大扩展空间都是 64KB。为了使一个存储单元唯一地对应一个地址，这就要求合理地使用系统提供的地址线，通过适当的连接来达到要求，这就是编址。内存储单元已经编址，只有扩展存储器才有编址问题。常用的编址方法有两种，即线选法和译码法。

（1）线选法

线选法是将高位地址线直接连到存储器芯片的片选端，如图 7-3 所示。芯片 6264 是 8K×8 位存储器芯片，高位地址线 P2.5、P2.6、P2.7 实现片选，均为低电平有效，低位地址线 A0～A12 实现片内寻址。为了不出现寻址错误，要求在同一时刻 P2.5、P2.6、P2.7 中只允许有一根为低电平，另两根必须为高电平，否则寻址会出现错误。6264 芯片地址空间分配见表 7-1。

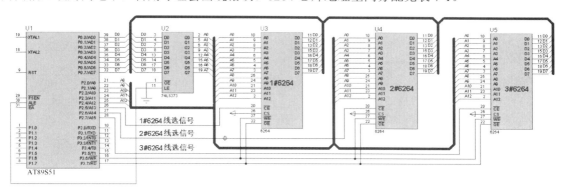

图 7-3　线选法扩展存储器电路图

表 7-1　图 7-3 中各 6264 芯片的地址空间分配

P2.7	P2.6	P2.5	选中芯片	地址范围	存储容量
0	1	1	3#6264	6000H～7FFFH	8KB
1	0	1	2#6264	A000H～BFFFH	8KB
1	1	0	1#6264	C000H～DFFFH	8KB

从表 7-1 中可以看出，3 个存储器芯片片内地址线 A0～A12 都是从 0000000000000 到 1111111111111（共 13 位），为 8KB 空间，而 P2.5、P2.6、P2.7 分别连接 3 个芯片的片选端，也

就是用来区别是哪一片存储器芯片。

线选法电路的优点是连接简单，缺点是芯片的地址空间相互之间可能不连续，致使存储空间得不到充分利用，扩充存储容量受限。因此线选法适用于扩展存储容量较小的场合。

（2）译码法

译码法就是使用译码器对系统的高位地址进行译码，以其译码输出作为存储器的片选信号。这是一种最常用的存储器编址方法，能有效地利用存储空间，适用于大容量多芯片存储扩展。译码电路通常使用现有的译码器芯片。如译码芯片 74LS139（双 2-4 译码器）和 74LS138（3-8 译码器）等。

① 74LS139 译码器　74LS139 片中共有两个 2-4 译码器，其中一个译码器引脚排列如图 7-4 所示。其中，E 为使能端，低电平有效；A、B 为选择端，即译码输入；Y0、Y1、Y2、Y3 为译码输出信号，低电平有效。74LS139 对两个输入信号译码后的 4 个输出状态，其真值表见表 7-2。

表 7-2　74LS139 真值表

输入端			输出端			
使能	选择		Y0	Y1	Y2	Y3
E	B	A				
1	×	×	1	1	1	1
0	0	0	0	1	1	1
0	0	1	1	0	1	1
0	1	0	1	1	0	1
0	1	1	1	1	1	0

② 74LS138 译码器　74LS138 是 3-8 译码器，即对 3 个输入信号进行译码，得到 8 个输出状态。74LS138 的引脚排列如图 7-5 所示。

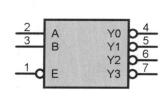

图 7-4　74LS139 引脚图

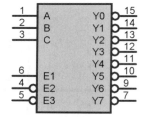

图 7-5　74LS138 引脚功能图

其中：E1、E2、E3 为使能端，用于引入控制信号，E2、E3 低电平有效，E1 高电平有效；A、B、C 为选择端，即译码信号输入端；Y7～Y0 为译码输出信号，低电平有效。74LS138 的真值表见表 7-3。

表 7-3　74LS138 真值表

输入端						输出端							
使能			选择			Y0	Y1	Y2	Y3	Y4	Y5	Y6	Y7
E1	E2	E3	C	B	A								
0	×	×	×	×	1	1	1	1	1	1	1	1	1
×	1	×	×	×	1	1	1	1	1	1	1	1	1
×	×	1	×	×	1	1	1	1	1	1	1	1	1

续表

输入端						输出端							
使能			选择			Y0	Y1	Y2	Y3	Y4	Y5	Y6	Y7
E1	E2	E3	C	B	A								
1	0	0	0	0	0	0	1	1	1	1	1	1	1
1	0	0	0	0	1	1	0	1	1	1	1	1	1
1	0	0	0	1	0	1	1	0	1	1	1	1	1
1	0	0	0	1	1	1	1	1	0	1	1	1	1
1	0	0	1	0	0	1	1	1	1	0	1	1	1
1	0	0	1	0	1	1	1	1	1	1	0	1	1
1	0	0	1	1	0	1	1	1	1	1	1	0	1
1	0	0	1	1	1	1	1	1	1	1	1	1	0

图 7-6 为使用 74LS139 译码器的存储器扩展电路，74LS139 地址线的输入端 A、B 分别接 P2.5、P2.6，使能端接 P2.7；输出仅使用 3 根，Y0、Y1、Y2 分别接 3 片存储器芯片 6264 的片选端。各 6264 芯片地址空间分配见表 7-4。

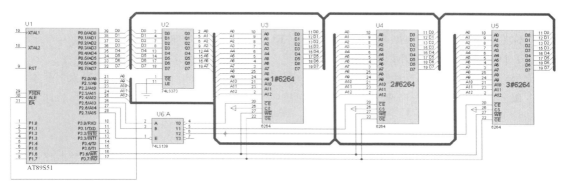

图 7-6　译码法扩展存储器电路图

表 7-4　图 7-6 中各 6264 芯片的地址空间分配

P2.7	P2.6	P2.5	选中芯片	地址范围	存储容量
0	1	0	3#6264	4000H～5FFFH	8KB
0	0	1	2#6264	2000H～3FFFH	8KB
0	0	0	1#6264	0000H～1FFFH	8KB

译码法与线选法比较，硬件电路稍复杂，需要使用译码器，但可充分利用存储空间，全译码时还可避免地址重叠现象。译码法的另一个优点是，若译码器输出端留有剩余端线未用，便于继续扩展存储器或 I/O 接口电路。

不论是片选法还是译码法，不仅适用于扩展存储器（包括片外 RAM 和片外 ROM），还可以适用于扩展 I/O 口（包括各种外围设备和接口芯片）。

7.1.4　外部地址锁存器

由于 P0 口在扩展存储器时既做地址总线的低 8 位，又做数据总线，为了将它们分离出来，需

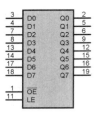

图 7-7　74LS373 引脚功能图

要在单片机外部增加地址锁存器，以锁存低 8 位地址。一般可采用 74LS373。74LS373 引脚排列如图 7-7 所示。

74LS373 的引脚功能说明如下。

D0～D7：数据输入端。

Q0～Q7：数据输出端。

$\overline{OE}$：三态输出允许，低电平有效，高电平时输出呈高阻态。

LE：数据锁存端。

74LS373 有 8 个带三态输出的锁存器，适用于总线结构的系统。地址锁存信号 LE 由单片机 ALE 控制线提供，当 ALE 为高电平时，锁存器传输数据，输出端（Q0～Q7）的状态和输入端（D0～D7）的状态相同。ALE 下降沿时，锁存低 8 位地址。

7.2　程序存储器 EPROM 的扩展

单片机的程序存储器扩展使用只读存储器芯片。只读存储器简称 ROM。ROM 中的信息一旦写入之后就不能随意更改，特别是不能在程序的运行过程中写入新的内容，而只能读存储单元内容，故称为只读存储器。根据编程方式的不同，ROM 分为以下五种。

（1）掩膜存储器（ROM）

掩膜存储器 ROM 由芯片制造商在制造时写入内容，以后只能读而不能再次写入。基本存储原理：以元器件的"有/无"来表示存储的信息（"1"或"0"），可以用二极管或晶体管作为元器件。

（2）可编程存储器 PROM（Programmable ROM ，PROM）

PROM 可由用户根据自己的需要来确定 ROM 中的内容。常见的熔丝式 PROM 是以熔丝的接通和断开来表示所存的信息（"1"或"0"）。显而易见，断开后的熔丝是不能再接通了，因此，它是一次性写入的存储器。

（3）紫外线擦除可编程存储器 EPROM（Erasable Programmable ROM，EPROM）

EPROM 中的内容可多次修改。这种芯片的上面有一个透明窗口，紫外线照射后能擦除芯片内的所有数据。当需要改写 EPROM 内容时，需先用紫外线擦除芯片的全部内容，然后再对芯片重新编程。

（4）电擦除可编程存储器 E²PROM（Electrically Erasable Programmable ROM, E²PROM）

E²PROM 也称 EEPROM。E²PROM 的编程原理与 EPROM 相同，但擦除原理完全不同，它利用电信号擦除数据，并能对单个存储单元擦除和写入，使用十分方便。

（5）闪速存储器（Flash Memory）

E²PROM 虽然具有可读又可写的特点，但是写入的速度较慢，使用起来不太方便。闪速存储器是在 EPROM 与 E²PROM 基础上发展起来的，读写速度都很快，存取时间可达 70ns，而且成本却比普通的 E²PROM 低得多，所以目前大有取代 E²PROM 的趋势。

7.2.1　常用的 EPROM 芯片

EPROM 芯片是常用程序存储器芯片之一，是系列器件，以 27×××命名，其中×××代表存储器的容量。常见的芯片型号有 2716、2732、2764、27128、27256、27512，其容量分别为 2KB、4KB、8KB、16KB、32KB、64KB。下面以 2764 为典型芯片进行说明。

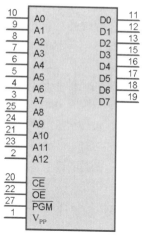

2764 的引脚如图 7-8 所示，引脚功能如下。

D7～D0：三态数据总线。

A0～A12：地址输入线。

$\overline{CE}$：片选控制端。

$\overline{OE}$：输出允许控制端。

V_{PP}：编程电源输入端，编程电压为+12V 或者+25V。

$\overline{PGM}$：编程脉冲输入端。

在读出方式下，电源电压为 5V，最大功耗 500mW，信号电平与 TTL 电平兼容，最大读出时间 250ns，当使用 12mW/cm² 紫外线灯时，擦除时间为 15～20min。写好的芯片其窗口上宜贴上一层不透光的胶纸，以防止在强光照射下破坏片内信息。

图 7-8　2764 引脚功能图

7.2.2　单片机与 EPROM 的接口电路设计

由于 AT89S51、AT89S52 等单片机片内都集成了不同容量的 Flash ROM，所以在设计中，可根据实际需要来决定是否外部扩展 EPROM。当系统的应用程序不大于单片机片内的 Flash ROM 容量时，无需扩展外部程序存储器。但是，当应用程序大于单片机片内的 Flash ROM 容量时，就必须扩展外部程序存储器。

（1）AT89S51 单片机扩展单片 EPROM 的硬件电路

以单片 2764 芯片为例，说明程序存储器扩展的有关问题，AT89S51 单片机与 2764 的接口电路如图 7-9 所示。存储器扩展的主要工作是地址线、数据线和控制信号线的连接。

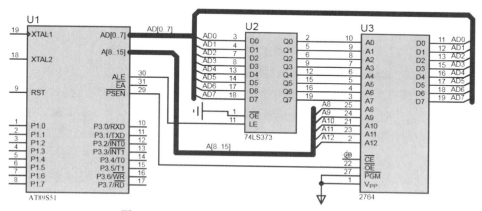

图 7-9　AT89S51 单片机与 2764 的接口电路图

地址线的连接与存储芯片的容量有直接关系。2764 的存储容量为 8KB，需 13 位地址（A12～A0）进行存储单元的选择。为此，先把芯片的 A7～A0 引脚与地址锁存器的 8 位地址输出对应连接，剩下的高位地址（A12～A8）引脚与 P2 口的 P2.0～P2.4 相连。由于在本系统中扩展了一片 EPROM，所以片选端 $\overline{CE}$ 直接接地，或者可以接到 P2.5～P2.7 的任何一位地址线。

数据线只要把存储芯片的数据输出引脚与单片机 P0 口线对应连接就可以了。

程序存储器的扩展只涉及 $\overline{PSEN}$（外部程序存储器读选通）信号，把该信号接 2764 的 $\overline{OE}$ 端，以便进行存储单元的读出选通。

根据图 7-9 分析存储器在存储空间中占据的地址范围，也就是根据地址线连接情况确定 2764 芯片的最低地址和最高地址。如把 P2 口中没用到的高位地址线假定为"0"状态，则本例 2764 芯片的地址范围是 0000H～1FFFH。

（2）AT89S51 单片机扩展多片 EPROM 的硬件电路

AT89S51 单片机与两片 2764 的接口电路如图 7-10 所示，使用两片 2764 芯片扩展的程序存储器系统，两片 2764 共用数据线、地址线 A0～A12 及控制信号 $\overline{PSEN}$。片选信号由 74LS139 译码产生，即采用的是译码法编址。1#2764 芯片的地址范围为 0000H～1FFFH，2#2764 芯片的地址范围为 2000H～31FFFH。

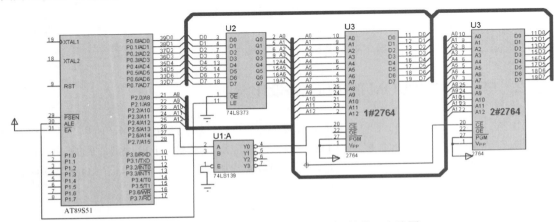

图 7-10　AT89S51 单片机与两片 2764 的接口电路图

7.3　静态数据存储器 RAM 的扩展

单片机都有内部 RAM，其容量大小与单片机型号有关，通常在几百至几千字节之间，如 AT89S51 单片机内部有 128B RAM，AT89S52 单片机内部有 256B RAM。这些片内 RAM 通常作为数据缓冲区、堆栈等使用，如果进行数据采集，则大量的数据需要存储，那么在单片机系统中需要扩展外部数据存储器。通常在单片机系统中外部扩展的数据存储器采用静态数据存储器（SRAM）。

7.3.1　常用的静态 RAM（SRAM）芯片

单片机系统中常用的数据存储器芯片的典型型号有 6116、6264、62128、62256，其容量分别为 2KB、8KB、16KB、64KB。下面以 6264 为典型芯片进行说明。

6264 的引脚图如图 7-11 所示，其各引脚功能如下。

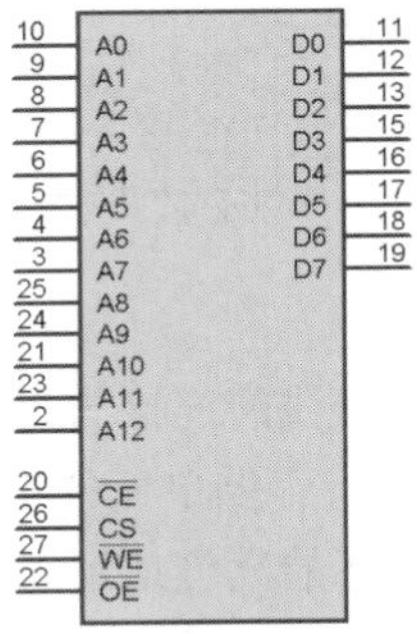

D7～D0：双向三态数据线。

图 7-11　6264 的引脚功能图

A0～A12：地址输入线。

$\overline{CE}$：片选控制端，低电平有效。

CS：片选控制端，高电平有效。

$\overline{OE}$：读选通信号输入端，低电平有效。

$\overline{WE}$：写选通信号输入端，低电平有效。

7.3.2　单片机与 RAM 的接口电路设计

数据存储器的扩展与程序存储器的扩展在数据总线、地址总线的连接上是完全相同的。所不同的是控制信号，数据存储器使用的是 $\overline{OE}$ 和 $\overline{WE}$，分别作为读选通信号和写选通信号。

（1）单片数据存储器的扩展

图 7-12 所示为 AT89S51 单片机扩展一片 6264 的典型原理。扩展中用到 $\overline{RD}$、$\overline{WR}$、ALE 等控制线。此 RAM 扩展电路的寻址范围为 0000H～1FFFH（无关位为 0）。

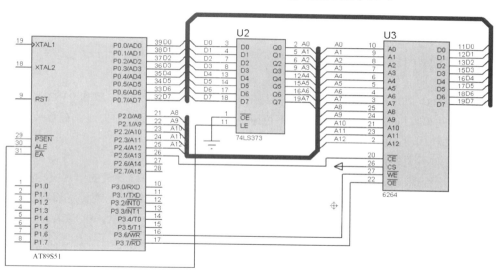

图 7-12　AT89S51 单片机扩展一片 6264 的接口电路图

（2）多片数据存储器的扩展

图 7-3 所示为使用线选法扩展外部数据存储器的电路，图 7-6 所示为使用译码法扩展外部数据存储器的电路。

【例 7-1】编写程序，将外部数据存储器中的 4000H～40FFH 单元中的内容全部清 0。

解：

① 汇编语言参考源程序。

```
    MOV DPTR, #4000H      ; 设置数据块首地址
    MOV R7, #00H          ; 设置循环次数
    CLR A
L1: MOVX @DPTR, A         ; 向数据存储器写数据
    INC DPTR              ; 地址指针加 1
    DJNZ R7, L1           ; 次数减 1, 若不为 0, 则跳转到 L1
```

```
    SJMP  $                    ;停机
```
② C51 语言参考源程序。
```
 #include <reg51.h>
void main (void)
  {
    unsigned char xdata  *ptr;
    for (ptr=0x4000; ptr<0x40ff; ptr++)
      {
        *ptr=0x00;
      }
  }
```

7.4   AT89S51 扩展并行 I/O 接口芯片 8255A 的设计

7.4.1   I/O 接口扩展概述

虽然 AT89S51 单片机有 4 个 I/O 口，但是真正用作 I/O 口的只有 P1 口和 P3 口的某些位，因此在较为复杂的单片机应用系统中，常常不可避免地要进行 I/O 接口的扩展。在单片机应用系统中，扩展 I/O 接口电路主要是针对以下几项功能。

（1）实现与不同外设的速度匹配

单片机的运行速度很快，但大多数外设的速度很慢，无法和微秒量级的单片机相比。CPU 和外设之间的数据传送必须确认外部设备已经准备好，就需要接口电路产生或传送设备的状态信息，也就是接口电路本身必须能实现 CPU 和外设之间工作速度的匹配。通常，I/O 接口采用中断方式传送数据，以提高 CPU 的工作效率。

（2）改变信号的性质和电平

单片机只能处理数字信号，但是有些设备所提供或所需要的并不是数字信号。因此，需要使用接口电路将模拟信号转换为数字信号，或者将数字信号转换为模拟信号。

通常，CPU 输入/输出的数据和控制信号是 TTL 电平，即小于 0.6V 表示"0"，大于 3.4V 表示"1"。但是外部设备的信号电平类型较多，例如 RS-232、RS-485 等。为了实现 CPU 和外设之间的信号传送，I/O 接口电路要具备信号电平的这种自动变换。

（3）输出锁存

在单片机应用系统中，数据输出都是通过系统的公用数据通道（数据总线）进行的，单片机的工作速度快，数据在数据总线上保留的时间短，无法满足慢速输出设备的需要。在扩展 I/O 接口电路中应具有数据锁存器，以保存输出数据直至能为输出设备所接收。

（4）输入数据三态缓冲

数据输入时，输入设备向单片机传送的数据要通过数据总线，但数据总线是系统公用的，上面可能"挂"着多个数据源，为了维护数据总线上数据传送的"次序"，使数据传送时不发生冲突，只允许当前时刻正在进行数据传送的数据源使用数据总线，其余数据源都必须与数据总线处于隔离状态。为此要求接口电路能为数据输入提供三态缓冲功能。

单片机是怎么对 I/O 端口进行操作的呢？下面简要介绍 AT89S51 单片机外设端口的编址。

在介绍 I/O 端口编址之前，首先需要介绍 I/O 接口和 I/O 端口的区别。I/O 端口简称 I/O 口，常指 I/O 接口中带有端口地址的寄存器或缓冲器，CPU 通过端口地址就可以对端口中的信息进行读写。I/O 接口是指 CPU 和外设之间的 I/O 接口芯片，一个外设通常需要一个 I/O 接口，但一个 I/O 接口中可以有多个 I/O 端口，传送数据的端口称为数量口，传送命令字的端口称为命令口，传送状态字的端口称为状态口。当然，不是所有外设都需要三端口齐全的 I/O 接口。

AT89S51 单片机将外设端口和存储器统一编址，这种编址方式是把外设端口当作外部存储单元对待，也就是让外设端口地址占用部分外部数据存储器单元地址。AT89S51 单片机对外设 I/O 端口操作时，使用的是访问外部数据存储器的指令进行输入、输出等操作。这种编址方式增强了 CPU 对外设端口信息的处理能力，而且不需要专门的操作指令，外设端口地址安排灵活，数量不受限制。但是，这种方式外设端口占用了部分存储器地址。

目前常用的 I/O 接口芯片有 8255A 和 81C55。

7.4.2　并行 I/O 接口芯片 8255A 简介

8255A 是 Intel 公司生产的一种可编程并行 I/O 接口芯片，其内部集成了锁存、缓冲及与 CPU 联络的控制逻辑，通用性强、应用广泛，可以与 AT89S51 单片机方便地连接和编程应用。

（1）8255A 的引脚

8255A 共有 40 个引脚，一般为双列直插 DIP 封装，40 个引脚分别为与 CPU 连接的数据线、地址线和控制信号以及与外围设备连接的三个端口线等。图 7-13 所示为 8255A 功能引脚图。

其各引脚功能说明如下。

D0～D7：三态双向数据线。与单片机数据总线，用来传送数据、命令和状态字等信息。

RESET：复位信号线。高电平有效。复位后，片内各寄存器被清"0"，且 A 口、B 口、C 口被置为输入方式。

$\overline{CS}$：片选信号线。低电平有效时，8255A 芯片被选中工作。

$\overline{RD}$：读命令信号线。低电平有效时，允许 CPU 通过 8255A 的 D0～D7 读取数据或状态信息。

$\overline{WR}$：写命令信号线。低电平有效时，允许 CPU 将数据控制字通过 D0～D7 写入 8255A。

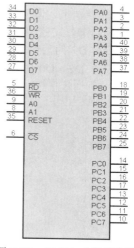

图 7-13　8255A 功能引脚图

A1、A0：地址线。2 位可构成四种状态，分别寻址 A 口、B 口、C 口和控制寄存器。

PA0～PA7：A 口双向数据线。

PB0～PB7：B 口双向数据线。

PC0～PC7：C 口双向数据/信号线。

A1、A0 与 $\overline{WR}$、$\overline{RD}$、$\overline{CS}$ 信号一起，可确定 8255A 的操作状态，见表 7-5。

表 7-5　8255A 读/写控制表

$\overline{CS}$	A1	A0	$\overline{RD}$	$\overline{WR}$	所选端口	操 作
0	0	0	0	1	A 口	读端口 A
0	0	1	0	1	B 口	读端口 B
0	1	0	0	1	C 口	读端口 C
0	0	0	1	0	A 口	写端口 A
0	0	1	1	0	B 口	写端口 B
0	1	0	1	0	C 口	写端口 C
0	1	1	1	0	控制寄存器	写控制字
1	×	×	×	×	/	数据总线缓冲器输出阻抗

（2）8255A 的工作方式

8255A 共有 3 种工作方式，即方式 0、方式 1 及方式 2。

① 方式 0　基本输入/输出方式。方式 0 下，可供使用的是两个 8 位口（A 口和 B 口）及两个 4 位口（C 口高位部分和低位部分）。4 个口可以是输入和输出的任何组合。方式 0 适用于无条件数据传送，也可以把 C 口的某一位作为状态位，实现查询方式的数据传送。

② 方式 1　选通输入/输出方式。方式 1 下，A 口和 B 口分别用于数据的输入/输出，而 C 口则作为数据传送的联络信号。

③ 方式 2　双向数据传送方式。只有 A 口才能选择这种工作方式，这时 A 口既能输入数据又能输出数据。在这种方式下，需使用 C 口的 5 位口线作控制线。方式 2 适用于查询或中断方式的双向数据传送。如果 A 口置于方式 2 下，B 口可工作于方式 0 或方式 1。

（3）8255A 控制字

8255A 是可编程接口芯片，以控制字形式对其工作方式以及 C 口各位的状态进行设置。为此共有两种控制字，即工作方式控制字和 C 口位置位/复位控制字。

① 工作方式控制字　工作方式控制字用于确定各口的工作方式及数据传送方向。其格式如图 7-14 所示。D7 为工作方式控制字标志位，"1"有效；D6～D3 为 A 组（包括 A 口和 C 口高 4 位）工作方式；D2～D0 为 B 组（包括 B 口和 C 口低 4 位）工作方式。

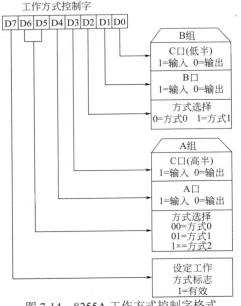

图 7-14　8255A 工作方式控制字格式

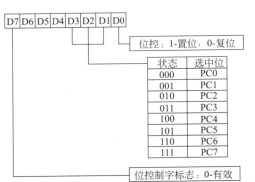

图 7-15　8255A 的 C 口位置位/复位控制字格式

② C 口位置位/复位控制字　在应用情况下，C 口用来定义控制信号和状态信号，因此 C 口的每一位都可以进行置位或复位。对 C 口各位的置位或复位是由位置位/复位控制字进行的。8255A 的 C 口位置位/复位控制字格式如图 7-15 所示。

其中 D7 是该控制字的标志位，其状态固定为"0"。在使用中，控制字每次只能对 C 口中的 1 位进行置位或复位。

7.4.3　单片机与 8255A 的接口设计

图 7-16 为 AT89S51 单片机扩展一片 8255A 的电路图，图中 8255A 的 $\overline{WR}$ 、$\overline{RD}$ 、RESET 与 AT89S51 单片机的 $\overline{WR}$ 、$\overline{RD}$ 、RST 端相连；8255A 的 D0~D7 与 AT89S51 单片机的 P0.0~P0.7 端相连；8255A 的片选端 $\overline{CS}$ 与 AT89S51 单片机的 P0.7 经过 74LS373 锁存后的信号 Q7 相连，8255A 的 A1、A0 与 74LS373 锁存后的信号 Q1、Q0 相连，其他地址线悬空。因此只要 P0.7 端为低电平，即可选中 8255A。如果 P0.1、P0.0 为 00，则选中 8255A 的 PA 口。如果没有用到的位取 1，则 PA 口的地址为 FF7CH。同理可以得到 PB 口的地址为 FF7DH，PC 口的地址为 FF7EH，控制口的地址为 FF7FH。

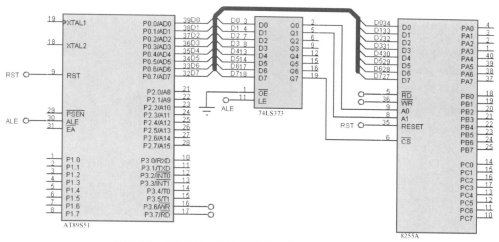

图 7-16　AT89S51 单片机扩展一片 8255A 的电路图

【例 7-2】8255A 的 PA 口低 4 位接一组开关，PB 口高 4 位接一组指示灯，将 PA 口低 4 位的开关状态用 PB 口高 4 位指示灯显示，设计该电路并编写相应程序。

解：电路设计如图 7-17 所示。

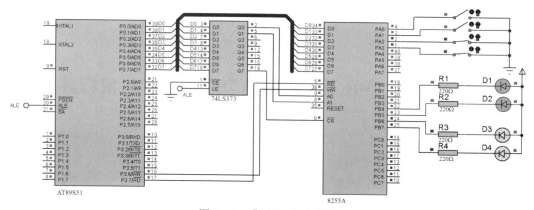

图 7-17　【例 7-2】电路图

根据图 7-17,得到 PA 口的地址为 FF7CH,PB 口的地址为 FF7DH,控制口的地址为 FF7FH。
PA 口作为输入,PB 口作为输出,所以控制字为 90H。

① 汇编语言参考源程序。

```
       ORG  0000H
MAIN:  MOV  DPTR, #0FF7FH        ;设置 8255A 控制字地址
       MOV  A, #90H
       MOVX @DPTR, A             ;写入控制字,A 口输入,B 口输出
    L: MOV  DPTR, #0FF7CH        ;设置 8255A 的 A 口地址
       MOVX A, @DPTR            ;读 A 口
       SWAP A                    ;高低半交换
       INC  DPTR                 ;设置 8255A 的 B 口地址
       MOVX @DPTR, A             ;状态送给 B 口
       AJMP L
       END
```

② C51 语言参考源程序。

```
#include <reg51.h>
#include <absacc.h>
#define PK XBYTE[ 0xff7f ]       //控制口
#define PA XBYTE[ 0xff7c ]       //PA 口
#define PB XBYTE[ 0xff7d ]       //PB 口
void main()
{
        unsigned char temp;     //定义
        unsigned char x1;
        PK=0x90;                 //向 8255 控制字 XBYTE[0xff7f]单元写入 90H
        temp=PA;                 //读 8255 PA 口数据
        temp=temp&0x0f;          //高四位清零
        temp<<=4;                //低四位移动到高四位 temp
        x1=temp;
        PB=x1;                   //将数据写到 PB 口
}
```

7.5 案例:使用 EPROM 扩展 AT89S51 单片机程序存储器

【任务目的】使用 EPROM 2764 芯片扩展 AT89S51 单片机程序存储器。掌握使用外部程序存储器的方法;学会虚拟逻辑分析仪和高级仿真图表观察地址总线、数据总线和控制总线的信号的变化。

【任务描述】使用 2764 芯片扩展 AT89S51 单片机程序存储器,使用虚拟逻辑分析仪和高级仿真图表观察地址总线、数据总线和控制总线的信号的变化。

（1）硬件电路设计

双击桌面上 ⅢⅢ图标，打开 ISIS 7 Professional 窗口。单击菜单 "File" → "New Design" 命令，新建一个 "DEFAULT" 模板，保存文件名为 "外部 ROM.DSN"。在 "器件选择" 按钮 P L DEVICES 中单击 "P" 按钮，或执行菜单 "Library" —→ "Pick Device/Symbol" 命令，添加表 7-6 所示的元器件。

表 7-6 使用 EPROM 扩展 AT89S51 单片机程序存储器所用的元器件

序号	元器件	序号	元器件
1	单片机 AT89S51	3	锁存器 74LS373
2	数码管 7SEG-BCD-BLUE	4	EPROM 2764

在 ISIS 原理图编辑窗口中放置元件，再单击工具箱中的 "虚拟仪器" 按钮 🖵，在对象选择器中单击 "LOGIC ANALYSER"，在原理图中的适当位置单击，则可将逻辑分析仪放置到设计电路中，如图 7-18 所示。

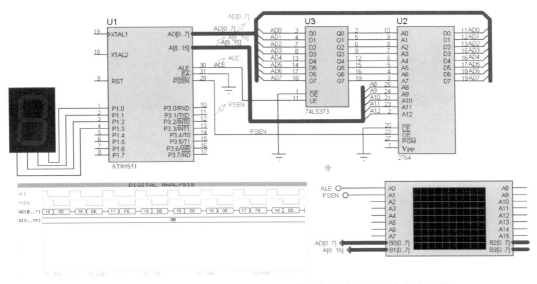

图 7-18 使用 2764 芯片扩展 AT89S51 单片机程序存储器仿真电路图

单击工具箱中的 "元器件终端" 按钮 ☲，在对象选择器中单击 "POWER" "GROUND" "DEFAULT" 和 "BUS"，放置电源、地、终端及总线终端。放置好元器件后，布线。

（2）程序设计

① 汇编语言参考源程序。

```
        ORG 0000H
        MOV A, #0
        MOV R7, #9
L1: MOV P1, A
        ACALL DELAY
        INC A
        DJNZ R7, L1
```

```
        SJMP $
 DELAY: MOV R4, #10H
DELAY1: MOV R5, #250
DELAY2: MOV R6, #200
        DJNZ R6, $
        DJNZ R5, DELAY2
        DJNZ R4, DELAY1
        RET
        END
```

② C51 语言参考源程序。

```c
#include<reg51.h>
delay_ms(int x)
{
    for(; x>0; x--)
    {
        _nop_();
        _nop_();
        _nop_();

    }

}
void main()
{
    char a, i=0;
    for(i=0; i<a; i--)
    {
        P1=i;
        delay_ms(100);
    }

}
```

（3）加载目标代码、设置时钟频率

将按键显示程序生成目标代码文件"ROM.hex"，加载到图 7-18 中 2764 芯片 "Image File"属性栏中，并设置时钟频率为 1MHz。

（4）仿真

单击 ▶ ▶ ⏸ ⏹ 中的 ▶ 按钮，启动仿真。

（5）逻辑分析仪的使用

逻辑分析仪是通过将连续记录的输入信号存入大的捕捉缓冲器进行工作的。逻辑分析仪的 ISIS 原理图符号如图 7-19 所示。其中 A0～A15 为 16 路数字信号输入，B0～B3 为总线输入，每

条总线支持 8 位数据，主要用于连接单片机的地址总线和数据总线信号。运行后，可以显示 A0～
A15、B0～B3 的数据输入波形。

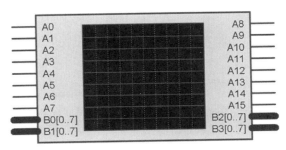

图 7-19　逻辑分析仪的 ISIS 原理图符号

逻辑分析仪的使用方法如下。

① 把逻辑分析仪放置到原理图编辑区，在 A0 输入端上接 ALE 信号，A1 接 PSEN 信号，
B0[0..7]接 AD[0..7]信号，B1[0..7]接 A [8..15]信号，如图 7-18 所示。

② 单击"仿真运行"按钮，出现仿真操作界面，如图 7-20 所示。

③ 调整"Display Scale"按钮"水平显示范围"和分辨率。

④ 单击"Cursors"按钮"光标"使其不再显示。单击"Capture"按钮"捕捉"，开始显示波
形，该按钮变红，再变绿，稍后显示如图 7-21 所示的波形。

从图 7-21 中我们可以观察到 A0 通道、A1 通道、B0 通道及 B1 通道的信号。

图 7-20　逻辑分析仪的操作界面

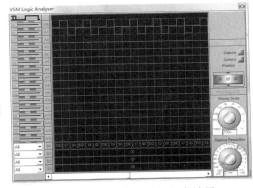

图 7-21　逻辑分析仪的仿真结果

（6）数字分析图表的使用

单击工具箱中的"Simulation Graphl"按钮，在对象选择器中选择"DIGITAL"仿真图表，在
编辑窗口中放置图表的位置单击，并拖曳鼠标指针，此时将出现一个矩形图表轮廓。在期望的结
束点单击，放置图表，如图 7-22 所示。

单击"Graph"→"Digital Analysis"命令，打开仿真图表窗口，如图 7-23 所示。单击仿真
图表窗口中的"Graph"→" Add Trace"命令加入轨迹信号。单击"Graph"→"Simulate Graph"
命令启动信号捕捉。其结果如图 7-23 所示，从图 7-23 中可以观察到数据总线和控制总线信号的
变化。

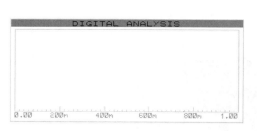

图 7-22　数字分析图表

图 7-23　仿真图表

思考题与习题

一、填空

1. 单片机程序存储器的主要功能是存储_____和_____。

2. AT89S51 单片机程序存储器的寻址范围是由程序计数器 PC 的位数所决定的，因为 AT89S51 单片机的 PC 是_____的，因此其寻址空间为_____，地址范围是从 0000H 到_____。

3. 13 根地址线可选_____个存储单元，64KB 存储单元需要_____根地址线。

4. 在 AT89S51 单片机中，使用 P2、P0 口传送_____信号，且使用 P0 口传送_____信号，这里采用的是_____技术。

5. 8255A 能为数据 I/O 操作提供 A、B、C 3 个 8 位口，其中 A 口和 B 口能作为数据口使用，而 C 口则既可作为_____口使用，又可作为_____使用。

二、判断题

1. AT89S51 单片机的数据存储器与扩展 I/O 口是分别独立编址。　　　　　　（　　）

2. 单片机系统扩展时使用锁存器是用于锁存低 8 位地址。　　　　　　　　（　　）

3. 使用 8255 可以扩展的 I/O 口线是 32 根。　　　　　　　　　　　　　（　　）

4. 使用线选法扩展存储器不会使地址空间造成不连续的现象。　　　　　　（　　）

三、简答题

1. 为什么扩展外部程序存储器时，低 8 位的地址需要锁存？

2. 访问片外 RAM 和片内 RAM 时，所用指令有什么不同？分别写出读片内 RAM 30H 单元和写片外 RAM 30H 单元的程序。

3. 为什么要进行地址空间的分配？何谓线选法和译码法？各有何优、缺点？

4. 何谓 8255A 的控制字？控制字的主要内容是什么？

5. 8255A 的"方式控制字"和"C 口按位置复位控制字"都可以写入 8255A 的同一控制寄存器，8255A 是如何来区分这两个控制字的？

四、设计题

使用 AT89S51 芯片外扩 1 片 SRAM6264，且 6264 的首地址为 8000H。要求：

（1）确定 6264 芯片的末地址。

（2）画出该应用系统的硬件连线图。

（3）编程，将扩展 RAM 中 8000H～80FFH 单元中的内容移至 8100H 开始的单元中。

第8章
单片机串行通信接口技术

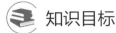 知识目标

（1）掌握串行口的工作原理及相关的特殊功能寄存器。

（2）熟悉标准串行口的硬件接口设计。

（3）掌握串行通信程序的设计。

技能目标

（1）掌握串行口的硬件接口电路设计及软件驱动程序设计。

（2）掌握基于 Proteus 的串行通信接口电路的仿真调试。

8.1 串行通信的相关概念

8.1.1 数据通信的方式

按照串行数据的同步方式，串行通信可以分为同步通信和异步通信两类。同步通信是按照软件识别同步字符来实现数据的发送和接收，异步通信是一种利用字符的再同步技术的通信方式。

（1）异步通信

在异步通信中，数据通常以字符（或字节）为单位组成字符帧传送。字符帧由发送端逐帧发送，通过传输线被接收设备逐帧接收。发送端和接收端可以由各自的时钟来控制数据的发送和接收，这两个时钟源彼此独立，互不同步。

在异步通信中，字符帧格式和波特率是两个重要指标，由用户根据实际情况选定。

① 字符帧 字符帧也称数据帧，由起始位、数据位、奇偶校验位和停止位 4 部分组成，如图 8-1 所示。现对各部分结构和功能分述如下。

a. 起始位 位于字符帧开头，只占 1 位，始终为逻辑 0 低电平，用于向接收设备表示发送端开始发送一帧信息。

b. 数据位 紧跟起始位之后，用户根据情况可取 5 位、6 位、7 位或 8 位，低位在前、高位在后。若所传数据为 ASCII 字符，则常取 7 位。

c. 奇偶校验位 位于数据位后，仅占 1 位，用于表征串行通信中使用奇校验还是偶校验，由用户根据需要决定。

d. 停止位 位于字符帧末尾，为逻辑"1"高电平，通常可取 1 位、1.5 位或 2 位，用于向接

收端表示一帧字符信息已发送完毕，也为发送下一帧字符做准备。

在串行通信中，发送端逐帧发送信息，接收端逐帧接收信息。两相邻字符帧之间可以无空闲位，也可以有若干空闲位，这由用户根据需要决定。图 8-1（b）为有三个空闲位时的字符帧格式。

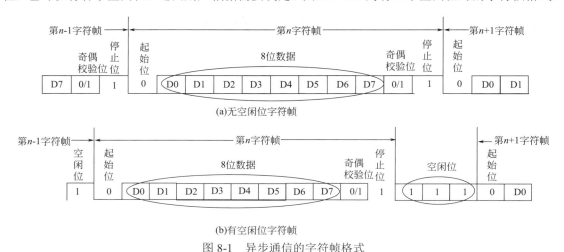

图 8-1 异步通信的字符帧格式

② 波特率 波特率是每秒传送二进制数码的位数（又称比特数），单位是 bit/s （bps）。波特率是串行通信的重要指标，用于表征数据传输的速率。波特率越高，数据传输速率越快。

异步通信的优点是不需要传送同步脉冲，字符帧长度也不受限制，故所需设备简单。缺点是字符帧中因包含有起始位和停止位，降低了有效数据的传输速率。

（2）同步通信

同步通信是一种连续串行传送数据的通信方式，一次通信只传送一帧信息。这里的信息帧和异步通信中的字符帧不同，通常含有若干个数据字符，但它们均由同步字符、数据字符和校验字符三部分组成。

同步通信的数据传输速率较高，通常可达 56Mbps 或更高。同步通信的缺点是要求发送时钟和接收时钟保持严格同步，故发送时钟除应和发送波特率保持一致外，还要求把它同时传送到接收端。

8.1.2 串行数据的传输方式

一般情况下，串行通信中数据信息的传输总是在两个通信端口之间进行的。根据数据信息的传输方向可分为以下几种方式。

（1）单工方式

在串行通信单工方式下，用一根通信传输线的一端与发送方相连接，称为发送端，其另一端与接收方相连接，称为接收端。数据信息只允许按照一个固定的单方向传送，也就是只能由发送端向接收端传输数据信息，而不能反过来传输。

（2）半双工方式

半双工方式的串行通信系统中设有接收器和发送器，通过控制电子模拟开关进行切换，两台串行通信设备或计算机之间只用一根通信传输线相互连接。这样，通信双方可以相互进行数据信息的接收或发送，但在同一时间仍只能单方向传输，不能同时进行接收和发送。由于只有一根通信传输线，所以，每次只能从一方传输给另一方，要改变传输方向，必须通过电子模拟开关互相切换，即由一方的接收切换成发送，另一方由发送切换成接收状态，然后才能进行反方向数据信息的传输。其优点是节省了一根通信传输线，缺点是不能在两个方向上同时进行，必须轮流交替地进行。

（3）全双工方式

半双工通信方式只用一根通信传输线进行数据信息的接收或发送，其通信的速度和效率较低。要改变数据信息的传输方向，必须通过软件编程，双方均需进行方向切换，由方向切换所产生的延时较长，由无数次重复切换所引起的延时积累，正是半双工串行通信效率不高的主要原因。克服上述半双工缺点的方法是采用信道划分技术，即一方的发送端与另一方的接收端用一根专用的信息传输线相连接，再用另一根信息传输线向反方向连接。所谓全双工方式，就是采用两根通信传输线各自连接发送与接收端，从而实现数据信息的双向传输。这样，可方便同时实施接收、发送数据信息的双向传输，大大提高了数据信息的传输速率和效率，操作简单而方便，故被广泛应用。

8.2　单片机的串行口

AT89S51 单片机内部有一个全双工的异步通信串（行）口。

8.2.1　串行口结构

AT89S51 单片机的串口由 2 个数据缓冲器（SBUF）、1 个移位寄存器和 1 个串行控制寄存器（SCON）等组成，如图 8-2 所示。数据缓冲器由串行接收缓冲器和发送缓冲器构成，它们在物理上是独立的，既可以接收数据，也可以发送数据，还可以同时发送和接收数据。接收缓冲器只能读出，不能写入，而发送缓冲器只能写入，不能读出，它们共用一个地址（99H）。

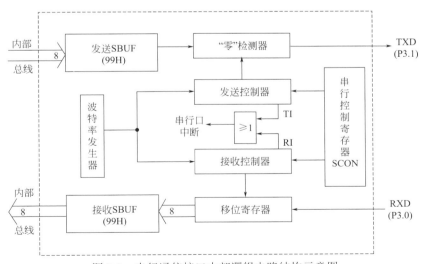

图 8-2　串行通信接口内部逻辑电路结构示意图

数据缓冲器（SBUF）用于保存要发送的数据或者从串口接收到的数据，CPU 执行写“MOV

SBUF, A"指令便开始触发串口数据的发送。SBUF 一位一位地发送数据，发送完成后置标志位 TI=1；在 CPU 允许接收串行数据时，外部串行数据经 RXD 送入 SBUF，电路便自动启动接收，第 9 位则装入 SCON 寄存器的 RB8 位，直至完成一帧数据后将 RI 置 1，当串口接收缓冲器接收到一帧数据时，可以执行"MOV A，SBUF"指令进行读取。

与串行通信相关的寄存器有 SBUF、SCON、PCON 和 IE。

8.2.2 串行口控制寄存器 SCON

SCON 是 AT89S51 单片机可位寻址的特殊功能寄存器，主要用于控制串口的数据通信。单元地址是 98H，复位后是 00H。SCON 各位的定义如表 8-1 所示。

表 8-1 SCON 各位的定义

位名称	SM0	SM1	SM2	REN	TB8	RB8	TI	RI
位地址	9FH	9EH	9DH	9CH	9BH	9AH	99H	98H
位号	SCON.7	SCON.6	SCON.5	SCON.4	SCON.3	SCON.2	SCON.1	SCON.0

SM0、SM1：串行口四种工作方式的选择位，如表 8-2 所示。

表 8-2 串行通信工作方式

SM0	SM1	方式	功能简述
0	0	0	移位寄存器工作方式，波特率为 $f_{osc}/12$
0	1	1	8 位数据异步收发，波特率可变
1	0	2	9 位数据异步收发，波特率为 $f_{osc}/32$ 或 $f_{osc}/64$
1	1	3	9 位数据异步收发，波特率可变

SM2：多机通信控制位。因为多机通信是在方式 2 和方式 3 下进行的，因此，SM2 位主要用于方式 2 和方式 3 中。当串行口以方式 2 或方式 3 接收时，如果 SM2=1，则只有当接收到的第 9 位数据（RB8）为 1 时，才将接收到的前 8 位数据送入 SBUF，并将 RI 置 1，产生中断请求；当接收到的第 9 位数据（RB8）为 0 时，则将接收到的前 8 位数据丢弃。而当 SM2=0 时，则不论第 9 位数据是 1 还是 0，都将前 8 位数据送入 SBUF 中，并将 RI 置 1，产生中断请求。在方式 1 时，如果 SM2=1，则只有收到有效的停止位时才会激活 RI。在方式 0 时，SM2 必须为 0。

REN：允许串行接收位。由软件置 1 或清 0。若 REN=1，允许串行口接收数据；若 REN=0，禁止串行口接收数据。

TB8：发送的第 9 位数据。在方式 2 和 3 时，TB8 是要发送的第 9 位数据。其值由软件置 1 或清 0。在双机通信时，TB8 一般作为奇偶校验位使用；在多机通信中用来表示主机发送的是地址帧还是数据帧，TB8=1 为地址帧，TB8=0 为数据帧。

RB8：接收到的第 9 位数据。在方式 2 和 3 时，RB8 存放接收到的第 9 位数据。在方式 1，如果 SM2=0，RB8 接收到的是停止位。在方式 0，不使用 RB8。

TI：发送中断标志位。串行口工作在方式 0 时，串行发送第 8 位数据结束时由硬件置 1，在其他工作方式，串行口发送停止位的开始时置 1。TI=1，表示一帧数据发送结束，可供软件查询，也可申请中断。CPU 响应中断后，在中断服务程序中向 SBUF 写入要发送的下一帧数据。TI 必须由软件清 0。

RI：接收中断标志位。串行口在工作方式 0 时，接收完第 8 位数据时，RI 由硬件置 1。在其他工作方式中，串行口接收到停止位时，该位置 1。RI=1，表示一帧数据接收完毕，并申请中断，要求 CPU 从接收 SBUF 取走数据。该位的状态也可供软件查询。RI 必须由软件清 0。

8.2.3　电源控制寄存器 PCON

PCON 是电源控制寄存器，不能位寻址。地址为 87H。各位的定义见表 8-3。

表 8-3　PCON 各位定义

位名称	SMOD	—	—	—	GF1	GF0	PD	IDL
位地址	8EH	8DH	8CH	8BH	8AH	89H	88H	87H
位号	PCON.7	PCON.6	PCON.5	PCON.4	PCON.3	PCON.2	PCON.1	PCON.0

其中，与串行通信相关的位是 SMOD。

SMOD：串行口波特率系数控制位。若 SMOD=1，方式 1、方式 2 和方式 3 的波特率加倍。若 SMOD=0，各工作方式的波特率保持不变。

8.3　串行口的工作方式

AT89S51 单片机的串行口有四种工作模式，可通过对 SCON 中的 SM0、SM1 位的设置来选择。

（1）方式 0

在方式 0 下，串行口的 SBUF 是作为同步移位寄存器使用的。在串行口发送时，发送 SBUF 相当于一个并入串出的移位寄存器，由 AT89S51 单片机的内部总线并行接收 8 位数据，并从 TXD 线串行输出；在接收操作时，接收 SBUF 相当于一个串入并出的移位寄存器，从 RXD 线接收一帧串行数据，并把它并行地送入内部总线。在方式 0 下，SM2、RB8 和 TB8 均不起作用，它们通常均应设置为 "0" 状态。

在串行口方式 0 下工作并非一种同步通信方式。它的主要用途是和外部同步移位寄存器相接，以达到扩展一个并行 I/O 口的目的。

（2）方式 1

串行数据通过 TXD 发送、RXD 接收。一帧数据是 10 位，包括 1 位起始位、8 位数据位和 1 位停止位，如图 8-3 所示。

| 起始位 | D0 | D1 | D2 | D3 | D4 | D5 | D6 | D7 | 停止位 |

图 8-3　方式 1 帧格式

波特率是可变的，由定时器 T1 溢出率和串行口波特率系数控制位 SMOD 共同决定。方式 1 的波特率由下式确定：

$$方式1的波特率 = \frac{2^{SMOD}}{32} \times 定时器T1的溢出率$$

发送操作是在 TI=0 时，执行 "MOV SBUF，A" 指令后开始，然后发送电路自动在 8 位发送字符前后分别添加 1 位起始位和停止位，并在移位脉冲作用下在 TXD 线上依次发送一帧信息，发送完后自动维持 TXD 线为高电平。TI 也由硬件在发送停止位时置 1，并通知 CPU 数据发送已经结束，可以发送下一帧数据。

接收操作在 RI=0 和 REN=1 条件下进行，这点与方式 0 时相同。当接收电路连续 8 次采样到 RXD 线为低电平时，相应检测器便可确认 RXD 线上有了起始位。在接收到停止位时，接收电路必须同时满足以下两个条件：RI=0 且 SM2=0 或接收到的停止位为 "1"，才能把接收到的 8 位字符存入接收 SBUF 中，当一帧数据接收完毕后，将 SCON 中的 RI 置 1，通知 CPU 从 SBUF 取走接收到的数据。

（3）方式 2

串行数据通过 TXD 发送，RXD 接收。每帧数据均为 11 位，包括 1 位起始位、8 位数据位、1 位可程控位，即 1 或 0 的第 9 位以及 1 位停止位，如图 8-4 所示。

图 8-4 方式 2 帧格式

此方式下波特率由下式确定：

$$方式2的波特率 = \frac{2^{SMOD}}{64} \times f_{OSC}$$

第 9 位数据可以自己定义，一般在双机通信时作为奇偶校验位，多机通信时作为地址/数据的标志位。发送前，先根据通信协议由软件设置 TB8，然后将要发送的数据写入 SBUF，即可启动发送过程。串行口能自动把 TB8 取出，并装入第 9 位数据位的位置，再逐一发送出去。发送完毕，则使 TI 置 1。

当串行口的 SCON 寄存器的 SM0、SM1 两位为 10，且 REN=1 时，允许串行口以方式 2 接收数据。接收时，数据由 RXD 端输入，接收 11 位信息。当位检测逻辑采样到 RXD 引脚从 1 到 0 的负跳变，并判断起始位有效后，便开始接收一帧信息。在接收完第 9 位数据后，如果 RI=0 且 SM2=0 或接收到的第 9 位数据位 RB8=1，则将接收到的数据送入 SBUF，第 9 位数据送入 RB8，将 RI 置 1。否则，接收的信息将被丢弃。

（4）方式 3

除波特率外，工作方式 3 和方式 2 相同，方式 3 的波特率由下式确定：

$$方式3的波特率 = \frac{2^{SMOD}}{32} \times 定时器T1的溢出率$$

8.4 波特率的设定

AT89S51 单片机的串行口以方式 0 工作时，波特率为 $f_{OSC}/12$。

串行口工作于方式 2 时，若 SMOD=1，波特率为振荡频率的 1/32；若 SMOD=0，波特率为振荡频率的 1/64。

串行口以方式 1 或方式 3 工作时，波特率是可变的。波特率的计算公式为

$$波特率 = \frac{2^{\text{SMOD}}}{32} \times 定时器T1 的溢出率$$

如果定时器 T1 用作波特率发生器，则就不能用作中断。在典型的应用中，T1 以定时器方式工作，并处于定时模式 2（即自动重新装载的模式）下，因为定时器 Tl 在模式 2 下工作，TH1 和 TL1 分别设定为两个 8 位重装计数器（当 TL1 从全"1"变为全"0"时，TH1 中内容重装 TL1）。这种方式不仅可使操作方便，也可避免因重装初值（时间常数初值）带来的定时误差。如果使用定时器 T1 处于模式 2 下，则：

$$溢出率 = \frac{1}{定时器T1定时时间} = \frac{f_{\text{OSC}}}{12 \times (256 - C)}$$

所以，波特率计算式为

$$波特率 = \frac{2^{\text{SMOD}}}{32} \times \frac{f_{\text{OSC}}}{12 \times (256 - C)}$$

在实际应用时，经常根据已知波特率和时钟频率来计算初值，常用的波特率与系统时钟及重装时间常数之间的关系可列成表 8-4，以供查用。

表 8-4 常用波特率与系统时钟及重装时间常数之间的关系

时钟频率/MHz	波特率/bps	重装时间常数	
		SMOD=1	SMOD=0
12	28800	FEH	FFH
	19200	FDH	—
	14400	FCH	FEH
	9600	F9H	FDH
	4800	F3H	F9H
	2400	E6H	F3H
	1200	CCH	E6H
11.0592	28800	FEH	FFH
	19200	FDH	—
	14400	FCH	FEH
	9600	FAH	FDH
	4800	F4H	FAH
	2400	E8H	F4H
	1200	D0H	E8H

8.5 单片机的串行通信接口技术

AT89S51 单片机串行口的输入、输出均为 TTL 电平。使用 TTL 电平进行串行数据的传送，传输距离短，抗干扰能力差。为了提高通信的可靠性，增大串行通信的距离，通常采用标准串行接口，如 RS-232C、RS-422A、RS-485 等标准接口。

RS-232C 是美国电子工业协会（EIA）的推荐标准，适用于短距离或带调制解调器的串行通信场合。为了提高串行数据传输速率和通信距离以及抗干扰能力，EIA 又公布了 RS-422A 和 RS-485

串行总线接口标准。

8.5.1 标准串行通信接口

（1）RS-232C 接口

RS-232C 是异步串行通信中应用最广的标准串行接口，它定义了数据终端设备和数据通信设备之间的串行接口标准。

① RS-232C 信号引脚定义　RS-232C 标准规定了 25 针连接器，但许多信号是为了通信业务联系或信息控制而定义的，所以 PC 机配置的都是 9 针 D 型连接器。图 8-5 为 RS-232C 的 D 型 9 针插头的引脚定义。

② 电气特性　RS-232C 上传送的数字量采用负逻辑，且与地对称。

逻辑 1：$-3 \sim -15V$。

逻辑 0：$+3 \sim +15V$。

RS-232C 标准的信号传输的最大电缆长度为 30m，最高数据传输速率为 20Kbps。

③ 电平转换　由于 AT89S51 单片机串行口的输入、输出都是 TTL 电平，TTL 电平和 RS-232C 电平互不兼容，所以必须进行电平转换，常用的芯片是美国 Maxim 公司的产品 MAX232 芯片。MAX232 是 RS-232C 双工发送器/接收器电路芯片，其外部引脚如图 8-6 所示，使用 MAX232 实现 TTL/RS-232C 之间的电平转换电路如图 8-7 所示。

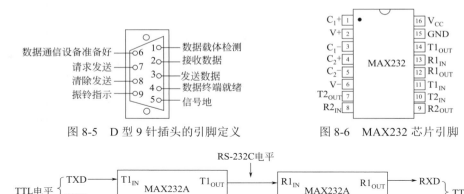

图 8-5　D 型 9 针插头的引脚定义　　　　图 8-6　MAX232 芯片引脚

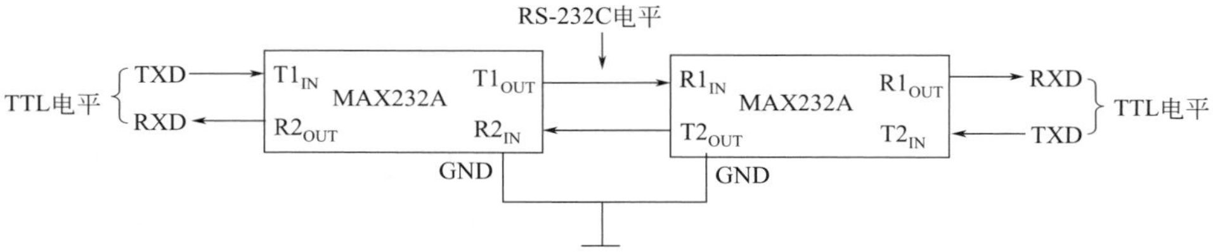

图 8-7　使用 MAX232 实现 TTL/RS-232C 之间的电平转换电路图

（2）RS-422A 接口

由于 RS-232C 传输的速率低、通信距离短、抗干扰能力差等，所以 EIA 又制定了 RS-422A 标准。

① 电气特性　RS-422A 的全称是"平衡电压数字接口电路的电气特性"，全双工，传输信号为两对平衡差分信号线，因此 RS-422A 的传输距离远，最长传输距离可达到 1200m，最大传输速率为 10Mbps。

② 电平转换　TTL 电平转换成 RS-422A 电平的常用芯片有 MC3487、SN75174 等；RS-422A

电平转换成 TTL 电平的常用芯片有 MC3486、SN75175 等。典型的转换电路如图 8-8 所示。

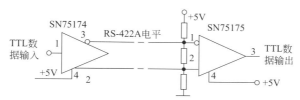

图 8-8　RS-422A 接口的电平转换电路图

（3）RS-485 接口

RS-485 是 RS-422A 的变形，它与 RS-422A 的区别是 RS-485 为半双工，采用一对平衡差分信号线。

① 电气特性　RS-485 的信号传输采用两线之间的电压来表示逻辑 1 和逻辑 0，数据采用差分传输，抗干扰能力强，传输距离可达到 1200m，传输速率可达 10Mbps。

驱动器输出电平在−1.5V 以下时为逻辑 1，在+1.5V 以上时为逻辑 0。接收器输入电平在−0.2V 以下时为逻辑 1，在+0.2V 以上为逻辑 0。

② 电平转换　适用于 RS-422A 标准中所用的驱动器和接收器芯片，在 RS-485 中均可以使用。普通的 PC 一般不带 RS-485 接口，因此要使用 TTL/RS-485 转换器。RS-485 接口的电平转换电路如图 8-9 所示。

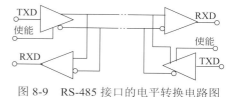

图 8-9　RS-485 接口的电平转换电路图

8.5.2　串口转换为并口输出

【例 8-1】用 AT89S51 单片机串行口外接 74LS164 扩展并行输出口，8 位并行口的各位分别接一个发光二极管，要求发光二极管轮流点亮。

解：

（1）硬件电路的设计。

根据题干的要求，接口电路仿真图如图 8-10 所示。图中使用了 74LS164，74LS164 为 8 位移位寄存器，引脚如图 8-11 所示。

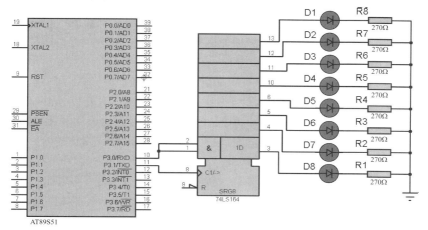

图 8-10　AT89S51 单片机串行口扩展 74LS164 电路仿真图

图 8-11 中各引脚含义如下。

CP：时钟输入端。

$\overline{MR}$：同步清除输入端，低电平有效。

A，B：串行数据输入端。

Q0～Q7：数据输出端。

（2）程序设计。

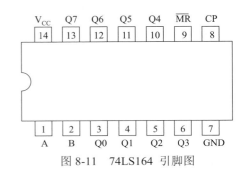

图 8-11 74LS164 引脚图

```
              ORG   0000H
              AJMP  MAIN
              ORG   0030H
       MAIN:  MOV   SCON, #00H    ; 设置方式 0
              MOV   A, #80H       ; 最高位先亮
        OUT:  MOV   SBUF, A       ; 开始串行输出
              JNB   TI, $         ; 输出是否完毕
              CLR   TI            ; 清零 TI
              ACALL DELAY         ; 延时
              RR    A             ; 循环右移
              SJMP  OUT           ; 循环
      DELAY:  MOV   R7, #5        ; 延时程序
         D1:  MOV   R6, #250
         D2:  MOV   R5, #250
              DJNZ  R5, $
              DJNZ  R6, D2
              DJNZ  R7, D1
              RET
              END
```

8.5.3 双机串行通信

使用单片机的串行口主要用于与通用计算机的通信、单片机之间的通信和主从结构分布系统之间的通信，下面是一个单片机之间通信应用的例子。

【例 8-2】单片机 f_{OSC} =11.0592MHz，波特率为 2400bps，设计单片机之间的通信程序。

解：两个 AT89S51 单片机之间通过串行口通信，采用中断工作方式。两个单片机通过串行口进行通信的 Proteus 仿真电路如图 8-12 所示（其中的时钟电路及复位电路未画出）。发送方单片机将串行口设置为工作方式 2，TB8 作为奇偶校验位。待发送数据位于片内 RAM 40H～4FH 单元中。数据写入发送缓冲器之前，先将数据的奇偶校验位写入 TB8 作为奇偶校验位，使第 9 位数据作为奇偶校验位。接收方单片机也将串行口设置为工作方式 2，并允许接收，每接收到一个数据都要进行校验，根据校验结果决定接收是否正确。接收正确，则向发送方回送标志数据 00H，同时将收到的数据送 P1 口显示；接收错误，则向发送方回送标志数据 FFH，同时将数据 FFH 送 P1 口显示。发送方每发送一个字节后紧接着接收回送字节，只有收到标志数据 00H 后，才继续发送下一个数据，同时将发送的数据送 P1 口显示，否则停止发送。

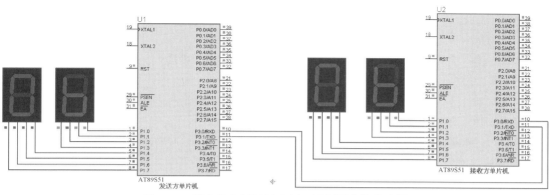

图 8-12　两个单片机通过串行口进行通信的仿真图

发送方程序如下。

```
#include <reg51.h>
#define uchar unsigned char
#define uint unsigned int
uchar i=0;
uchar dat[]={0x00, 0x01, 0x02, 0x03, 0x04, 0x05, 0x06, 0x07,   //待发数据
             0x08, 0x09, 0x0a, 0x0b, 0x0c, 0x0d, 0x0e, 0x0f};
void delay()
{                               //延时函数
uint j;
for(j=0; j<31000; j++)
{; }
}
void main()
{
TI=0;
RI=0;
TMOD=0x20;                      //将 T1 设为工作方式 2
TH1=TL1=0xe8;
PCON=0x80;
TR1=1;                          //启动 T1
SCON=0xd0;                      //串口设为工作方式 3，允许接收
ES=1; EA=1;                     //开中断
ACC=dat[i];
CY=P;
TB8=CY;
P1=ACC;
SBUF=ACC;                       //发送数据
delay();
```

```
while(1);
}
void trs() interrupt 4 using 1          //发送中断服务函数
{
uchar dat1;
if(TI==0)                               //接收中断
{RI=0; dat1=SBUF;                        //清除中断标志，接收数据
if (dat1==0)                            //收到回送正确标志
{
i++;
ACC=dat[i];
CY=P;
TB8=CY;
P1=ACC;
SBUF=ACC;                               //启动发送下一个数据
delay();
if(i==0x0f) ES=0;                       //数据发送完毕
}
else
{
ACC=dat[i];                             //收到回送错误标志
CY=P;
TB8=CY;
P1=ACC;
SBUF=ACC;                               //重发上一个数据
delay();
}
}}
```

接收方程序如下。

```
#include <reg51.h>
#include <intrins.h>
#define uchar unsigned char
#define uint unsigned int
uchar i=0;
uchar dat[16] _at_ 0x40;
void main()
{
TI=0;
RI=0;
TMOD=0x20;                              //将 T1 设为工作方式 2
```

```
TH1=TL1=0xe8
PCON=0x80;
TR1=1;                              //启动 T1
SCON=0xd0;                          //串口设为工作方式 3，允许接收
ES=1;
EA=1;                              //开中断
while(1);
}
void res() interrupt 4 using 1
{
uchar dat1;
if(TI==0)                          //接收中断
{
RI=0; ACC=SBUF; dat1=ACC;          //清除中断标志，接收数据
if((P==0&RB8==0)|(P==1&RB8==1))    //判断奇偶标志
{dat[i]=dat1;                      //奇偶校验正确，存储数据
P1= dat[i];
i++;
SBUF=0x00;                         //回送正确标志
if(i==0x10) ES=0;                  //数据接收完毕，禁止串口中断
}
else
{SBUF=0xff;                        //奇偶校验错误，回送错误标志
}
}
else TI=0;
}
```

8.5.4　多机串行通信接口

单片机的多机通信是指一个主机和多个从机之间的通信，在多机通信中，使用单片机构成分布式系统，主机与各从机可实现全双工通信，各从机之间只能通过主机交换信息。

多个 AT89S51 单片机可利用串行口进行多机通信，经常采用图 8-13 所示主从式结构。该多机系统是由 1 个主机（AT89S51 单片机或其他具有串口的微机）和 3 个（也可为多个）AT89S51 单片机组成的从机系统。主机 RXD 与所有从机 TXD 端相连，TXD 与所有从机 RXD 端相连。从机地址分别为 01H、02H 和 03H。

主从式是指多机系统中，只有一个主机，其余的全是从机。主机发送的信息可以被所有从机接收，任何一个从机发送的信息，只能由主机接收。从机和从机之间不能相互直接通信，它们的通信只能经主机才能实现。

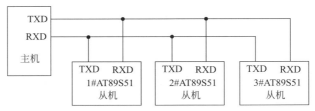

图 8-13   单片机多机通信系统逻辑连接图

下面介绍多机通信工作原理。

要保证主机与所选择的从机实现可靠通信，必须保证串行口具有识别功能。串行口控制寄存器 SCON 中的 SM2 位就是为满足这一条件而设置的多机通信控制位。其工作原理是在串行口以方式 2（或方式 3）接收时，若 SM2=1，则表示进行多机通信，可能出现两种情况。

① 从机收到主机发来的第 9 位数据 RB8=1 时，前 8 位数据才装入 SBUF，并置中断标志位 RI=1，向 CPU 发出中断请求。在中断服务程序中，从机把接收到的 SBUF 中数据存入数据缓冲区中。

② 如从机接收到的第 9 位数据 RB8=0 时，则不产生中断标志位 RI=1，不引起中断，从机不能接收到主机发来的数据。

若 SM2=0，则接收到的第 9 位数据不论是 0 还是 1，从机都将产生 RI=1 中断标志，接收到的数据装入 SBUF 中。

应用 AT89S51 单片机串行口这一特性，可实现 AT89S51 的多机通信。多机通信的工作过程如下。

① 各从机初始化程序允许从机的串行口中断，将串行口编程为方式 2 或方式 3 接收，即 9 位异步通信方式，且 SM2 和 REN 置"1"，使从机只处于多机通信且接收地址帧的状态。

② 主机和某个从机通信前，先将准备接收数据的从机地址发给各从机，接着才传送数据（或命令），主机发出的地址帧信息的第 9 位为 1，数据（或命令）帧的第 9 位为 0。当主机向各从机发送地址帧时，各从机串行口接收到的第 9 位信息 RB8 为 1，且由于各从机 SM2=1，则中断标志位 RI 置"1"，各从机响应中断，在中断服务程序中，判断主机送来的地址是否和本机地址相符，若为本机地址，则该从机 SM2 位清"0"，准备接收主机的数据或命令；若地址不相符，则保持 SM2=1 状态。

③ 接着主机发送数据（或命令）帧，数据帧的第 9 位为 0。此时各从机接收到 RB8=0，只有与前面地址相符的从机（即 SM2 位已清"0"的从机）才能激活中断标志位 RI，从而进入中断服务程序，在中断服务程序中接收主机发来的数据（或命令）。与主机发来地址不符的从机，由于 SM2 保持为 1，又因 RB8=0，因此不能激活中断标志位 RI，也就不能接收主机发来的数据帧，从而保证主机与从机之间通信的正确性。此时主机与建立联系的从机已设置为单机通信模式，即在整个通信中，通信的双方都要保持发送数据的第 9 位（即 TB8 位）为 0，防止其他的从机误接收数据。

④ 结束数据通信并为下一次多机通信做准备。在多机通信系统中每个从机都被赋予唯一一个地址。

例如，图 8-13 中 3 个从机的地址可设为 01H、02H、03H。还要预留 1~2 个"广播地址"，它是所有从机共有的地址，例如将"广播地址"设为 00H。当主机与从机的数据通信结束后，一定要将从机再设置为多机通信模式，以便进行下一次的多机通信。这时要求与主机正在进行数据传输的从机必须随时注意，一旦接收数据第 9 位（RB8）为"1"，说明主机传送的不再是数据，而是地址，这个地址就有可能是"广播地址"，当收到"广播地址"后，便将从机的通信模式再设置成多机模式，为下一次多机通信做好准备。

【例 8-3】实现主单片机分别与 3 个从单片机串行通信，仿真电路见图 8-14。用户通过分别按下开关 K1、K2 或 K3 来选择主机与对应 1#、2#或 3#从机串行通信，当黄色 LED 点亮，表示主机与相应的从机连接成功；该从机的 8 个绿色 LED 闪亮，表示主机与从机在进行串行数据通信。如果断开 K1、K2 或 K3，则主机与相应从机的串行通信中断。

解：

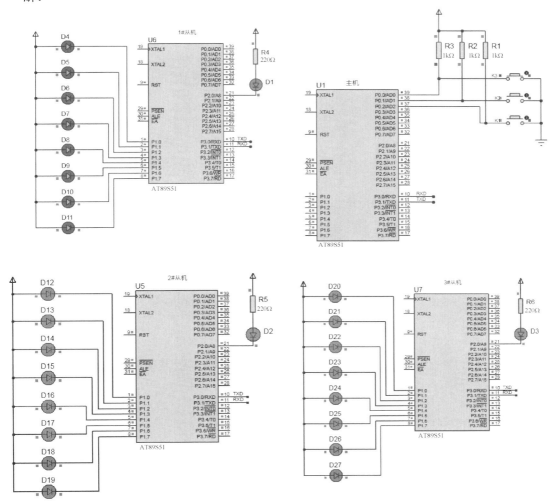

图 8-14　主单片机与 3 个从单片机串行通信仿真图

本例实现主、从机串行通信，各从机程序都相同，只是地址不同。串行通信约定如下。

① 3 个从机的地址为 01H～03H。

② 主机发出的 0xff 为控制命令，使所有从机都处于 SM2=1 的状态。

③ 其余的控制命令：00H——接收命令，01H——发送命令。这两条命令是以数据帧的形式发送的。

④ 从机的状态字如图 8-15 所示。

	D7	D6	D5	D4	D3	D2	D1	D0
状态字	err	0	0	0	0	0	trdy	rrdy

图 8-15　从机状态字格式约定

其中：

err(D7 位)=1，表示收到非法命令。

trdy(D1 位)=1，表示发送准备完毕。

rrdy(D0 位)=1，表示接收准备完毕。

串行通信时，主机采用查询方式，从机采用中断方式。主机串行口设为方式 3，允许接收，并置 TB8 为 1。因只有 1 个主机，所以主机 SCON 控制寄存器中的 SM2 不要置 1，故控制字为 11011000，即 0xd8。

参考程序如下。

① 主机程序。

```c
    #include <reg51.h>
#include <math.h>
sbit switch1=P0^0;                     //定义 K1 与 P0.0 连接
sbit switch2=P0^1;                     //定义 K2 与 P0.1 连接
sbit switch3=P0^2;                     //定义 K3 与 P0.2 连接
void delay_ms(unsigned int i);
void main()                            //主函数
{
    EA=1;                              //总中断允许
    TMOD=0x20;                         //设置定时器 T1 定时方式 2 自动装载定时常数
    TL1=0xfd;                          //波特率设为 9600bps
    TH1=0xfd;
    PCON=0x00;                         //SMOD=0，不倍增
    SCON=0xd0;                         //SM2 设为 0，TB8 设为 0
    TR1=1;                             //启动定时器 T1
    ES=1;                              //允许串口中断
    SBUF=0xff;                         //串行口发送 0xff
    while(TI==0);                      //判断是否发送完毕
    TI=0;                              //发送完毕，TI 清 0
    while(1)
    {
        delay_ms(100);
        if(switch1==0)                 //判断 K1 按键是否按下，如按下 K1 按键，则往下执行
        {
            TB8=1;                     //发送的第 9 位数据为 1，送 TB8，准备发地址帧
            SBUF=0x01;                 //串口发 1#从机的地址 0x01 以及 TB8=1
            while(TI==0);              //判断是否发送完毕
            TI=0;                      //发送完毕，TI 清 0
            TB8=0;                     //发送的第 9 位数据为 0，送 TB8，准备发数据帧
            SBUF=0x00;                 //串行口发送 0x00 以及 TB8=0
            while(TI == 0);            //判断是否发送完毕
```

```
        TI=0;                          //发送完毕，TI 清 0
    }
        if(switch2==0)                 //判断 K2 按键是否按下，如按下 K2 按键，则往下执行
        {
            TB8=1;                     //发送的第 9 位数据为 1，发地址帧
            SBUF=0x02;                 //串行口发 2#从机的地址 0x02
            while(TI==0);              //判断是否发送完毕
            TI=0;                      //发送完毕，TI 清 0
            TB8=0;                     //准备发数据帧
            SBUF=0x00;                 //发数据帧 0x00 及 TB8=0
            while(TI==0);              //判断是否发送完毕
            TI=0;                      //发送完毕，TI 清 0
        }
        if(switch3==0)                 //判断是否按下 K3 按键，如按下 K3 按键，则往下执行
        {
            TB8=1;                     //准备发地址帧
            SBUF=0x03;                 //发 3#从机地址
            while(TI==0);              //判断是否发送完毕
            TI=0;                      //发送完毕，TI 清 0
            TB8=0;                     //准备发数据帧
            SBUF=0x00;                 //发数据帧 0x00 及 TB8=0
            while(TI==0);              //判断是否发送完毕
            TI=0;                      //发送完毕，TI 清 0
        }
    }
}


void delay_ms(unsigned int i)          //函数功能：延时
{
    unsigned char j;
    for(; i>0; i--)
        for(j=0; j<125; j++)
        ;
}
```

② 从机 1 串行通信程序。

```
    #include <reg51.h>
#include <math.h>
sbit led=P2^0;                         //定义 P2.0 连接的黄色 LED
bit rrdy=0;                            //接收准备标志位 rrdy=0，表示未做好接收准备
```

```
    bit trdy=0;                          //发送准备标志位 trdy=0, 表示未做好发送准备
    bit err=0;                           //err=1, 表示接收到的命令为非法命令
    void delay_ms(unsigned int i);
    void main()                          //从机1主函数
    {
        EA=1;                            //总中断打开
        TMOD=0x20;                       //定时器1工作方式2, 自动装载, 用于串行口设置波特率
        TL1=0xfd;
        TH1=0xfd;                        //波特率设为 9600bps
        PCON=0x00;                       //SMOD=0
        SCON=0xd0;                       //SM2 设为 0, TB8 设为 0
        TR1=1;                           //启动定时器 T1
        P1=0xff;                         //向 P1 写入全 1, 8 个绿色 LED 全灭
        ES=1;                            //允许串行口中断
        while(RI==0);                    //接收控制指令 0xff
if(SBUF==0xff) err=0;                    //如果接收到的数据为 0xff, err=0, 表示正确
        else err=1;                      //err=1, 表示接收出错
        RI=0;                            //接收中断标志清 0
        SM2=1;                           //多机通信控制位, SM2 置 1
        while(1); }
    void int1() interrupt 4              //函数功能: 定时器 T1 中断函数
    {
        if(RI)                           //如果 RI=1
        {
            if(RB8)                      //如果 RB8=1, 表示接收的为地址帧
            {
                RB8=0;
        if(SBUF==0x01)                   //如收的数据为地址帧 0x01, 是本从机的地址
                {
                    SM2=0;               //则 SM2 清 0, 准备接收数据帧
                    led=0;               //点亮本从机黄色发光二极管
                }
            }
            else                         //如果接收的不是本从机的地址
            {
                rrdy=1;                  //准备好接收标志置 1
                P1=SBUF;                 //串行口接收的数据送 P1
        SM2=1;                           //SM2 仍为 1
        led=1;                           //熄灭本从机黄色发光二极管
            }
```

```
                RI=0;
        }
        delay_ms(50);
    P1=0xff;                            //熄灭本从机 8 个绿色发光二极管
    }
    void delay_ms(unsigned int i)       //函数功能：延时
    {
    unsigned char j;
    for(; i>0; i--)
    for(j=0; j<125; j++)
    ;
    }
```

③ 从机 2 串行通信程序。

```
    #include <reg51.h>
#include <math.h>
sbit led=P2^0;
bit rrdy=0;
bit trdy=0;
bit err=0;
void delay_ms(unsigned int i)       //函数功能：延时
{unsigned char j;
for(; i>0; i--)
    for(j=0; j<125; j++);
}
void main()                         //从机 3 主程序
{   EA=1;                           //总中断打开
    TMOD=0x20;                      //T1 方式 2，用于串行口设置波特率
    TL1=0xfd; TH1=0xfd;             //波特率设为 9600bps
    PCON=0x00;                      //波特率不倍增，0x80 为倍增
    SCON=0xf0;                      //SM2 设为 1，TB8 设为 0
    TR1=1;                          //接通 T1
    P1=0xff; ES=1;
    while(RI==0);                   //接收控制指令 0xff
    if(SBUF==0xff) err=0;
    else err=1;
    RI=0; SM2=1;
    while(1); }
void int1() interrupt 4             //函数功能：串行口中断函数
{if(RI)
    {if(RB8)
```

```
            {  RB8=0;
            if(SBUF==0x02)
            {
                    SM2=0; led=0; }
            }
            else
            {rrdy=1; P1=SBUF;
            SM2=1; led=1;  }
            RI=0;  }
        delay_ms(50);
        P1=0xff;
    }
```

④ 从机 3 串行通信程序。

```
    #include <reg51.h>
#include <math.h>
sbit led=P2^0;
bit rrdy=0;
bit trdy=0;
bit err=0;
void delay_ms(unsigned int i)          //函数功能：延时
{unsigned char j;
for(; i>0; i--)
    for(j=0; j<125; j++);
}
void main()                            //从机 3 主程序
{   EA=1;                              //总中断打开
    TMOD=0x20;                         //T1 方式 2，用于串行口设置波特率
    TL1=0xfd; TH1=0xfd;                //波特率设为 9600bps
    PCON=0x00;                         //波特率不倍增，0x80 为倍增
    SCON=0xf0;                         //SM2 设为 1，TB8 设为 0
    TR1=1;                             //接通 T1
    P1=0xff; ES=1;
    while(RI==0);                      //接收控制指令 0xff
    if(SBUF==0xff) err=0;
    else err=1;
    RI=0; SM2=1;
    while(1); }
void int1() interrupt 4                //函数功能：串行口中断函数
{if(RI)
    {if(RB8)
```

```
{  RB8=0;
   if(SBUF==0x03)
   {
        SM2=0; led=0; }
   }
   else
   {rrdy=1; P1=SBUF;
   SM2=1; led=1;   }
   RI=0;   }
delay_ms(50);
P1=0xff;
}
```

8.6　案例：双机通信

【任务目的】理解 AT89S51 单片机串行通信原理，掌握双机串行通信的软件设计。用 Proteus 设计、仿真 AT89S51 单片机双机通信过程。

【任务描述】该任务用甲、乙两个 AT89S51 单片机完成双机串行通信，两机相距 1m。甲机将 P1 口指拨开关数据传送给乙机，乙机将接收的数据输出至 P1 口，点亮相应端口的 LED，然后乙机将接收的数据加 1 后发送给甲机，甲机将数据输出至 P2 口，点亮对应的 LED。要求：使用串口方式 3，波特率为 9600bps。

（1）硬件电路设计

双击桌面上 图标，打开 ISIS 7 Professional 窗口。单击菜单"File"→"New Design"命令，新建一个"DEFAULT"模板，保存文件名为"双机通信.DSN"。在"器件选择"按钮 P L DEVICES 中单击"P"按钮，或执行菜单"Library"→"Pick Device/Symbol"命令，添加表 8-5 所示的元器件。

表 8-5　双机通信所用的元器件

序号	元器件	序号	元器件	序号	元器件	序号	元器件
1	单片机 AT89S51	2	发光二极管 LED-YELLOW	3	DIPSW-8 开关	4	电阻 RES

在小工具栏中单击"虚拟仪器"按钮 ，然后在对象选择器中选择"VIRTUAL TERMINAL"（虚拟终端），如图 8-16 所示。单击"POWER"和"GROUND"放置电源和地。放置好元器件后，布好线。双击各元器件，设置相应元器件参数，完成仿真电路设计，如图 8-17 所示。

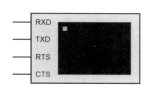

图 8-16　虚拟终端

（2）程序设计

① 程序流程图。

甲机程序流程如图 8-18 所示，乙机程序流程如图 8-19 所示。

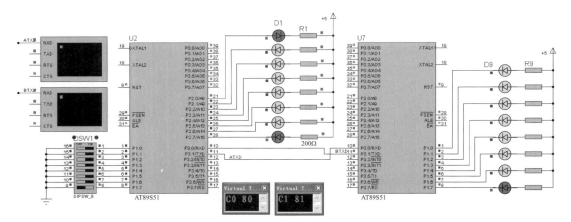

图 8-17　双机通信电路仿真图

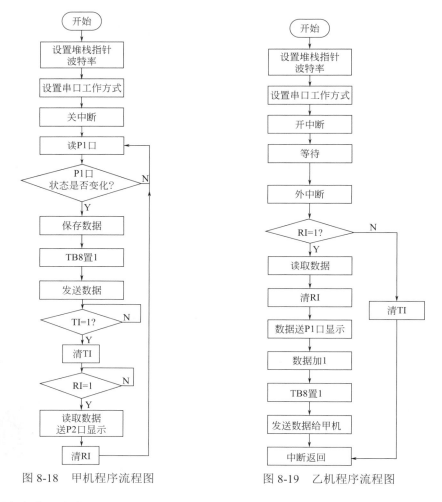

图 8-18　甲机程序流程图　　　　　　图 8-19　乙机程序流程图

② 汇编语言参考源程序。

甲机程序：

```
                ORG   0000H
                LJMP  MAIN
                ORG   0100H
         MAIN:  CLR   EA
                MOV   SP, #75H           ; 设置堆栈指针
                MOV   TMOD, #20H         ; 定时器 1 工作方式 2
                MOV   TH1, #0FDH         ; 9600bps 的时间常数, 时钟频率 11.0592MHz
                MOV   TL1, #0FDH
                MOV   PCON, #00H         ; SMOD=0
        MAIN1:  SETB  TR1               ; 启动定时器
                CLR   ES                ; 使用查询方式, 关中断
                CLR   ET1
                CLR   RI
                MOV   SCON, #0F0H        ; 串行口工作方式 3, 允许接收
                MOV   30H, #0FFH
      ONNECT:   MOV   P1, #0FFH
                MOV   A, P1              ; 读 P1 口状态
                CJNE  A, 30H, CONNECT1
                AJMP  CONNECT
    CONNECT1:   MOV   30H, A
                SETB  TB8
                MOV   SBUF, A            ; 发送数据
                JNB   TI, $
                CLR   TI
                JNB   RI, $
                MOV   A, SBUF
                CLR   RI
                MOV   P2, A
                LJMP  CONNECT
                END
```

乙机程序：

```
                ORG   0000H
                LJMP  MAIN
                ORG   0023H
                LJMP  SINT
                ORG   0100H
         MAIN:  MOV   SP, #70H           ; 设置堆栈指针
                MOV   TMOD, #20H         ; 定时器 1 工作方式 2
                MOV   TH1, #0FDH         ; 9600bps 的时间常数, 时钟频率 11.0592MHz
                MOV   TL1, #0FDH
```

```
            MOV   PCON, #00H            ; SMOD=0
            CLR   RI
     MAIN1: MOV   SCON, #0F0H           ; 串行口工作方式 3, 允许接收
            SETB  ES
            SETB  EA
            SETB  TR1                   ; 启动定时器
            SJMP  $
      SINT: JB  RI, REC
            CLR   TI
            LJMP  SRET
       REC: MOV  A, SBUF                ; 读取数据
            CLR   RI
            MOV   P1, A                 ; 将数据送 P1 口
            INC   A
            SETB  TB8
            MOV   SBUF, A               ; 发送数据
      SRET: RETI
            END
```

（3）加载目标代码、设置时钟频率

将甲机汇编源程序文件生成目标代码文件"甲机.hex",加载到图 8-17 中单片机 U2"Program File"属性栏中,将乙机汇编源程序文件生成目标代码文件"乙机.hex",加载到图 8-17 中单片机 U7"Program File"属性栏中,同时设置时钟频率为 12MHz。

（4）仿真

单击 ▶ ▶ ⏸ ⏹ 中的 ▶ 按钮,启动仿真。拨动指拨开关,在单片机 U7 的 P1 口显示当前状态,在单片机 U2 的 P2 口显示加 1 后的状态。

思考题与习题

一、填空

1. 按照串行数据的同步方式,串行通信可以分为_____和_____两类。

2. 串行通信按照数据传送方向可分为三种制式:_____、_____和_____。

3. 帧格式为 1 个起始位、9 个数据位和 1 个停止位的异步串行通信方式是_____。

4. AT89S51 单片机串行接口有 4 种工作方式,由特殊功能寄存器_____中的_____、_____确定。

5. AT89S51 单片机有一个_____异步串行口。

6. 串行通信对波特率的要求是通信双方的波特率必须_____。

7. 多机通信时,主机向从机发送信息分地址帧和数据帧两类,以第 9 位可编程的 TB8 作区分标志。TB8=0,表示_____;TB8=1,表示_____。

8. AT89S51 单片机发送数据后将标志位_____置1。

9. 多机通信开始时，主机首先发送地址，各从机校对主机发送的地址与本机地址是否相符，若相符，则置_____，从机将_____清零。

二、判断题

1. 进行多机通信，AT89S51 单片机串行接口的工作方式应为方式1。 （ ）
2. AT89S51 单片机的串行口是全双工的。 （ ）
3. AT89S51 单片机上电复位时，SBUF=00H。 （ ）
4. 串行通信接收到的第9位数据送 SCON 寄存器的 RB8 中保存。 （ ）
5. 串行口工作于方式 0 的波特率是可变的。 （ ）
6. 串行口工作于方式 3 的波特率是可变的，通常使用定时器 T0 工作于方式 1 实现。 （ ）

三、选择题

1. AT89S51 单片机用串行扩展并行 I/O 口时，串行口工作方式选择（ ）。
   A. 方式 0 　　　 B. 方式 1 　　　 C. 方式 2 　　　 D. 方式 3
2. 串行口工作方式 3 的波特率是（ ）。
   A. 固定的，为 $f_{OSC}/32$ 　　　　　　　　　 B. 固定的，为 $f_{OSC}/16$
   C. 可变的，由定时器/计数器 T1 的溢出率设定 　 D. 固定的，为 $f_{OSC}/64$
3. 通过串行口发送或接收数据时，在程序中应使用（ ）。
   A. MOVC 指令 　 B. MOVX 指令 　 C. MOV 指令 　 D. XCHD 指令

四、简答题

1. 解释并行通信和串行通信。
2. 串行通信有几种传输方式，说出每种方式的特点。
3. AT89S51 单片机串行口有几种工作方式？有几种帧格式？各种工作方式的波特率如何确定？
4. AT89S51 单片机串行口接收/发送数据缓冲器都用 SBUF，如果同时接收、发送数据，是否会发生冲突？为什么？
5. 简述串行口接收和发送数据的过程。
6. 简述利用串行口进行多机通信的原理。
7. AT89S51 单片机晶振频率是 11.0592MHz，串行口工作于方式 1，波特率是 9600bps，写出控制字和计数初值。

第9章 ▶▶
单片机的串行扩展技术

 知识目标

（1）理解单总线串行扩展技术。

（2）掌握 SPI 串行总线、I^2C 串行总线的原理。

（3）掌握常用的串行总线芯片与单片机的接口设计。

 技能目标

（1）学会使用 AT89S51 单片机的 I/O 口及相关编程，模拟 I^2C 串行接口总线时序及实现 I^2C 接口的方法。

（2）学会使用 AT89S51 单片机的 I/O 口及相关编程，模拟 SPI 串行接口总线时序及实现 SPI 接口的方法。

9.1 单总线串行扩展

9.1.1 单总线概述

单总线（1-Wire）是 Dallas 公司的一项专利技术。与目前广泛应用的其他串行数据通信方式不同，它采用单根信号线完成数据的双向传输，并同时通过该信号线为单总线器件提供电源，具有节省 I/O 引脚资源、结构简单、成本低廉、便于总线扩展和维护等诸多优点，在电池供电设备、便携式仪器以及现场监控系统中有良好的应用前景。

单总线标准为外设器件沿着一条数据线进行双向数据传输提供了一种简单的方案，任何单总线系统都包含一个主机和一个或多个从机，它们共用一条数据线。这条数据线被地址、控制和数据信息复用。由于主机和从机都是漏极开路输出，在主设备的总线一侧必须加上拉电阻，系统才能正常工作。此外，单总线器件通常采用 3 引脚封装，在这 3 个引脚中有一个地端、一个数据输入/输出端和一个电源端。该电源端可为单总线器件提供外部电源，从而免除总线集中馈电。图 9-1 所示为一个由单总线构成的分布式温度检测系统。带有单总线接口的温度计集成电路 DS18B20 都挂在 DQ 总线上。单片机对每个

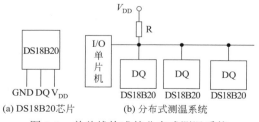

图 9-1 单总线构成的分布式测温系统

DS18B20 通过总线 DQ 寻址。DQ 为漏极开路，加上拉电阻 R。

单总线技术有 3 个显著的特点。

① 单总线芯片通过一条信号线进行地址信息、控制信息和数据信息的传送，并通过该信号线为单总线芯片提供电源。

② 每个单总线芯片都具有全球唯一的访问序列号，当多个单总线器件挂在同一单总线上时，对所有单总线芯片的访问都通过该唯一序列号进行区分。

③ 单总线芯片在工作过程中，不需要提供外接电源，而是通过它本身具有的"总线窃电"技术从总线上获取电源。

此外，单总线技术采用特殊的总线通信协议实现数据通信。在通信过程中，单总线数据波形类似于脉冲宽度调制信号，总线发出复位信号（保持低电平的周期最长）同步整个总线，然后由系统主机初始化每一位数据时隙，利用宽脉冲或窄脉冲来实现写"0"或写"1"。在读数据时，主机利用窄脉冲初始化时隙，从机将数据线保持在低电平，通过展宽低电平脉冲返回逻辑"0"，或保持脉冲宽度不变来返回逻辑"1"。多数单总线器件支持两种数据速率，较低的数据速率约为14Kbps，较高的数据速率约为 140Kbps。

9.1.2 常用的单总线器件

单总线器件主要提供存储、混合信号、识别、安全认证等功能。目前 Dallas 公司采用单总线技术生产的芯片包括数字温度计、数字电位器、A/D 转换器（ADC）、定时器、RAM 与 E²PROM 存储器、线路驱动器及微型局域网耦合器等系列器件。常用的单总线器件见表 9-1。

表 9-1 常用的单总线器件

类型	型号
存储器	DS2431、DS28EC20、DS2502、DS1993
温度传感元件和开关	DS28EA00、DS1825、DS1822、DS18B20、DS18S20、DS1922、DS1923
A/D 转换器	DS2450
计时时钟	DS2417、DS2422、DS1904
电池监护	DS2871、DS2762、DS2438、DS2775
身份识别和安全应用	DS1990A、DS1961S
单线总线控制和驱动器	DSIWM、DS2482、DS2480B

9.1.3 单总线器件温度传感器 DS18B20

（1）DS18B20 芯片简介

DS18B20 是 Dallas 公司继 DS1820 后推出的一种改进型支持"一线总线"的智能数字温度传感器。它具有微型化、低功耗、高性能、抗干扰能力强、易配处理器等优点，可直接将温度转化为串行数字信号供处理器处理。

"一线总线"系统只定义了一条信号线，总线上的每个器件都能够在合适的时间去动它，相当于把计算机的地址线、数据线、控制线合为一条信号线对外进行数据交换。为了区分这些芯片，厂家在生产每个芯片时，都编制了唯一的序列号，通过寻址就可以把芯片识别出来。DS18B20 芯片有以下特性。

① 只要求一个端口即可实现通信。

② DS18B20 芯片有独一无二的序列号。

③ 在实际中不需要外部任何元器件即可实现测温。

④ 支持多点网络功能，实现组网多点测温。

⑤ 适用电压范围 3.0～5.5V。

⑥ 测温范围为–55～+125℃，在–10～+85℃范围内，精度为±0.5℃。

⑦ 可编程分辨率 9～12 位，可分辨温度为 0.5℃、0.25℃、0.125℃和 0.0625℃。

⑧ 内部有温度上、下限告警设置。

（2）DS18B20 芯片的封装及引脚描述

DS18B20 外形封装形式如图 9-2 所示，引脚功能见表 9-2。

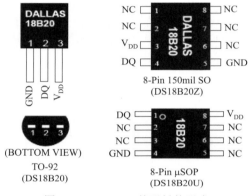

图 9-2　DS18B20 外形封装形式

表 9-2　DS18B20 引脚功能

引脚号	符号	功能
1	GND	地信号
2	DQ	数字信号 I/O 端口
3	V_{DD}	可选择的 V_{DD} 引脚。当工作于寄生电源时，此引脚必须接地

（3）DS18B20 的内部结构

温度传感器 DS18B20 的内部结构如图 9-3 所示。主要由 64 位 ROM、温度传感器、非挥发的温度报警触发器及高速缓存器四部分组成。

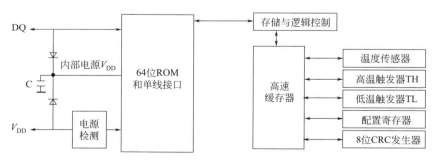

图 9-3　DS18B20 的内部结构

① 64 位 ROM。64 位 ROM 是由厂家使用激光刻录的一个 64 位二进制 ROM 代码,是该芯片的标志号,如图 9-4 所示。

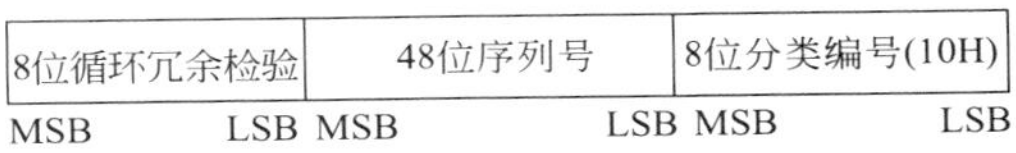

8位循环冗余检验	48位序列号	8位分类编号(10H)
MSB　　　　LSB	MSB　　　　　　　　LSB	MSB　　　　LSB

图 9-4　64 位 ROM

第 1 个 8 位表示产品分类编号,DS18B20 的分类号为 10H;接着为 48 位序列号,它是一个大于 $281×10^{12}$ 的十进制编码,作为该芯片的唯一标志代码;最后 8 位为前 56 位的 CRC 循环冗余校验码。由于每个芯片的 64 位 ROM 代码不同,因此在单总线上能够并挂多个 DS18B20 进行多点温度实时检测。

② 温度传感器。温度传感器是 DS18B20 的核心部分,DS18B20 能将环境温度转换成一定格式的数字量,并通过极其简洁的 Wire 接口总线传送给接收器。通过软件编程可将 $-55\sim125℃$ 范围内的温度值按 9 位、10 位、11 位、12 位的分辨率进行量化,以上的分辨率都包括一个符号位,因此对应的温度量化值分别是 0.5℃、0.25℃、0.125℃、0.0625℃,即最高分辨率为 0.0625℃。芯片出厂时默认为 12 位的分辨率。

DS18B20 输出数据与温度的关系见表 9-3。输出数据由两字节的二进制补码表示,其中低字节的低半字节为温度的小数部分,低字节的高半字节和第二字节的低 3 位为温度的整数部分,如图 9-5 所示。

③ 高速缓存器。DS18B20 内部的高速缓存器包括一个高速暂存器 RAM 和一个非易失性可电擦除的 E^2PROM。E^2PROM 用于存放高温触发器 TH、低温触发器 TL 和配置寄存器中的信息。

高速暂存器 RAM 是一个连续 9 字节的存储器,前两个字节是测得的温度信息,第 0 个字节的内容是温度的低 8 位,第 1 个字节是温度的高 8 位,第 2 个和第 3 个字节是 TH、TL 的易失性备份,第 4 个字节是配置寄存器的易失性备份,以上字节内容在每一次上电复位时被刷新。第 5、6、7 个字节用于暂时保留为 1。第 8 个字节是 CRC 字节。如图 9-6 所示。

表 9-3　DS18B20 输出数据与温度的关系

温度/℃	二进制数据	十六进制数据
125	0000 0111 1101 0000	07D0H
85	0000 0101 0101 0000	0550H
25.0625	0000 0001 1001 0001	0191H
10.125	0000 0000 1001 0010	00A2H
0.5	0000 0000 0000 1000	0008H
0	1111 1111 1111 1000	FFF8H
−10.125	1111 1111 0101 1110	FF5EH
−25.0625	1111 1111 0110 1111	FF6FH
−55	1111 1100 1001 0000	FC90H

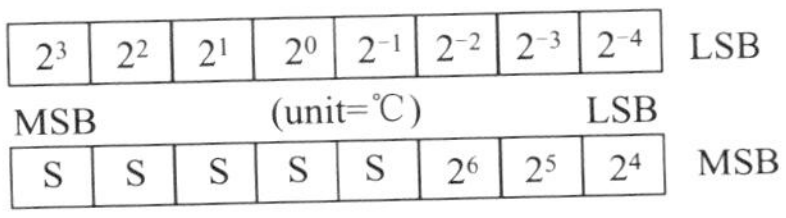

2^3	2^2	2^1	2^0	2^{-1}	2^{-2}	2^{-3}	2^{-4}	LSB
MSB		(unit=℃)				LSB		

S	S	S	S	S	2^6	2^5	2^4	MSB

图 9-5　DS18B20 温度数据格式

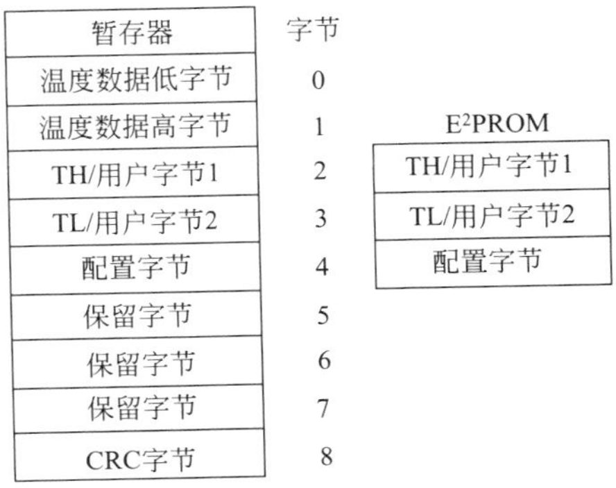

暂存器	字节	
温度数据低字节	0	
温度数据高字节	1	E²PROM
TH/用户字节1	2	TH/用户字节1
TL/用户字节2	3	TL/用户字节2
配置字节	4	配置字节
保留字节	5	
保留字节	6	
保留字节	7	
CRC字节	8	

图 9-6　DS18B20 的缓存器结构示意图

（4）DS18B20 的测温原理

DS18B20 的测温原理如图 9-7 所示。从图 9-7 中可以看出，其主要由斜率累加器、温度系数振荡器、减法计数器、温度寄存器等功能部分组成。斜率累加器用于补偿和修正测温过程中的非线性，其输出用于修正减法计数器的预置值。温度系数振荡器用于产生减法计数脉冲信号，其中低温度系数的振荡频率受温度的影响很小，用于产生固定频率的脉冲信号送给减法计数器 1；高温度系数振荡器受温度的影响较大，随着温度的变化，其频率明显改变，产生的信号作为减法计数器 2 的脉冲输入。减法计数器是对脉冲信号进行减法计数；温度寄存器暂存温度数值。

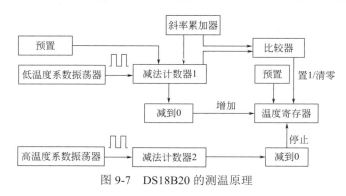

图 9-7　DS18B20 的测温原理

在图 9-7 中还隐含着计数门，当计数门打开时，DS18B20 就对低温度系数振荡器产生的时钟脉冲进行计数，从而完成温度测量。计数门的开启时间由高温度系数振荡器决定。每次测量前，首先将−55℃所对应的基数分别置入减法计数器 1 和温度寄存器中，减法计数器 1 和温度寄存器被预置在−55℃所对应的一个基数值中。

减法计数器 1 对低温度系数的振荡频率产生的脉冲信号进行减法计数，当减法计数器 1 的预置值减到 0 时，温度寄存器的值将加 1。之后，减法计数器 1 的预置数将重新被装入，减法计数器 1 重新开始对低温度系数晶振产生的脉冲信号进行计数，如此循环，直到减法计数器 2 计数到 0 时，停止温度寄存器值的累加，此时温度寄存器中的数值即为所测温度。斜率累加器不断补偿和修正测温过程中的非线性，只要计数门仍未关闭就重复上述过程，直到温度寄存器值达到被测温度值。

（5）DS18B20 的 ROM 命令

单片机通过一线总线访问 DS18B20 时，需要经过以下几个步骤。

① DSl8B20 复位初始化。

② 执行 ROM 指令，见表 9-4。

表 9-4　DS18B20 ROM 指令

指令名称	指令代码	指令功能
读 ROM	33H	读 DS18B20ROM 中的编码（即读 64 位地址）
ROM 匹配	55H	发出此命令之后，接着发出 64 位 ROM 编码，访问单总线上与编码相对应的 DS18B20，使之做出响应，为下一步对该 DS18B20 的读写做准备
搜索 ROM	F0H	用于确定挂接在同一总线上 DS18B20 的个数和识别 64 位 ROM 地址，为操作各器件做好准备
跳过 ROM	CCH	忽略 64 位 ROM 地址，直接向 DS18B20 发温度变换命令，适用于单片机工作
警报搜索	ECH	该指令执行后，只有温度超过设定值上限或下限的芯片才做出响应

③ 执行 DS18B20 功能指令，见表 9-5。

说明：在单点情况下，可以直接跳过 ROM 指令。

表 9-5 DS18B20 功能指令

指令名称	指令代码	指令功能
温度变换	44H	启动 DS18B20 进行温度变换
读暂存器	BEH	读暂存器 9 个字节内容
写暂存器	4EH	将数据写入暂存器的 TH、TL 字节
复制暂存器	48H	把暂存器的 TH、TL 字节写到 E²PROM 中
重调 E²PROM	B8H	把 E²PROM 中的 TH、TL 字节写到暂存器的 TH、TL 字节
读供电方式	B4H	读 DS18B20 的供电模式，寄生供电时 DS18B20 发送 "0"，外接电源供电 DS18B20 发送 "1"

9.1.4 案例：温度报警系统

【任务目的】了解 DS18B20 智能温度传感器的基本工作原理，掌握系统的软、硬件设计方法，熟悉 Proteus 仿真软件的使用。

【任务描述】用 DSl8B20 智能温度传感器作为检测元件，用 K1 按键来实现上下限调节模式的选择，当按一下 K1 进入上限调节模式，再按一下 K1 进入下限调节模式，用 K2 按键来实现加 1 功能，用 K3 按键来实现减 1 功能，当温度传感器测得温度超过设定值 35℃时，报警灯闪烁，蜂鸣器发出报警声，用 LED 数码管显示温度，用 Proteus 实现电路设计和程序设计，并进行实时交互仿真。

（1）硬件设计

双击桌面上 图标，打开 ISIS 7 Professional 窗口。单击菜单 "File" → "New Design" 命令，新建一个 "DEFAULT" 模板，保存文件名为 "温度报警系统.DSN"。在 "器件选择" 按钮中单击 "P" 按钮，或执行菜单 "Library" → "Pick Device/Symbol" 命令，添加表 9-6 所示的元器件（时钟电路及复位电路可省略）。

表 9-6 温度报警系统所用的元器件

序号	元器件	序号	元器件	序号	元器件
1	单片机 AT89S51	4	数字温度传感器 DS18B20	7	LED 数码管 7SEG-MPX4-CC
2	三极管 9012	5	电阻 RES	8	BCD-七段译码驱动器 74LS47
3	按钮 BUTTON	6	蜂鸣器 SPEAKER	9	LED 灯 LED-RED

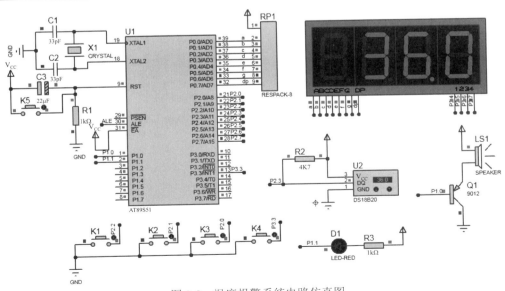

图 9-8 温度报警系统电路仿真图

在 ISIS 原理图编辑窗口中放置元器件，再单击工具箱中的"元器件终端"按钮🗐，在对象选择器中单击"POWER"和"GROUND"放置电源和地。放置好元器件后，布好线。双击各元器件，设置相应元器件参数，完成原理图设计，如图 9-8 所示。

（2）程序设计

```c
/*温度报警系统主程序 ds18b20.c*/
#include<reg52.h>
#include<intrins.h>
#define uint unsigned int
#define uchar unsigned char
uchar max=0x00, min=0x00;          //max 是上限报警温度，min 是下限报警温度
bit   s=0;                         //s 是调整上下限温度时温度闪烁的标志位，s=1
                                   //显示 1s 左右
bit   s1=0;                        //s1 标志位用于上下限查看时的显示
void display1(uint z);
#include"ds18b20.h"                //将 ds18b20.h 头文件包含到主程序
#include"keyscan.h"                //将 keyscan.h 头文件包含到主程序
#include"display.h"                //将 display.h 头文件包含到主程序
void main()                        //主函数
{
    beer=1;                        //关闭蜂鸣器
    led=1;                         //关闭 LED 灯
    timer1_init(0);                //初始化定时器 T1(未启动定时器 T1)
    get_temperature(1);            //首次启动 DS18B20 获取温度
    while(1)                       //主循环
    {
        keyscan();                 //按键扫描函数
        get_temperature(0);        //获取温度函数
        //keyscan();               //按键扫描函数
        display(temp, temp_d*0.625); //显示函数
        alarm();                   //报警函数
        //keyscan();               //按键扫描函数
    }
}
/*ds18b20 头文件 DS18B20.H */
#ifndef __ds18b20_h__              //定义头文件
#define __ds18b20_h__
#define uint unsigned int
#define uchar unsigned char
sbit    DQ= P2^3;
sbit    beer=P1^0;
```

```
sbit    led=P1^1;
uchar   temp=0;                      //测量温度的整数部分
uchar   temp_d=0;                    //测量温度的小数部分
bit     f=0;                         //测量温度的标志位，0 表示正温度，1 表示负温度
bit     f_max=0;                     //上限温度的标志位，0 表示正温度，1 表示负温度
bit     f_min=0;                     //下限温度的标志位，0 表示正温度，1 表示负温度
bit     w=0;                         //报警标志位，1 表示启动报警，0 表示关闭报警
void ds18b20_delayus(uint t)         //延时子函数，延时几微秒
{
    while(t--);
}
void ds18b20_delayms(uint t)         //延时 1ms 左右
{
    uint i, j;
    for(i=t; i>0; i--)
        for(j=120; j>0; j--);
}
void ds18b20_init()                  // DS18B20 初始化函数
{
    uchar c=0;
    DQ=1;
    DQ=0;
    ds18b20_delayus(80);             //延时 15～80µs
    DQ=1;
    while(DQ);                        //等待 DS18B20 拉低总线，为 60～240µs
    ds18b20_delayus(150);
    DQ=1;
}
uchar ds18b20_read()                 //DS18B20 字节读取函数
{
    uchar i;
    uchar d = 0;
    DQ = 1;                          //准备读
    for(i=8; i>0; i--)
    {
        d >>= 1;                     //低位先发
        DQ = 0;
        _nop_();
        _nop_();
        DQ = 1;                      //必须写 1，否则读出来的将是不预期的数据
```

```
            if(DQ)                          //在 12μs 处读取数据
                d |= 0x80;
            ds18b20_delayus(10);
            }
        return d;                           //返回读取的值
    }
    void ds18b20_write(uchar d)             // DS18B20 字节写函数
    {
        uchar  i;
        for(i=8; i>0; i--)
        {
            DQ=0;
            DQ=d&0x01;
            ds18b20_delayus(5);
            DQ=1;
            d >>= 1;
        }
    }
    void get_temperature(bit flag)          //获取温度函数
    {
        uchar a=0, b=0, c=0, d=0;
        uint i;
        ds18b20_init();                     //DS18B20 初始化
        ds18b20_write(0xcc);                //向 DS18B20 发跳过读 ROM 命令
        ds18b20_write(0x44);                //写启动 DS18B20 进行温度转换命令, 转换结果存入
                                            内部 RAM
        if(flag==1)
        {        //首次启动 DS18B20 进行温度转换需要 500ms, 若转换时间不够就出错, 读出的是
                 85℃的错误值
          display1(1);                      //用开机动画耗时
        }
        else
        ds18b20_delayms(1);
        ds18b20_init();                     //DS18B20 初始化
        ds18b20_write(0xcc);                //向 DS18B20 发跳过读 ROM 命令
        ds18b20_write(0xbe);                //读写内部 RAM 中 9 字节的内容命令
        a=ds18b20_read();                   //读内部 RAM (LSB)
        b=ds18b20_read();                   //读内部 RAM (MSB)
        if(flag==1)                         //局部位变量 f=1 时读上下线报警温度
        {
```

```
        max=ds18b20_read();              //读内部 RAM（TH）
        min=ds18b20_read();              //读内部 RAM（TL）
   }
   if((max&0x80)==0x80)                  //若读取的上限温度的最高位(符号位)为 1，表明
                                         //是负温度
   {f_max=1; max=(max-0x80); }           //将上限温度符号标志位置 1，表示负温度,将上限温
                                         //度转换成无符号数
    if((min&0x80)==0x80)                 //若读取的下限温度的最高位(符号位)为 1，表明
                                         //是负温度
   {f_min=1; min=(min-0x80); }           //将下限温度符号标志位置 1，表示负温度,将下限温
                                         //度转换成无符号数

   i=b;
   i>>=4;
   if (i==0)
      {
      f=0;                               //i 为 0，正温度，设立正温度标记
      temp=((a>>4)|(b<<4));              //整数部分
       a=(a&0x0f);
      temp_d=a;                          //小数部分
       }
    else
       {
       f=1;                              //i 为 1，负温度，设立负温度标记
       a=~a+1;
       b=~b;
       temp=((a>>4)|(b<<4));             //整数部分
       a=(a&0x0f);                       //小数部分
       temp_d=a;
      }
}
void store_t()      //存储极限温度函数
 {
    if(f_max==1)             //若上限温度为负，将上限温度转换成有符号数(最高位为 1 是负，
                             //为 0 是正)
    max=max+0x80;
    if(f_min==1)             //若下限温度为负，将上限温度转换成有符号数
    min=min+0x80;
    ds18b20_init();                      //DS18B20 初始化
    ds18b20_write(0xcc);                 //向 DS18B20 发跳过读 ROM 命令
    ds18b20_write(0x4e);                 //向 DS18B20 发写字节至暂存器 2 和 3(TH 和 TL)命令
```

```
    ds18b20_write(max);              //向暂存器 TH(上限温度暂存器)写温度
    ds18b20_write(min);              //向暂存器 TL(下限温度暂存器)写温度
    ds18b20_write(0xff);             //向配置寄存器写命令，进行温度值分辨率设置
    ds18b20_init();                  //DS18B20 初始化
    ds18b20_write(0xcc);             //向 DS18B20 发跳过读 ROM 命令
    ds18b20_write(0x48);             //向 DS18B20 发将 RAM 中 2、3 字节的内容写入 E²PROM
}                                    //DS18B20 上电后会自动将 E²PROM 中的上下限温度
                                     //拷贝到 TH、TL 暂存器


void alarm()                         //温度超限报警函数
{                                    //若上限值是正值
    if(f_max==0)
    {
        if(f_min==0)                 //若下限值是正值
        {
            if(f==0)                 //若测量值是正值
            {
                if(temp<=min||temp>=max)
                {w=1; TR1=1; }       //当测量值小于最小值或大于最大值时报警
                if((temp<max)&&(temp>min))
                {w=0; }              //当测量值大于最小值且小于最大值时不报警
            }
            if(f==1){w=1; TR1=1; }   //若测量值是负值时报警
        }
        if(f_min==1)                 //若下限值是负值
        {
            if(f==0)                 //若测量值是正值
            {
                if(temp>=max)        //当测量值大于最大值时报警
                {w=1; TR1=1; }
                if(temp<max )        //当测量值小于最大值时不报警
                {w=0; }
            }
            if(f==1)                 //若测量值是负值
            {
                if(temp>=min)        //当测量值大于最小值时报警
                {w=1; TR1=1; }
                if(temp<min)         //当测量值小于最小值时不报警
                {w=0; }
            }
        }
```

```
           }
        }
     if(f_max==1)                    //若下限值是负值
     {
        if(f_min==1)                 //若下限值是负值
        {
           if(f==1)                  //若测量值是负值
           {
              if((temp<=max)||(temp>=min))
              {w=1; TR1=1; }         //当测量值小于最大值或大于最小值时报警
              if((temp<min)&&(temp>max))
              {w=0; }                //当测量值小于最小值且大于最大值时不报警
           }
           if(f==0){w=1; TR1=1; }    //若测量值是正值时报警
        }
     }
  }
#endif


/*ds18b20键盘头文件 KEYSCAN.H*/
#ifndef __keyscan_H__               //定义头文件
#define __keyscan_H__
sbit key1=P2^2;                     //可位寻址变量定义，用key1表示P2.2口
sbit key2=P2^1;                     //用key2表示P2.1口
sbit key3=P2^0;                     //用key3表示P2.0口
sbit key4=P3^3;                     //用key4表示P3.3口
uchar i=0;      //功能模式的选择，0正常模式，1上限调节模式，2下限调节模式
uchar a=0;      //定义全局变量a用于不同模式下数码管显示的选择
bit k4=0;       //K4按键双功能选择位，k4=0时，选择消按键音的功能，k4=1时，选择正负
温度设定功能
bit  v=0;       //K2、K3按键双功能选择位，v=0时选择上下限查看功能，v=1时选择上下限
温度加减功能
bit  v1=0;      //v1=1时定时1250ms时间到自动关闭报警上下限查看功能
bit  v2=0;      //消按键音功能调整位，为0时开按键音，为1时关按键音


void keyscan_delay(uint z)          //读键盘延时子函数，延时1ms左右
{
  uint i, j;
  for(i=z; i>0; i--)
    for(j=120; j>0; j--);
```

```c
    }
    int temp_change(int count, bit f)      //温度调节函数，上下限温度调整
    {
        if(key2==0)                        //判断 K2 按键是否按下
        {
            if(v2==0)beer=0;               //v2=0 开按键音，否则消按键音
            keyscan_delay(10);             //延时 10ms
            if(key2==0)                    //再次判断 K2 按键是否按下(实现按按键时消抖)
            {
                beer=1;                    //按下 K2 按键关按键音
                if(f==0)                   //若温度为正
                {
                    count++;               //每按一下 K2 按键，温度上调 1℃
                    if(a==1){if(count>125)  count=125; }//当温度值大于 125℃时不上调
                    if(a==2){if(count>125)  count=125; }
                }
                if(f! =0)                  //若温度为负
                {
                    count++;               //每按一下 K2 按键，温度下调 1℃
                    if(a==1){if(count>55)  count=55; }//当温度值小于-55℃时不再下调
                    if(a==2){if(count>55)  count=55; }
                }
            }
            while(key2==0);                //松开 K2 按键时消抖
            keyscan_delay(10);
        }
        if(key3==0)
        {
            if(v2==0)beer=0;
            keyscan_delay(10);
            if(key3==0)                    //按下 K3 按键时消抖
            {
                beer=1;
                count--;                   //每按一下 K3 按键，温度为正时下调 1℃，为负时上调 1℃
                if(a==1){if(count<0)  count=0; }//当温度值达到 0 时不再调
                if(a==2){if(count<0)  count=0; }
            }
            while(key3==0);
            keyscan_delay(10);             //松开 K3 按键时消抖
```

```
    }
    return count;
}
void keyscan()      //读键盘函数
{
    if(key1==0)
    {
        if(v2==0)beer=0;
        keyscan_delay(10);
        if(key1==0)                 //按下 K1 按键时消抖
        {
            beer=1;
            TR1=1;      //开定时器 T1，通过 s 标志位的变化，实现在上下限温度调整时温度显示
时闪烁的功能
            k4=1;       //在上下温度调节功能模式下选择 K4 按键的调整上下限温度正负的功能
            v=1;        //在上下温度调节功能模式下选择 K2、K3 按键的温度加减功能
            i++;        //i=0 进入正常模式，i=1 进入调上限模式，i=2 进入调下限模式
            if(i>2)                 //按下 K1 按键三次后退出调节模式
            {
                i=0;                //进入正常模式
                TR1=0;              //关定时器 T1
                k4=0;               //在正常模式下选择 K4 按键的消按键音功能
                v=0;                //在正常模式下选择 K2、K3 按键的查看上下限报警温度功能
                store_t();          //存储调整后的上下限报警温度
            }
            switch(i)               //显示选择
            {
                case 0: a=0; break;     //a=0 选择显示测得的温度
                case 1: a=1; break;     //a=1 选择显示上限温度
                case 2: a=2; break;     //a=2 选择显示下限温度

                default: break;
            }
        }
        while(key1==0);             //松开 K1 按键时消抖
        keyscan_delay(10);
    }
    if(a==1&&v==1)                          //a=1 选择显示上限温度且 v=1 时选择上下限温度加
功能
    {led=0; max=temp_change(max, f_max); }//显示上限温度
```

```
   else if(a==2&&v==1)              //a=2 选择显示下限温度且 v=1 时选择上下限温度减功能
   {led=1; min=temp_change(min, f_min); }
   else;
   if(k4==1)                        //k4=1 时，K4 按键选择正负温度设定功能
   {
       if(key4==0)
       {
           if(v2==0)beer=0;
           keyscan_delay(5);
           if(key4==0)
           {
              beer=1;
              if(a==1)
              {if(max>55) f_max=0; else f_max=~f_max; }//当温度大于 55℃时，只
                                                            能设定为正温度
              if(a==2)
              {if(min>55) f_max=0; else f_min=~f_min; }//当温度大于 55℃时，只
                                                            能设定为正温度
               }
           while(key4==0);
           keyscan_delay(10);
       }
   }
   if(v==0)                         //v=0 时选择上下限查看功能
   {
       if(key2==0)
       {
           if(v2==0)beer=0;
           keyscan_delay(10);
           if(key2==0)
           {
              beer=1;
              a=1;               //选择上限显示
              TR1=1;             //开定时器 T1 开始定时 1min 左右
              s1=1;              //上限显示不闪烁，显示 1min 左右自动退出
           }
           while(key2==0);
           keyscan_delay(10);
       }
       if(key3==0)
```

```
        {
            if(v2==0)beer=0;
            keyscan_delay(10);
            if(key3==0)
            {
                beer=1;
                a=2;                    //选择下限显示
                TR1=1;                  //开定时器 T1 开始定时 1s
                s1=1;                   //下限显示不闪烁，显示 1s 自动退出
            }
            while(key3==0);
            keyscan_delay(10);
        }
        if(v1==1)                       //v1=1 时定时 1s 时间到自动关闭报警上下限查看功能
        {a=0; v1=0; TR1=0; }            //a=0 显示实测温度，v1 清零，关定时器 T1
        if(k4==0)                       //k4=0 时 K4 按键选择消按键音的功能
        {
            if(key4==0)
            {
                if(v2==0)beer=0;
                keyscan_delay(10);
                if(key4==0)
                {
                    beer=1;
                    v2=~v2;             //为 0 时开按键音，为 1 时关按键音
                }
                while(key4==0);
                keyscan_delay(10);
            }
        }
    }
}
}
#endif
/* ds18b20 数码管动态显示头文件 DISPLAY.H*/
#ifndef __ds18b20_display_H__       //定义头文件
#define __ds18b20_display_H__
#define uint unsigned int
#define uchar unsigned char
sbit wei1=P2^4;
sbit wei2=P2^5;
```

```c
sbit wei3=P2^6;
sbit wei4=P2^7;
uchar num=0;
uchar code temperature1[]={ 0x3f, 0x06, 0x5b, 0x4f, 0x66, 0x6d, 0x7d, 0x07,
0x7f, 0x6f};       //定义显示码表 0～9
uchar code temperature2[]={ 0xbf, 0x86, 0xdb, 0xcf, 0xe6, 0xed, 0xfd, 0x87,
0xff, 0xef};       //带小数点的 0.～9.
uchar code temperature3[]={ 0x00, 0x80, 0x40, 0x76, 0x38};     //依次是不显示、.、-、H、L
void display_delay(uint t)              //延时子函数，延时 1ms 左右
{
    uint i, j;
    for(i=t; i>0; i--)
    for(j=120; j>0; j--);
}
void timer1_init(bit t)                 //定时器 T1 初始化函数
{
    TMOD=0x10;                          //设定定时器 T1 工作在方式（模式）1
    TH0=0x3c;                           //定时器赋初值，定时 50ms
    TL0=0xb0;
    EA=1;                               //开总中断
    ET1=1;                              //开定时器 T1 中断
    TR1=t;                              //局部变量 t 为 1 时启动定时器 T1,为 0 时关闭定时器 T1
}
void timer1() interrupt 3               //定时器 T1 中断函数
{
    TH0=0x3c;                           //重新赋初值，定时 50ms
    TL0=0xb0;
    num++;                              //每进入一次定时器中断 num 加 1（每 50ms 加 1 一次）
    if(num<5)
    {s=1; if(w==1){beer=1; led=1; }else{beer=1; led=1; }}

    else      //进入 4 次中断，定时 200ms 时，若报警标志位 w 为 1 则启动报警，不为 1 不启动
                                        //实现间歇性报警功能
    {s=0; if(w==1){beer=0; led=0; }else{beer=1; led=1; }}
    if(num>20)                          //进入 20 次中断，定时 1s
    {
        num=0;                          //num 归 0，重新定开始定时 1s
        s1=0;                           //定时 1s 时间到时，自动关闭报警上下限显示功能
        v1=1;                           //定时 1s 时间到时，自动关闭报警上下限查看功能
    }
```

```
}
void  selsct_1(uchar f, uchar k)        //调整报警上下限显示选择函数,消除百位的 0 显示,
                                        及正负温度的显示选择
{
     if(f==0)                   //若为正温度,百位为 0,则不显示百位;不为 0,则显示百位
     {
         if(k/100==0)  P0=temperature3[0];
         else             P0=temperature1[k/100];
     }
     if(f==1)                   //若为负温度,若十位为 0,百位不显示;否则,百位显示-
     {
         if(k%100/10==0)  P0=temperature3[0];
         else               P0=temperature3[2];
     }
}
void  selsct_2(bit f, uchar k)        //消除十位的 0 显示,及正负温度的显示选择
{
     if(f==0)               //若为正温度,百位、十位均为 0,则不显示十位;否则,显示十位
     {
         if((k/100==0)&&(k%100/10==0))
             P0=temperature3[0];
         else           P0=temperature1[k%100/10];
     }
     if(f==1)               //若为负温度,若十位为 0,十位不显示;否则,十位显示-
     {
         if(k%100/10==0)  P0=temperature3[2];
         else               P0=temperature1[k%100/10];
     }
}
void display(uchar t, uchar t_d)        //显示函数,用于实测温度、上限温度的显示
{
    uchar i;
    for(i=0; i<4; i++)                 //依次从左至右选通数码管显示,实现动态显示
    {
        switch(i)
         {
            case 0:                    //选通第一个数码管
             wei2=1;                   //关第二个数码管
             wei3=1;                   //关第三个数码管
```

```
    wei4=1;                        //关第四个数码管
    wei1=0;                        //开第一个数码管
    if(a==0){selsct_1(f, t); } //若 a=0，则在第一个数码管上显示测量温度的百位
                                                              或-
    if(a==1)
    {
        P0=temperature3[3];    //若 a=1，则在第一个数码管上显示 H
    }
    if(a==2)
    {
        P0=temperature3[4];    //若 a=2，则在第一个数码管上显示 L
    }
    break;
    case 1:                        //选通第二个数码管
    wei1=1;
    wei3=1;
    wei4=1;
    wei2=0;
    if(a==0){selsct_2(f, t); } //若 a=0，则在第二个数码管上显示测量温度的十位
                                                              或-
    if(a==1)    //若 a=1，则在第二个数码管上显示上限报警温度的百位或-
    {
        if(s==0) selsct_1(f_max, max); //若 s=0，则显示第二个数码管；否则，不
                                                              显示
        else P0=temperature3[0];    //通过 s 标志位的变化实现调节上下限报警温度
                                                      时数码管的闪烁
        if(s1==1) selsct_1(f_max, max); //若 s1=1，则显示第二个数码管
    }
    if(a==2)                        //若 a=2，则在第二个数码管上显示下限报警温度的百位或-
    {
        if(s==0) selsct_1(f_min, min);
        else P0=temperature3[0];
        if(s1==1) selsct_1(f_min, min);
    }
    break;
    case 2:                        //选通第三个数码管
    wei1=1;
    wei2=1;
    wei4=1;
    wei3=0;
```

```
if(a==0){P0=temperature2[t%10]; }//若 a=0，则在第三个数码管上显示测量温
                                     度的个位
if(a==1)                    //若 a=1，则在第三个数码管上显示上限报警温度的十
                              位或 -
{
    if(s==0) selsct_2(f_max, max); //若 s=0，则显示第三个数码管；否则，不
                                     显示
    else P0=temperature3[0];
    if(s1==1) selsct_2(f_max, max); //若 s1=1，则显示第三个数码管
}
if(a==2)                    //若 a=2，则在第三个数码管上显示下限报警温度的十
                              位或 -
{
    if(s==0) selsct_2(f_min, min);
    else P0=temperature3[0];
    if(s1==1) selsct_2(f_min, min);
}
break;
case 3:                     //选通第四个数码管
wei1=1;
wei2=1;
wei3=1;
wei4=0;
if(a==0){P0=temperature1[t_d]; }//若 a=0，则在第四个数码管上显示测量温度
                                   的小数位
if(a==1)                    //若 a=1，则在第四个数码管上显示上限报警温度的个位
{
    if(s==0) P0=temperature1[max%10];//若 s=0，则显示第四个数码管；否则，
                                       不显示
    else P0=temperature3[0];
    if(s1==1) P0=temperature1[max%10]; //若 s1=1，则显示第四个数码管
}
if(a==2)                    //若 a=2，则在第四个数码管上显示下限报警温度的个位
{
    if(s==0) P0=temperature1[min%10];
    else P0=temperature3[0];
    if(s1==1) P0=temperature1[min%10];
}
break;
}
```

```
        display_delay(10);                      //每个数码管显示 3ms 左右
    }
}
void display1(uint z)                           //开机显示函数, 用于开机动画的显示
{
    uchar i, j;
    bit  f=0;
    for(i=0; i<z; i++)                          //z 是显示遍数的设定
    {
        for(j=0; j<4; j++)                      //依次从左至右显示-
        {
            switch(j)
            {
                case 0:
                        wei2=1;
                        wei3=1;
                        wei4=1;
                        wei1=0;   break;
                          P0=temperature3[2]; //第一个数码管显示
                case 1:
                        wei1=1;
                        wei3=1;
                        wei4=1;
                        wei2=0; break;
                          P0=temperature3[2]; //第二个数码管显示
                case 2:
                        wei1=1;
                        wei2=1;
                        wei4=1;
                        wei3=0; break;
                          P0=temperature3[2]; //第三个数码管显示
                case 3:
                        wei1=1;
                        wei2=1;
                        wei3=1;
                        wei4=0; break;
                          P0=temperature3[2]; //第四个数码管显示
        }
```

```
        display_delay(400);        //每个数码管显示 200ms 左右
    }


    }
}
#endif
```

（3）加载目标代码、设置时钟频率

将数字温度计控制汇编程序生成目标代码文件"DS18B20.hex"，加载到图 9-8 中单片机"Program File"属性栏中，并设置时钟频率为 12MHz。

（4）仿真

单击 ▶ ▮▶ ▮▮ ▮■ 中的按钮 ▶ ，启动仿真。在 LED 数码管上将显示温度值。

① K1 按键是用来进入上下限调节模式的，当按一下 K1 按键进入上限调节模式，再按一下 K1 按键进入下限调节模式。K2 按键是实现加 1 功能，K3 按键是实现减 1 功能。

② 温度传感器测得温度超过设定值 35℃时，报警灯闪烁，蜂鸣器发出报警声。

③ 在正常模式下，按一下 K2 按键进入查看上限温度模式，显示 1s 左右自动退出；再按一下 K3 按键进入查看下限温度模式，显示 1s 左右自动退出。

9.2　SPI 串行总线扩展

9.2.1　SPI 串行总线简介

SPI（Serial Peripheral Interface）是由 Motorola 公司提出的一种同步串行总线，采用 3 条或 4 条信号线进行数据传输，所需要的信号包括使能信号、同步时钟、同步数据（输入和输出）。它允许 MCU 与各种外围设备以串行方式进行通信。

SPI 串行接口设备既可以工作在主设备模式下，也可以工作在从设备模式下。系统主设备为 SPI 总线通信过程提供同步时钟信号，并决定从设备片选信号的状态，使能将要进行通信的 SPI 从器件。SPI 从器件则从系统主设备获取时钟及片选信号，因此从器件的控制信号 CS、SCLK 都是输入信号。

SPI 串行总线使用两条控制信号线 CS 和 SCLK，一条或两条数据信号线 SDI、SDO。在 Motorola 公司的 SPI 技术规范中将数据信号线 SDI 称为 MISO（Master-In-Slave-Out），数据信号线 SDO 称为 MOSI（Master-Out-Slave-In），控制信号线 CS 称为 SS（Slave Select），时钟信号线 SCLK 称为 SCK（Serial Clock）。

在 SPI 串行扩展系统中，作为主器件的单片机在启动一次传送时，便产生 8 个时钟，传送给接口芯片作为同步时钟，控制数据的输入和输出。数据的传送格式是高位（MSB）在前，低位（LSB）在后，如图 9-9 所示。数据线上输出数据的变化以及输入数据时的采样，都取决于 SCK。但对于不同的外围芯片，有的可能是 SCK 的上升沿起作用，有的可能是 SCK 的下降沿起作用。SPI 有较高的数据传输速率，最高可达 1.05 Mbps。

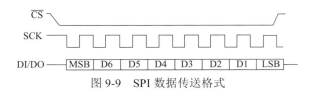

图 9-9　SPI 数据传送格式

采用 SPI 串行总线可以简化系统结构，降低系统成本，使系统具有灵活的可扩展性，此外还可用于多 MCU 间的通信。

9.2.2　常用的 SPI 总线器件

目前采用 SPI 串行总线接口的器件非常多，有 A/D 与 D/A 转换器、存储器（E²PROM/FLASH）、实时时钟（RTC）、LCD 控制器、温度传感器、压力传感器等。常用的 SPI 总线器件见表 9-7。

表 9-7　常用的 SPI 总线器件

类　型	型　号
存储器	Microchip 公司生产的 93LC×× 系列 E²PROM、Atmel 公司生产的 AT25××× 系列 E²PROM、Xicor 公司生产的 X5323/25 等
SPI 扩展并行 I/O 口	PCA9502、MAX7317、MAX7301
实时时钟芯片	PCA2125、DS1390、DS1391、DS1305、DS1302
数据采集 ADC 芯片	ADS8517（16 位 ADC）、TLC4541（16 位 ADC）、MAX11200（24 位 ADC）、MAX1225（12 位 ADC）、AD7789（24 位 ADC）
数模转换 DAC 芯片	DAC7611（12 位 DAC）、DAC8881（16 位 DAC）、DAC7631（16 位 DAC）、AD421（16 位 DAC）
键盘、显示芯片	MAX6954、MAX6966、MAX7219、ZLG7289、CH451
温度传感器	MAX6662、MAX31722、DS1722

9.2.3　扩展带有 SPI 接口的显示芯片 MAX7219

MAX7219 是 Maxim 公司生产的串行输入/输出共阴极数码管驱动芯片，一片 MAX7219 可驱动 8 个 7 段（包括小数点共 8 段）数码管、LED 条图形显示器、64 个分立的 LED 发光二极管。该芯片具有 10MHz 传输频率的三线串行接口，可与任何微处理器相连，只需一个外接电阻即可设置所有 LED 的段电流。它的操作很简单，MCU 只需通过模拟 SPI 三线接口就可以将相关的指令写入 MAX7219 的片内指令寄存器和数据寄存器，同时，它还允许用户选择多种译码方式和译码位。

（1）MAX7219 的引脚

MAX7219 的外部引脚如图 9-10 所示。

各引脚的功能如下。

DIN：串行数据输入端。

DOUT：串行数据输出端，用于多片 MAX7219 级联扩展。

LOAD：数据锁定控制引脚，在 LOAD 的上升沿到来时片内数据被锁定。

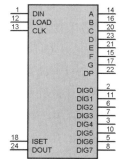

图 9-10　MAX7219 的外部引脚

CLK：串行时钟输入。

A～G、DP：7 段驱动和小数点驱动。

ISET：段电流大小控制端。通过一个 $10k\Omega$ 电阻和 V_{CC} 相连，设置段电流。

DIG0～DIG7：数码管位选择引脚。

（2）MAX7219 的数据格式

MAX7219 的串行数据为 16 位串行数据，由 4 位无效数据、4 位地址和 8 位数据组成，见表 9-8。

表 9-8　MAX7219 的数据格式

D15	D14	D13	D12	D11	D10	D9	D8	D7	D6	D5	D4	D3	D2	D1	D0
×	×	×	×	地址				数据							

MAX7219 在 DIN 端口上输入的 16 位数据在每一个 CLK 时钟信号的上升沿被移入内部移位寄存器，然后，在 LOAD 信号的上升沿到来时，这些数据被送到数据/控制寄存器，在发送过程中，遵循高位在前、低位在后的原则。

MAX7219 内部有 14 个可寻址的数据/控制寄存器，分别是 8 个 LED 显示位寄存器，5 个控制寄存器和 1 个空操作寄存器。LED 显示位寄存器由内部 8×8 静态 RAM 构成，操作者可直接对位寄存器进行个别寻址，以刷新和保持数据，只要 V＋超过 2V（一般为＋5V）。控制寄存器包括：译码控制、亮度控制、扫描限制、关断模式及显示检测寄存器，见表 9-9。编程时只有正确操作这些寄存器，MAX7219 才可工作。

表 9-9　MAX7219 的内部寄存器

寄存器	D15～D12	D11	D10	D9	D8	编码
位 0/DIG0	×	0	0	0	1	×1H
位 1/DIG1	×	0	0	1	0	×2H
位 2/DIG2	×	0	0	1	1	×3H
位 3/DIG3	×	0	1	0	0	×4H
位 4/DIG4	×	0	1	0	1	×5H
位 5/DIG5	×	0	1	1	0	×6H
位 6/DIG6	×	0	1	1	1	×7H
位 7/DIG7	×	1	0	0	0	×8H
译码控制	×	1	0	0	1	×9H
亮度控制	×	1	0	1	0	×AH
扫描控制	×	1	0	1	1	×BH
关断模式	×	1	1	0	0	×CH
显示检测	×	1	1	1	0	×DH

① 译码控制寄存器（×9H）

MAX7219 有两种译码方式：译码方式和非译码方式。当选择非译码时，8 个数据位分别一一对应 7 个段和小数点位；译码方式是 BCD 译码，直接送数据就可以显示。实际应用中可以按位设置选择译码或非译码方式，也就是译码的位为 1，非译码的位为 0。

② 扫描控制寄存器（×BH），此寄存器用于设置显示的 LED 的个数。MAX7219 扫描控制寄存器与扫描位的关系见表 9-10。

表 9-10　MAX7219 扫描控制寄存器与扫描位的关系

扫描的位	D7～D3	D2	D1	D0	编码
0	×	0	0	0	×0H
0～1	×	0	0	1	×1H
0～2	×	0	1	0	×2H
0～3	×	0	1	1	×3H
0～4	×	1	0	0	×4H
0～5	×	1	0	1	×5H
0～6	×	1	1	0	×6H
0～7	×	1	1	1	×7H

③ 亮度控制寄存器（×AH），共有 16 级可选择，用于设置 LED 的显示亮度，从 00H～FFH。

④ 关断模式寄存器（×CH），共有两种模式选择：一是关断状态（最低位 D0=0）；二是正常工作状态（D0=1）。

⑤ 显示检测寄存器（×FH），用于设置 LED 是测试状态还是正常工作状态，当测试状态时（最低位 D0=1），各位显示全亮，正常工作状态（D0=0）。

（3）MAX7219 的应用

【例 9-1】使用 AT89S51 单片机利用 I/O 引脚扩展 MAX7219 驱动 8 位数码管，显示"20150709"。

解：根据要求扩展 8 位数码管，应用电路如图 9-11 所示。51 单片机使用 P2.0～P2.2 和 MAX7219 相连接，MAX7219 的位输出和数据输出分别连接 8 位数码管的对应端口。

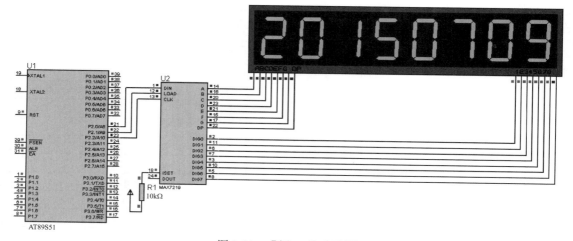

图 9-11　【例 9-1】电路图

C51 语言参考源程序：

```
#include<reg52.h>
#include<stdio.h>
#define uchar unsigned char
uchar code LEDcode[]={0x7e, 0x30, 0x6d, 0x79, 0x33, 0x5b, 0x5f, 0x70, 0x7f, 0x7b,
```

```c
0x00};
    sbit DIN  =P2^0;
    sbit LOAD =P2^1;
    sbit CLK  =P2^2;
    uchar flot=0x80;
    void write_dword(uchar write)
    {
        uchar i=0;
        LOAD =0;
        DIN  =0;
        flot =0x80;
        for(i=0; i<8; i++)
        {
            CLK=0;
            DIN=write&flot;
            CLK=1;
            flot=flot>>1;
        }
    }
    void write_some_word(uchar add, uchar dat)
    {
        LOAD  =0;
        write_dword(add);
        LOAD  =0;
        write_dword( dat);
        LOAD  =1;
    }
    void max7219_init()
    {
            write_some_word(0x09, 0x00);
            write_some_word(0x0a, 0x09);
            write_some_word(0x0b, 0x07);
            write_some_word(0x0c, 0x01);
    }
    void main()
    {
        max7219_init();
        write_some_word(0x01, LEDcode[2]);
        write_some_word(0x02, LEDcode[0]);
        write_some_word(0x03, LEDcode[1]);
```

```
write_some_word(0x04, LEDcode[5]);
write_some_word(0x05, LEDcode[0]);
write_some_word(0x06, LEDcode[7]);
write_some_word(0x07, LEDcode[0]);
write_some_word(0x08, LEDcode[9]);
while(1);
}
```

9.3　I²C 总线的串行扩展介绍

二线制 I²C 串行 E²PROM 是应用非常广泛的存储器件。它是带 I²C 总线接口的电擦除可编程存储器。其特点是二线制、在线读写、断电保护数据，广泛应用于电子产品、计算机及其外设、通信产品等。二线制 I²C 有多种型号，如 Atmel 公司生产的 AT24C××芯片。下面以 AT24C××芯片为例，讲述串行 E²PROM 扩展单片机存储器技术。

9.3.1　I²C 总线基础知识

（1）I²C 总线

I²C 总线是 Philips 公司首创的两线串行多主机总线，是一种用于连接微控制器及外围设备，实现同步双向串行数据传输的二线制串行总线，目前已经发展到 2.1 版本。该总线在物理上由一条串行数据线 SDA 和一条串行时钟线 SCL 组成，各种使用该标准的器件都可以直接连接到该总线上进行通信，可以在同一条总线上连接多个外部资源。总线上的器件既可以作为发送器，也可以作为接收器，按照一定的通信协议进行数据交换。在每次数据交换开始时，作为主控器的器件需要通过总线竞争获得主控权。每个器件都具有唯一的地址，各器件之间通过寻址确定接收方。图 9-12 所示为单片机使用 I²C 总线扩展多个外部资源的示意图。

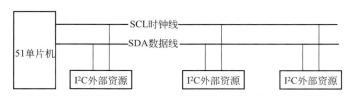

图 9-12　单片机使用 I²C 总线扩展多个外部资源的示意图

I²C 总线在便携式微功耗领域中具有较广泛的应用，许多 IC 卡芯片的接口形式就是 I²C 总线接口，如 A/D 及 D/A 转换器、存储器等。目前很多单片机内部都集成了 I²C 总线，而 AT89S51 单片机内部没有集成，但可以通过软件实现与 I²C 总线的通信。

I²C 总线的基本特性如下。

① 只要求两条信号线：一条串行数据线 SDA 和一条串行时钟线 SCL。SDA 是双向串行数据线，用于地址、数据的输入和数据的输出，使用时需加上拉电阻。SCL 是时钟线，用于输送器件数据传输的同步时钟信号。

② 每个连接到总线的器件都可以通过唯一的地址进行寻址。

③ 它是真正的多主机总线，如果两个或更多主机同时初始化数据传输，则可以通过冲突检测和仲裁防止数据被破坏。

④ 在 CPU 和被控制器件之间双向传送，最高传送速率为 400Kbps。片上的滤波器可以滤去总线数据的毛刺，保证数据可靠传送。

（2）I²C 总线协议

在 I²C 总线协议中，数据的传送必须由主器件发送的起始信号开始，以主器件发送的停止信号结束，从器件在收到起始信号之后需要发送应答信号来通知主器件已经完成了一次数据接收。当时钟线 SCL 保持高电平，并且数据线 SDA 由高变低时，是 I²C 总线工作的起始信号；当 SCL 为高电平，且 SDA 由低变高时，是 I²C 总线停止信号，标志操作的结束，即将结束所有相关的通信。图 9-13 是 I²C 总线的起始信号和停止信号时序图。

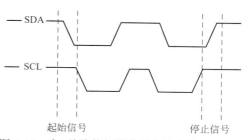

图 9-13　I²C 总线的起始信号和停止信号时序图

在 I²C 总线发送起始信号后，送出的第一个字节数据用来选择从器件地址，系统发出起始信号后，系统中的各器件将自己的地址和 CPU 发送到总线上的地址进行比较，如果与 CPU 发送到总线上的地址一致，则该器件是被 CPU 寻址的器件。

I²C 总线上以字节为单位进行传送，每次先传送最高位。每次传送的数据字节数不限，在每个被传送的字节后面，接收器都必须发一位应答位（ACK），总线上第 9 个时钟脉冲对应于应答位，数据线上低电平为应答信号，高电平为非应答信号。待发送器确认后，再发送下一个数据。

9.3.2　I²C 总线协议的软件模拟

I²C 总线为一种完善的串行总线扩展，标准的 I²C 总线有严格规范的电气接口和标准的状态处理软件包，要求系统中 I²C 总线连接的所有节点都具有 I²C 总线接口。

大多数单片机应用系统中采用单主结构形式。在单主系统中，I²C 总线只存在主方式，只存在单片机对 I²C 总线器件节点的读（主接收）、写（主发送）操作。因此，当所选择的单片机本身带有 I²C 总线接口时，可以直接利用硬件的 I²C 总线接口；当所选择的单片机本身不带有 I²C 总线接口时，则可以利用单片机的普通 I/O 口来模拟实现 I²C 总线接口，其中一个引脚用于模拟 SDA 信号线的时序，另一个引脚用于模拟 SCL 信号线的时序。这使得 I²C 总线的使用不受单片机必须带有 I²C 总线接口的限制。

下面给出模拟 I²C 总线典型信号的程序，包括总线初始化、起始信号、停止信号、发送应答位、发送非应答位、读一个字节数据和写一个字节数据等子程序。用户只要理解通用读写子程序就能方便地编制应用程序。

（1）总线初始化

在模拟主方式下的 I²C 总线时序时，选用 P3.0、P3.1 作为时钟线 SDA 和数据线 SCL。

```
#include  <reg51.h>
#include  <intrins.h>
sbit SDA= P3^0;
```

```
sbit SCL= P3^1;
void init ()
{
SCL=1;
_nop_();
SDA=1;
delay5us();
}
```

（2）起始信号

```
void IIC_start()
{
    SCL=1;
    SDA=1;
    delay5us();
    SDA=0;
    delay4us();
    SCL=0;
}
```

（3）停止信号

```
void IIC_stop()
{
    SCL=0;
    SDA=0;
    delay4us();
    SCL=1;
    delay4us();
    SDA=1;
    Delay5us();
    SDA=0;
}
```

（4）发送应答位

```
void  Ack()
{
    uchar i;
    SDA=0;
    SCL=1;
    delay4us();
    while((SDA==1)&&(i<255)) i++;
    SCL=0;
    delay4us();
}
```

（5）发送非应答位

```
void   NoAck()  //0 为失败，1 为成功
{   SDA=1;
    SCL=1;
    delay4us();
    SCK = 0;
    SDA = 0;
}
```

（6）写一个字节数据

该子程序是向 I²C 总线发送一个字节数据的操作。

```
void write_bit(uchar data)
{
    uchar i, temp;
    temp=data;
    for(i=0; i<8; i++)
    {
     temp=temp<<1;
     SCL=0;
     delay4us( );
     SDA=CY;
     delay4us( );
         SCL=1;
     delay4us( );
     }
    SCL=0;
    delay4us( );
    SDA=1;
    delay4us( );
    }
}
```

（7）读一个字节数据

该子程序是从 I²C 总线接收一个字节数据的操作。

```
unsigned char read_bit( )
{
    uchar i, temp;
    SCL=0;
    delay4us( );
    SDA=1;
    for(i=0; i<8; i++)
    {
        SCL=1;
        delay4us( );
```

```
        temp=(temp<<=1)|SDA;
        SCL=0;
        delay4us( );
     }
  delay4us( );
  return temp;
}
```

9.3.3　AT24C××芯片介绍

（1）AT24C××芯片引脚介绍

AT24C××器件是 Atmel 公司生产的 I²C 总线接口的 E²PROM 芯片，主要应用在通用存储器 IC 卡中。AT24C××芯片主要有 1KB 的 AT24C01、2KB 的 AT24C02、4KB 的 AT24C04、8KB 的 AT24C08、16KB 的 AT24C16。AT24C××芯片的 2 种标准引脚封装如图 9-14 所示。

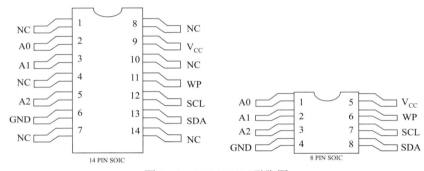

图 9-14　AT24C××引脚图

其各引脚功能说明如下。

片外地址线（A0～A2）：共 8 种地址编排，即一个单总线系统中可同时接入 8 片 AT24C01/02 芯片。如果单总线系统中只需接入 1 片 AT24C01/02 芯片，可将 A0～A2 同时接地，该 AT24C××芯片的片外地址为 000B。

AT24C04 用 A2 和 A1 作为片外寻址线，单个总线系统可寻址 4 个 4KB 器件，A0 引脚不用；AT24C08 仅用 A2 作为片外寻址线，单总线系统最多可寻址 2 个 8KB 器件，A0 和 A1 引脚不用。

串行数据（SDA）：双向数据线。

串行时钟（SCL）：双向线。串行时钟上升沿时，数据输入 E²PROM 器件；串行时钟下降沿时，数据从 E²PROM 器件中输出。

写保护（WP）：写保护控制端，接"0"，允许写入；接"1"，禁止写入。

NC：空引脚。

V_CC：电源引脚。

GND：接地引脚。

（2）AT24C××命令字格式

I²C 总线数据的传送是以字节为单位的，在时钟配合下一位一位地进行传送。主器件发送"起始"信号后，再发送一个 8 位的含有芯片地址的控制字对从器件进行片选。一次数据传送总是由主器件产生的结束信号而终止的。8 位片选地址字由 3 部分组成：第一部分是 8 位控制字的高 4 位，固定为 1010，是 I²C 总线器件的特征编码。第二部分是最低位 D0，是读/写选择位 R/$\overline{\text{W}}$，决定微处理器对 E²PROM 进行读/写操作。$R/\overline{W}=1$，表示读操作；$R/\overline{W}=0$，表示写操作。剩下的 3 位为第三部分，即 A0、A1、A2，这 3 位根据芯片容量的不同，定义也不相同。表 9-11 为 AT24C××芯片的地址安排。

表 9-11 AT24C××芯片的地址安排

型号	容量	地址	可扩展数目
24C01（A）	128B	1 0 1 0 A2 A1 A0 R/$\overline{W}$	8
24C02	256B	1 0 1 0 A2 A1 A0 R/$\overline{W}$	8
24C04	512B	1 0 1 0 A2 A1 P0 R/$\overline{W}$	4
24C08	1KB	1 0 1 0 A2 P1 P0 R/$\overline{W}$	2
24C016	2KB	1 0 1 0 P2 P1 P0 R/$\overline{W}$	1
24C032	4KB	1 0 1 0 A2 A1 A0 R/$\overline{W}$	8
24C064	8KB	1 0 1 0 A2 A1 A0 R/$\overline{W}$	8

（3）操作模式及对应的子程序

① 字节写操作。

在主器件单片机送出起始位后，接着发送写控制字节，指示从器件被寻址。当主器件接收到来自从器件的应答信号 ACK 后，将发送待写入的字节地址到 AT24C02 的地址指针。主器件再次接收到来自 AT24C02 的应答信号 ACK 后，将发送数据字节写入存储器的指定地址中。当主器件再次收到应答信号 ACK 后，产生停止位结束一个字节的写入。其格式如图 9-15 所示。

起始位	写控制字节	ACK	字节地址	ACK	数据字节	ACK	停止位

图 9-15 字节写操作格式

AT24C02 允许多个字节顺序写入，在以上格式中，可以连续送入多个字节数据，再送停止位。下面是写 AT24C02 数据的子程序。

```
void send_dat(uchar add, uchar dat)
{
        IIC_start( );
        write_bit(AT24C);
        Ack( ) ;
        write_bit(add);    //存储地址
        Ack( ) ;
        write_bit(dat);
        Ack( ) ;
        IIC_stop( );
}
```

② 字节读操作。

字节读操作需要在读之前，先用写操作指定字节地址，主器件在收到应答信号 ACK 后，再发送读控制字节，从器件 AT24C02 发出应答信号 ACK 后发出 8 位数据，当主器件发出 $\overline{ACK}$ 信号后（即主器件不产生确认位）发出一个停止位，结束读操作。格式如图 9-16 所示。

起始位	写控制字节	ACK	字节地址	ACK	起始位	读控制字节	ACK	数据字节	ACK	停止位

图 9-16 字节读操作格式

在以上格式中，每当从器件 AT24C02 发出一个数据后，主器件发送确认信号 ACK，就可以控制 AT24C02 发送下一个数据。直到主器件发出 $\overline{ACK}$ 信号为止。

下面是读 AT24C02 数据的子程序。

```
uchar receive_dat(add)
{
    uchar r_dat=0Xff;
    IIC_start();
    write_bit(AT24C);      //先写器件地址
    Ack();
    write_bit(add);        //写存储地址
    Ack();
    IIC_start();
    write_bit(AT24C+1);
    Ack();
    r_dat=read_bit();
    Ack(0)
    IIC_stop();
    return r_dat;
}
```

9.3.4 AT24C02 芯片的应用

【例 9-2】使用 AT89S51 单片机和 AT24C02 芯片扩展存储器，单片机读入 P2 口按键的输入状态，并写入 AT24C02 芯片后，再将写入的数据从 AT24C02 芯片读出来，输出到 P1 口通过发光二极管显示。

解：AT89S51 单片机没有 I²C 接口，用 P3.0 和 P3.1 分别代替 SDA 和 SCK 信号线，用软件实现 I²C 总线协议。设计电路如图 9-17 所示。

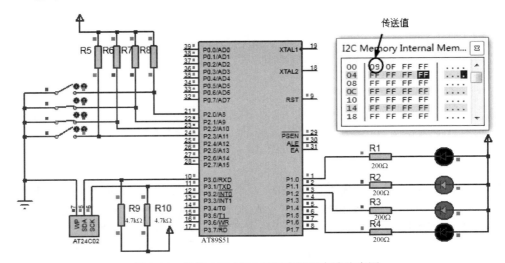

图 9-17 使用 AT24C02 扩展存储器电路仿真图

主程序设计如下。

```c
#include <reg52.H>
#include<intrins.h>
#define uchar unsigned char
#define uint unsigned int
#define AT24C 0xa0
#define somenop {_nop_(); _nop_(); _nop_(); _nop_(); }
sbit SDA=P3^0;
sbit SCL=P3^1;
uchar w_dat=0;
void Delay50ms()
{
    unsigned char i, j, k;
    i = 1;
    j = 216;
    k = 35;
    do
    {
        do
        {
            while (--k);
        } while (--j);
    } while (--i);
}
void IIC_start()
{
    SDA=1;
    SCL=1;
    somenop;
    SDA=0;
    somenop;
    SCL=0;
}
void IIC_stop()
{
    SDA=0;
    SCL=1;
    somenop;
    SDA=1;
    somenop;
```

```c
        SCL=0;
    }
uchar attention()   //0 为失败   1 为成功
{
    somenop;
    SCL = 1;
    somenop;
    if(SDA)
    {
        SCL = 0;
        return 0;
    }
    else
    {
        SCL = 0;
        return 1;
    }
}
void write_bit(uchar dat)
{
    uchar i;
    for(i=0; i<8; i++)
    {
        SDA=(dat&(0x80>>i))&&0x01;
        somenop;
        SCL=1;
        somenop;
        SCL=0;
    }
}
unsigned char read_bit()
{
    uchar i, byte;
    for(i=0; i<8; i++)
    {
        SCL=1;
    somenop;
        byte<<=1;
        if(SDA)
        {
```

```
                byte|=0x01;
            }
            SCL=0;
        }
    return byte;
}
void send_dat(uchar add, uchar dat)
{
        IIC_start();
        write_bit(AT24C);
        attention();
        write_bit(add);    //存储地址
        attention();
        write_bit(dat);
        attention();
        IIC_stop();
}
void ack(bit ackbit)      //产生应答
{
    if(ackbit)
      SDA = 0;
    else
      SDA = 1;
    somenop;
    SCL = 1;
    somenop;
    SCL = 0;
    SDA = 1;
    somenop;
}
uchar receive_dat(add)
{
    uchar r_dat=0xff;
    IIC_start();
    write_bit(AT24C);     //先写器件地址
    attention();
    write_bit(add);       //写存储地址
    attention();
    IIC_start();
    write_bit(AT24C+1);
```

```
        attention();
        r_dat=read_bit();
        ack(0);
        IIC_stop();
        return r_dat:
    }
void main()
{
    uchar w_dat=0xff:
    uchar r_dat=0xff:
    P2=0xff:
    while(1)
    {
        w_dat=P2:
        send_dat(0x00, w_dat);
        Delay50ms();
        r_dat=receve_dat(0x00);
        P1=r_dat:
    }
}
```

9.4 案例：基于 AT24C02 的具有记忆功能的计数器的设计

【任务目的】熟悉 AT24C02 芯片，掌握软件驱动程序设计。用 Proteus 设计、仿真 AT24C02 扩展存储器。

【任务描述】该任务使用 AT89S51 单片机和 AT24C02 芯片扩展存储器，当按压 K1 按键一次，数码管显示加 1，每次开机后数码管显示上次关机的计数值。

（1）硬件设计

双击桌面上 ISIS 图标，打开 ISIS 7 Professional 窗口。单击菜单"File"→"New Design"命令，新建一个"DEFAULT"模板，保存文件名为"AT24C02 计数器.DSN"。在"器件选择"按钮 P L DEVICES 中单击"P"按钮，或执行菜单"Library"→"Pick Device/Symbol"命令，添加表 9-12 所示的元器件。

表 9-12 基于 AT24C02 的具有记忆功能的计数器的设计所用的元器件

序号	元器件	序号	元器件
1	单片机 AT89S51	3	芯片 AT24C02
2	按钮 BUTTON	4	电阻 RES

在 ISIS 原理图编辑窗口中放置元件，再单击工具箱中的"元件终端"按钮 ，在对象选择器

中单击"POWER"和"GROUND"放置电源和地。放置好元件后，布好线。双击各元件，设置相应元件参数，完成原理图设计，如图 9-18 所示。

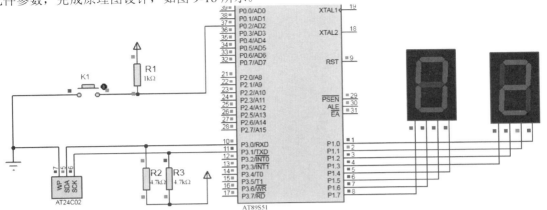

图 9-18　基于 AT24C02 的具有记忆功能的计数器的电路仿真图

（2）程序设计

```c
#include <reg52.H>
#include<intrins.h>
#define uchar unsigned char
#define uint unsigned int
#define somenop {_nop_(); _nop_(); _nop_(); _nop_(); }
#define AT24C 0xa0
sbit SDA=P3^0;
sbit SCL=P3^1;
sbit FLOT=P0^2;
uchar w_dat=0;
void Delay50ms()
{
    unsigned char i, j, k;
    i = 1;
    j = 216;
    k = 35;
    do
    {
        do
        {
            while (--k);
        } while (--j);
    } while (--i);
}
void IIC_start()
```

```c
    {
        SDA=1;
        SCL=1;
somenop;
        SDA=0;
somenop;
        SCL=0;
    }
void IIC_stop()
{
        SDA=0;
        SCL=1;
somenop;
        SDA=1;
somenop;
        SCL=0;
}
uchar attention()  //0 为失败  1 为成功
{
somenop;
        SCL = 1;
somenop;
        if(SDA)
        {
            SCL = 0;
            return 0;
        }
        else
        {
            SCL = 0;
            return 1;
        }
}

void write_bit(uchar dat)
{
        uchar i;
        for(i=0; i<8; i++)
        {
```

```c
        SDA=(dat&(0x80>>i))&&0x01;
    somenop;
        SCL=1;
    somenop;
        SCL=0;
    }
}
unsigned char read_bit()
{
    uchar i, byte;
    for(i=0; i<8; i++)
    {
        SCL=1;
    somenop;
        byte<<=1;
        if(SDA)
        {
            byte|=0x01;
        }
        SCL=0;
    }
    return byte;
}
void send_dat(uchar add, uchar dat)
{
        IIC_start();
        write_bit(AT24C);
        attention();
        write_bit(add);    //存储地址
        attention();
        write_bit(dat);
        attention();
        IIC_stop();
}
void ack(bit ackbit)       //产生应答
{
    if(ackbit)
      SDA = 0;
    else
      SDA = 1;
```

```
        somenop;
        SCL = 1;
        somenop;
        SCL = 0;
        SDA = 1;
        somenop;
    }
uchar receve_dat(add)
{
        uchar r_dat=0xff;
        IIC_start();
        write_bit(AT24C);        //先写器件地址
        attention();
        write_bit(add);          //写存储地址
        attention();
        IIC_start();
        write_bit(AT24C+1);
        attention();
        r_dat=read_bit();
        ack(0);
        IIC_stop();
        return r_dat;
}
void main()
{
        uchar w_dat=0x00;
        uchar r_dat=0x00;
        P0=0xff;
        while(1)
        {
            if(FLOT==0)
            {
                while(! FLOT);
                w_dat++;
            }
            if((w_dat&0x0f)==0x0a)
            {
                w_dat=w_dat+0x10&0xf0;
            }
            if((w_dat&0xf0)==0xa0)
```

```
    {
        w_dat=0x00;
    }
    send_dat(0x00, w_dat);
    Delay50ms();
    r_dat=receive_dat(0x00);
    P1=r_dat;
        }
}
```

思考题与习题

1. 单总线有什么显著的特点?
2. I²C 总线有什么特点?
3. 说明 SPI 串行总线的特点。
4. I²C 总线的起始信号和终止信号是如何定义的?
5. I²C 总线的数据传送方向如何控制?
6. I²C 总线在数据传送时，应答是如何进行的?
7. SPI 串行总线由几条线组成，每条线的作用是什么?

第10章 ▶▶
单片机输入输出通道接口技术

 知识目标

（1）熟悉 ADC0809、DAC0832 芯片。

（2）掌握 D/A、A/D 接口的硬件接口电路设计。

（3）掌握 D/A、A/D 接口的软件驱动程序设计。

（4）熟悉 TLC5615、TLC2543 芯片。

（5）理解串行 ADC、DAC 转换器的硬件电路设计及驱动程序的设计。

技能目标

（1）掌握并行 D/A、A/D 接口电路的仿真与程序调试。

（2）掌握串行 D/A、A/D 接口电路的仿真与程序调试。

10.1 A/D 转换器及接口技术

A/D 转换器（ADC）的作用就是把模拟量转换成数字量，便于计算机进行处理。

10.1.1 A/D 转换器的概述

（1）A/D 转换器的分类

目前应用较为广泛的 A/D 转换器主要有以下几种类型：逐次比较型、双积分型、量化反馈型和并行型。

逐次比较型 A/D 转换器，在精度、转换速率和价格上都适中，是最常见的 A/D 转换器。双积分 A/D 转换器，具有精度高、抗干扰性好、价格低廉等优点，但转换速率慢，近年来在单片机应用领域中也得到广泛应用。

（2）A/D 转换器的主要技术指标

① 分辨率。

A/D 转换器的分辨率表示输出数字量变化一个相邻数码所需输入模拟电压的变化量。习惯上用输出二进制位数或满量程与 2^n 之比表示。其中 n 为 A/D 转换器的位数。例如，AD574 转换器，分辨率为 12 位，即该转换器的输出数据可以用 2^{12} 进行量化，其分辨率为 1LSB，如用百分数表示，则分辨率为

$$1/2^{12} \times 100\% = 0.0244\%$$

如果满量程为 10V，则 AD574 能够分辨输入电压变化的最小值为 2.4mV。

由量化过程所引起的误差，是由有限位数的数字量对模拟量进行量化而引起的。量化误差理论上规定为一个单位分辨率的 ±1/2LSB（最低一位数字量的变化）。量化误差与分辨率密切相关，提高分辨率（即增加数字量的位数），可以减小量化误差。

② 转换时间和转换速率。

A/D 完成一次转换所需要的时间称为转换时间，转换时间的倒数为转换速率。不同类型的转换器转换速率相差甚远。其中并行比较 A/D 转换器转换速率最高，8 位二进制输出的单片集成 A/D 转换器转换时间可达 50ns 以内。逐次比较型 A/D 转换器次之，它们多数转换时间为 $10\sim50\,\mu s$，也有达几百纳秒的。间接 A/D 转换器的速率最慢，如双积分型 A/D 转换器的转换时间大都为几十毫秒至几百毫秒。

③ 转换精度。

A/D 转换器的转换精度定义为一个实际 A/D 转换器和一个理想 A/D 转换器在量化值上的差值。可用绝对误差或相对误差表示。

（3）A/D 转换器的选择

A/D 转换器按照输出代码的有效位数分为 4 位、8 位、10 位、12 位、14 位、16 位和 BCD 码输出等多种，按照转换速率可分为超高速（转换时间≤1ns）、高速（转换时间≤1μs）、中速（转换时间≤1ms）、低速（转换时间≤1s）等几种不同的转换速率的芯片。在设计数据采集系统、测控系统和智能仪器仪表时，重要问题就是如何选择合适的 A/D 转换器以满足应用系统设计的要求。

① A/D 转换器位数的确定　A/D 转换器位数的确定与整个测量控制系统所要测量控制的范围和精度有关，但又不能唯一确定系统的精度。估算时，A/D 转换器的位数至少要比总精度要求的最低分辨率高一位。实际选取的 A/D 转换器的位数应与其他环节所能达到的精度相适应。只要不低于它们就行，选得太高，既没有意义，而且价格还要高得多。

② A/D 转换器速率的确定　逐次比较型的 A/D 转换器的转换时间可为 $1\sim100\mu s$，属于中速 A/D 转换器，常用于工业多通道单片机控制系统和音频数字转换系统等。

③ 采样保持器的确定　原则上直流和变化非常缓慢的信号可不用采样保持器。其他情况都要加采样保持器。

④ 基准电压　基准电压是 A/D 转换器在转换时所需要的参考电压，这是保证转换精度的基本条件。在要求较高精度时，基准电压要单独用高精度稳压电源供给。

10.1.2　典型 A/D 转换器芯片 ADC0809 及应用

ADC0809 是典型的 8 位 8 通道逐次比较型 A/D 转换器，可实现 8 路模拟信号的分时采集，片内有 8 路模拟选通开关，转换时间为 $100\,\mu s$ 左右。

（1）信号引脚

ADC0809 芯片为 28 引脚双列直插式封装，其功能引脚如图 10-1 所示。ADC0809 芯片信号引脚的功能如下。

IN0～IN7：8 路模拟量输入通道。

ADC0809 芯片对输入的模拟量的要求主要有：信号单极性，电压范围 0～5V，若信号过小，还需要放大。

ADDA、ADDB、ADDC：地址线，模拟通道的选择信号。具体的地址状态与通道对应关系见表 10-1。

ALE：地址锁存允许信号。当 ALE 上跳沿，ADDA、ADDB、ADDC 地址状态送入地址锁存器中。

START：转换启动信号。当 START 为上跳沿时，所有片内寄存器清零；当 START 为下跳沿时，开始进行 A/D 转换；在 A/D 转换期间，START 应保持低电平。

2-1MSB～2-8LSB：数据输出线。为三态缓冲输出形式，可以和单片机的数据线直接相连。2-8LSB 为最低位，2-1MSB 为最高位。

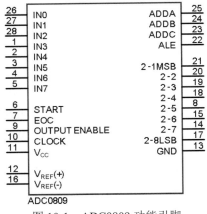

图 10-1　ADC0809 功能引脚

OUTPUT ENABLE：输出允许信号。用于控制三态输出锁存器向单片机输出转换得到的数据。OUTPUT ENABLE =0，输出数据线呈高阻；OUTPUT ENABLE =1，输出转换得到的数据。

CLOCK：外部时钟输入端。时钟频率越高，A/D 转换的速率越快。当 AT89S51 单片机无读/写片外 RAM 操作时，ALE 端信号固定为 CPU 时钟频率的 1/6。此时 CLOCK 可直接与 ALE 相连。

EOC：转换结束信号。EOC=0，正在进行转换；EOC=1，转换结束。该信号既可以作为查询的状态标志，也可以作为中断请求信号。

GND：接地。

V_{CC}：+5V 电源。

V_{REF}：参考电源。典型的值为 V_{REF}（＋）=+5V，V_{REF}（-）=0V。

（2）单片机控制 ADC0809 的工作过程

首先用指令选择 ADC0809 和一个模拟输入通道，当执行"MOVX @DPTR，A"时，单片机的 $\overline{WR}$ 信号有效，从而产生一个启动信号，给 ADC0809 的 START 引脚送入脉冲，开始对选中通道进行转换。当转换结束后，ADC0809 发出转换结束 EOC（高电平）信号，该信号可供单片机查询，也可反相后作为向单片机发出的中断请求信号；当执行指令"MOVX A，@DPTR"时，单片机发出读控制 $\overline{RD}$ 信号，OUTPUT ENABLE 端有高电平，且把经过 ADC0809 转换完毕的数字量读到累加器 A 中。

由上述可见，使用单片机控制 ADC0809 时，可采用查询和中断控制两种方式。查询方式是在单片机把启动信号送到 ADC0809 之后，执行其他程序的同时对 ADC0809 的 EOC 引脚的状态进行查询，以检查 A/D 转换是否已经结束，如果查询到转换已经结束，则读入转换完毕的数据，否则执行其他程序。

中断控制方式是在启动信号送到 ADC0809 之后，单片机执行其他程序。当 ADC0809 转换结束并向单片机发出中断请求信号时，单片机响应此中断请求，进入中断服务程序，读入转换数据。

表 10-1　地址状态与通道对应关系

ADDC	ADDB	ADDA	选择的通道
0	0	0	IN0
0	0	1	IN1
0	1	0	IN2
0	1	1	IN3
1	0	0	IN4

续表

ADDC	ADDB	ADDA	选择的通道
1	0	1	IN5
1	1	0	IN6
1	1	1	IN7

（3）应用举例

【例 10-1】设计一个单片机采用查询方式对 1 路模拟电压（0～5V）采集的数字电压表。电路原理图与仿真如图 10-2 所示，所用到的元器件见表 10-2。

解：1 路 0～5V 被测电压加到 ADC0809 IN0 通道，进行 A/D 转换，输入电压的大小可通过手动调节 RV1 来实现。 本例将 1.25V 作为输入的报警值（对应二进制数值为 40H），当通道 IN0 的电压超过 1.25V 时，将驱动发光二极管 D2 闪烁与蜂鸣器发声，以表示超限。测得的输入电压显示在 LED 数码管上，同时也显示在虚拟电压表图标上，通过鼠标滚轮来放大虚拟电压表图标，可清楚地看到输入电压测量结果。

① 硬件电路设计。

表 10-2　数字电压表所用的元器件

序号	元器件	序号	元器件	序号	元器件	序号	元器件
1	单片机 AT89S51	3	A/D 转换器 ADC0809	5	非门 74LS06	7	4 位 LED 显示 7SEG-MPX4-CC
2	滑动变阻器 POT-LIN	4	蜂鸣器 SOUNDER	6	电阻 RES		

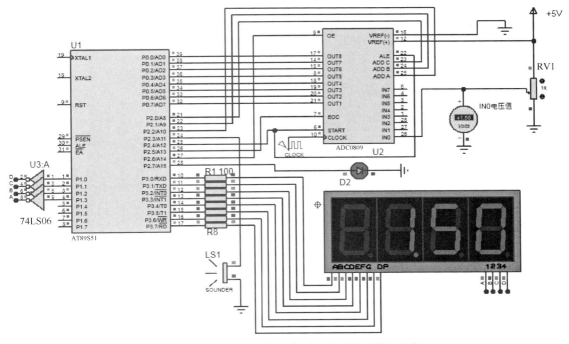

图 10-2　查询方式的数字电压表电路原理图与仿真

② 程序设计。

```c
#include<reg51.h>
unsigned char a[16]={0x3f,0x06,0x5b,0x4f,0x66,0x6d,0x7d,0x07,0x7f,
                     0x6f,0x77,0x7c,0x39,0x5e,0x79,0x71},b[4],c=0x01;
sbit START=P2^4;
sbit OE=P2^6;
sbit EOC=P2^5;
sbit add_a=P2^2;
sbit add_b=P2^1;
sbit add_c=P2^0;
sbit led=P2^7;
sbit buzzer=P2^3;
void Delay1ms(unsigned int count)   //延时函数
{   unsigned int i,j;
for(i=0;i<count;i++)
for(j=0;j<120;j++);
}
void show()                          //显示函数
{
unsigned int r;
for(r=0;r<4;r++)
{
P1=(c<<r);
P3=b[r];
if(r==2)                             //显示小数点
P3=P3|0x80;
Delay1ms(10);
}
}
void main(void)
{
unsigned int addata=0,i;
while(1)
{
add_a=0;  add_b=0;add_c=0;           //采集第一路信号
START=1;                             //根据时序启动 ADC0808
START=0;
while(EOC==0)  ;
OE=1;
```

```
addata=P0;
if(addata>=0x40)              //大于 1.25V 时，则使用 LED 和蜂鸣器报警
{
for(i=0;i<=100;i++)
{
led=~led;
buzzer=~buzzer;
}
led=1;                        //控制发光二极管 D2 闪烁，发出光报警信号
buzzer=1;                     //控制蜂鸣器发声，发出声音报警信号
}
else                          //否则取消报警
{
led=0;                        //控制发光二极管 D2 灭
buzzer=0;                     //控制蜂鸣器不发声
}
addata=addata*1.96;          //将采得的二进制数转换成可读的电压值
OE=0;
b[0]=a[addata%10];           //显示到数码管上
b[1]=a[addata/10%10];
b[2]=a[addata/100%10];
b[3]=a[addata%1000];
for(i=0;i<=200;i++)
{
show();
}
}
}
```

【例 10-2】设计一个单片机采用中断方式对 1 路模拟电压（0～5V）采集的数字电压表。电路原理图与仿真如图 10-3 所示。

解：

① 硬件电路设计。

② 程序设计

```
#include<reg51.h>
#include<intrins.h>
unsigned char a[16]={0x3f,0x06,0x5b,0x4f,0x66,0x6d,0x7d,0x07,0x7f,
0x6f,0x77,0x7c,0x39,0x5e, 0x79,0x71},b[4];
```

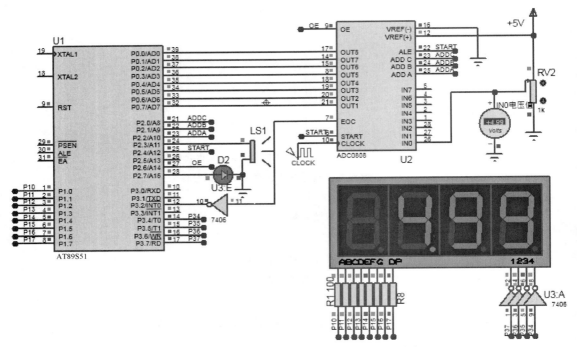

图 10-3　中断方式的数字电压表电路原理图与仿真

```c
unsigned int addata=0,i;
sbit START=P2^4;
sbit OE=P2^6;
sbit add_c=P2^2;
sbit add_b=P2^1;
sbit add_a=P2^0;
sbit led=P2^7;
sbit buzzer=P2^3;
sbit wei1=P3^4;
sbit wei2=P3^5;
sbit wei3=P3^6;
sbit wei4=P3^7;
void Delay1ms(unsigned int count)//延时函数
{
unsigned int i,j;
    for(i=0;i<count;i++)
    for(j=0;j<120;j++);
}
```

```
void show()                    //显示函数
{
wei1=1;
    P1=b[0];
    Delay1ms(1);
    wei1=0;
    wei2=1;
    P1=b[1];
    Delay1ms(1);
wei2=0;
    wei3=1;
    P1=b[2]+128;
    Delay1ms(1);
    wei3=0;
    wei4=1;
    P1=b[3];
    Delay1ms(1);
    wei4=0;
}
void main(void)
{
    EA=1;
    IT0=1;
    EX0=1;
    while(1)
    {
    START=0;
    add_a=0;                   //采集第 0 路信号
    add_b=0;
    add_c=0;
    START=1;                   //根据时序启动 ADC0809 的 AD 程序
    START=0;
    Delay1ms(10);
    START=0;
    }
}

void InT0(void) interrupt 0
```

```
    {
        OE=1;
        addata=P0;
        if(addata>=0x80)           //当大于 2.5V, 使用 LED 和蜂鸣器报警
            {
            for(i=0;i<=100;i++)
            {
            led=~led;
            buzzer=~buzzer;
            }
            led=1;
            buzzer=1;
            }
        else                       //否则取消报警
            {
            led=0;
            buzzer=0;
            }
        addata=addata*1.96;        //将采得的二进制数转换成可读的电压
        OE=0;
        b[0]=a[addata%10];         //显示到数码管上
        b[1]=a[addata/10%10];
        b[2]=a[addata/100%10];
        b[3]=a[addata%1000];
         for(i=0;i<=200;i++)
        {
            show();
        }
    }
}
```

10.1.3 串行 12 位 ADC 芯片 TLC2543 及应用

TLC2543 是美国 TI 公司推出的采用 SPI 串行接口技术的 12 位串行模/数转换器,使用开关电容逐次逼近技术完成 A/D 转换过程。具有 11 个模拟输入通道和 3 路内置自测试方式,采样速率为 66Kbps,可编程输出数据长度。由于是串行输入结构,能够节省 MCS-51 系列单片机 I/O 资源,且价格适中,分辨率较高,因此在仪器仪表中有较为广泛的应用。

（1）信号引脚

TLC2543 芯片的引脚如图 10-4 所示。

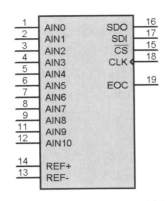

图 10-4　TLC2543 芯片的引脚图

AIN0～AIN10：模拟输入端。

$\overline{\text{CS}}$：片选端。

SDI：串行数据输入端。

SDO：A/D 转换结果的三态串行输出端，$\overline{\text{CS}}$ 为高时处于高阻抗状态，$\overline{\text{CS}}$ 为低时处于转换结果输出状态。

CLK：控制输入输出的时钟，由外部输入。

EOC：转换结束端。

REF+：正基准电压端，基准电压的正端加到 REF+。

REF-：负基准电压端。

（2）控制字

每次 A/D 转换，单片机都必须给 TLC2543 芯片写入控制字，以确定被转换的信号来自的通道、转换结果的位数、输出的顺序等信息。控制字写入的顺序是高位在前。TLC2543 芯片控制字的定义见表 10-3。

表 10-3　TLC2543 芯片控制字的定义

通道选择				数据长度选择位		输出数据的顺序	输出数据的极性
D7	D6	D5	D4	D3	D2	D1	D0

D7～D4：选择输入通道。二进制数 0000～1111 是 11 路模拟量 AIN0～AIN11 的地址。当其为 1100～1101 时，选择片内检测电压；当其为 1110 时，为软件选择的断电模式，此时，A/D 转换器的工作电流只有 25 μA。

D3、D2：输出数据的长度的选择位。01 表示输出数据长度为 8 位；11 表示输出数据长度为 16 位；×0 表示输出数据长度为 12 位，×可以为 1 或 0。

D1：输出数据的顺序选择位。0 表示高位在前，1 表示低位在前。

D0：输出数据的极性选择位。当其为 0 时，为无符号二进制数；当其为 1 时，为有符号二进制数。

（3）工作时序

TLC2543 芯片的工作时序分为 I/O 周期和实际转换周期。

① I/O 周期　元器件进入 I/O 周期后，同时进行写控制字和读取 A/D 输出结果两种操作。

a. 写控制字的操作。TLC2543 芯片的工作时序如图 10-5 所示，TLC2543 在 CLK 的前 8 个脉冲的上升沿，以 MSB 前导方式从 SDI 端输入 8 位控制字到输入寄存器。当输入前 4 位后，即可选通一路到采样保持器，该电路从第 4 个 CLK 脉冲的下降沿开始，对所选的信号进行采样，直到最后一个 CLK 脉冲的下降沿。I/O 脉冲的时钟个数与输出数据长度（位数）有关，当工作于 12 位或 16 位时，在前 8 个脉冲之后，SDI 无效。

b. 读取 A/D 输出结果操作。当 $\overline{CS}$ 保持为低时，第 1 个数据出现在 EOC 的上升沿，若转换由 $\overline{CS}$ 控制，则第 1 个输出数据发生在 $\overline{CS}$ 的下降沿。这个数据是前 1 次转换的结果，在第 1 个输出数据位之后的每个后续位，均由后续的 CLK 脉冲下降沿输出。

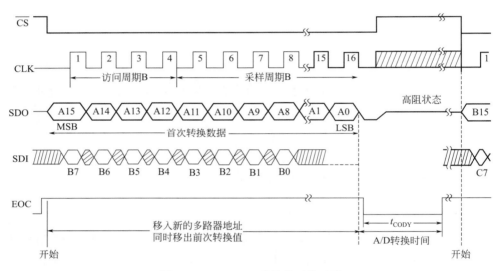

图 10-5　TLC2543 芯片的工作时序

根据时序编写 TLC2543 输入控制字和读取 A/D 输出结果的子程序。

```
TLC2543: MOV  R3, #0      ; 清空存储单元
         MOV  R2, #0
         CLR  CLK         ; CLK 置低电平
         CLR  CS          ; CS 置低电平
         MOV  R5, #00H     ; 控制字放在 R5 中，要采集 0 通道，数据长度 12 位，高位在前
         MOV  R1, #12      ; 读取 12 次
```

;　**
;　命令字写入和转换结果输出是同时进行的，在读出转换结果的同时也写入下一次的命令字。
;　**

```
L2: MOV C, SDO          ; 读输出端, 此处读取的是上一次的转换结果

    MOV A, R3

    RLC A

    MOV R3, A           ; 低位数据放在 R3 中

    MOV  A, R2          ; 高位数据放在 R2 中

    RLC  A

    MOV R2, A

L1: MOV A, R5           ; 将 R5 中的控制字移入 DATA INPVT (DATIN) 一位, 每次都要写入
                          控制字

    RLC  A

    MOV R5, A

    MOV  DATIN, C

    SETB  CLK           ; CLK 置高电平

    NOP

    NOP

    NOP

    CLR  CLK            ; CLK 置低电平

    NOP

    NOP

    NOP

    DJNZ   R1, L2

    SETB   CS           ; 采集结束后, 将 CS 置高电平

    MOV   JG1, R2       ; 采集结束把上一次的转换结果放在 JG1 和 JG2 两个单元

    MOV   JG2, R3

    RET
```

② 实际转换周期。

在 I/O 周期的最后一个 CLK 脉冲下降沿之后, EOC 变低, 采样值保持不变, 转换周期开始, 片内转换器对采样值进行逐次逼近式 A/D 转换, 其工作由与 CLK 同步的内部时钟控制。转换结束后, EOC 变高, 转换结果锁存在输出数据锁存器中, 在下一个 I/O 周期输出。

（4）应用举例

【例 10-3】图 10-6 所示为 AT89S51 单片机与 TLC2543 芯片接口电路原理, 要求在 AIN2 通道的数据采集, 并将采集结果在数码管上显示。

解: TLC2543 芯片采用 SPI 串行接口, 由于单片机 AT89S51 没有 SPI 接口, 采用模拟 SPI 的接口时序。TLC2543 芯片的 SDO、SDI、CS 及 CLK 分别由单片机的 P1.0、P1.1、P1.2 和 P1.3 引脚来控制。EOC 由单片机的 P1.4 引脚串行接收。

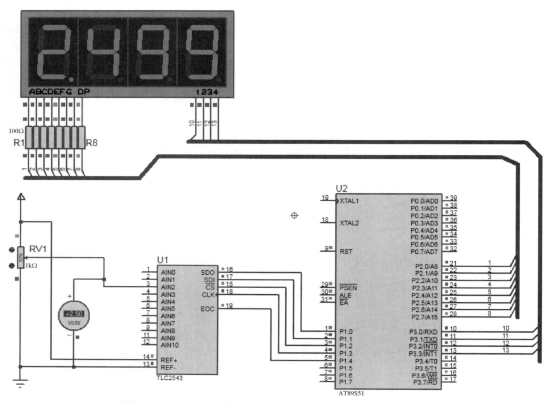

图 10-6　AT89S51 单片机与 TLC2543 芯片接口电路仿真图

参考程序如下。

```
#include <reg51.h>
#include <intrins.h>
#define uchar unsigned char
#define unit unsigned int
unsigned char code table[]={0xc0, 0xf9, 0xa4, 0xb0, 0x99, 0x92, 0x82, 0xf8,
0x80, 0x90};
unit ADresult[11];          //11 个通道的转换结果单元
sbit DATOUT=P1^0;           //定义 P1.0 与 DATA OUT 相连
sbit DATIN=P1^1;            //定义 P1.1 与 DATA INPUT 相连
sbit CS=P1^2;               //定义 P1.2 与 CS 相连
sbit IOCLK=P1^3;            //定义 P1.3 与 I/O CLOCK 相连
sbit EOC=P1^4;              //定义 P1.4 与 EOC 相连
sbit wei1=P3^0;
sbit wei2=P3^1;
sbit wei3=P3^2;
```

```c
sbit wei4=P3^3;
void delay_ms(unit i)
{
    int j;
    for(;  i>0;  i--)
        for(j=0;  j<123;  j++);
}
unit getdata(uchar channel)         // getdata()为获取转换结果函数，channel 为通道号
{
    uchar i, temp;
    unit read_ad_data=0;            // 分别存放采集的数据，先清 0
    channel=channel<<4;             // 结果为 12 位数据格式,高位在前,单极性×××× 0000
    IOCLK=0;
    CS=0;                           // CS 下跳沿，并保持低电平
    temp=channel;                   // 输入要转换的通道
    for(i=0; i<12; i++)
    {
        if(DATOUT) read_ad_data=read_ad_data|0x01;  //读入转换结果
        DATIN=(bit)(temp&0x80);                      //写入方式/通道命令字
        IOCLK=1;                                     //I/O CLOCK 上跳沿
        _nop_(); _nop_(); _nop_();
        IOCLK=0;                                     //I/O CLOCK 下跳沿
        _nop_(); _nop_(); _nop_();
        temp=temp<<1;               //左移 1 位，准备发送方式/通道控制字下一位
    read_ad_data<<=1;               //转换结果左移 1 位
    }
    CS=1;                           // CS 上跳沿
    read_ad_data>>=1;               // 抵消第 12 次左移，得到 12 位转换结果
    return(read_ad_data);
}
void dispaly(void)
{
    uchar qian, bai, shi, ge;
    unit value;
    value=ADresult[2]*1.221; // *5000/4095
    qian=value%10000/1000;
    bai=value%1000/100;
    shi=value%100/10;
    ge=value%10;
```

```
        wei1=1;
        P2=table[qian]-128;
        delay_ms(1);
        wei1=0;
        wei2=1;
        P2=table[bai];
        delay_ms(1);
        wei2=0;
        wei3=1;
        P2=table[shi];
        delay_ms(1);
        wei3=0;
        wei4=1;
        P2=table[ge];
        delay_ms(1);
        wei4=0;
    }
main(void)
{
    ADresult[2]=getdata(2);            //启动 2 通道转换，第 1 次转换结果无意义
    while(1)
    {
        _nop_();  _nop_();  _nop_();
        ADresult[2]=getdata(2);        //读取本次转换结果，同时启动下次转换
        while(! EOC);                  //判断是否转换完毕，未转换完，则循环等待
        dispaly();
    }
}
```

10.2　D/A 转换器及接口技术

在单片机的应用系统中，被测量对象如温度、压力、流量、速度等非电物理量，需经传感器转换成连续变化的模拟电信号（电压或电流），这些模拟电信号必须转换成数字量后才能在单片机中用软件进行处理。单片机处理完毕的数字量，也常常需要转换为模拟信号。数字量转换成模拟量的器件称为 D/A 转换器（DAC）。

D/A 转换器由电阻网络组成，提供电流。如果要把电流转换为电压，还要增加运放电路，因此 D/A 转换器分为电流输出型与电压输出型。

D/A 转换器的输出不仅与输入的二进制代码有关，而且与运放电路的形式、反馈电阻和参考电压有关，可以分为单极性输出和双极性输出两种。

根据转换时间的快慢，可以将 D/A 转换器分为低速型、中速型和高速型。高速型 D/A 转换器的转换时间小于 $1\mu s$，低速型的转换时间大于 $100\mu s$，居中的则属于中速型。

10.2.1　D/A 转换器的主要技术指标

D/A 转换器的技术指标很多，包括分辨率、转换时间、线性度、转换精度、温度系数等。

（1）分辨率

分辨率是输入数字量变化一个相邻数码所对应的输出模拟电压变化量。一个 n 位的 D/A 转换器的分辨率定义为满刻度电压与 2^n 的比值。满量程为 10V 的 8 位 D/A 转换器（如 DAC0832）的分辨率为 $10V/2^8 \approx 39mV$。

分辨率越高，进行转换时对应数字输入信号最低位的模拟信号模拟量变化就越小，也就越灵敏。分辨率与 D/A 转换器的位数有着直接关系，位数越多，分辨率就越高，因此，有时也用有效输入数字信号的位数来表示分辨率。

（2）转换时间（建立时间）

转换时间是反映 D/A 转换速率快慢的一个主要参数。其定义为：当输入数据从零变化到满量程时，其输出模拟信号达到满量程刻度值的 $\pm 1/2$ LSB 时所需要的时间。不同的 D/A 转换器，其建立时间也不同。通常电流输出的 D/A 转换器建立时间是很短的，电压输出的 D/A 转换器因内部带有相应的运算放大器，其建立时间往往比较长。

（3）转换精度

在 D/A 转换器转换范围内，输入数字量对应的模拟量的实际输出值与理论值的接近程度为转换精度。例如，若满量程输出理论值为 10V，实际值为 $9.99 \sim 10.01$ V，其转换精度为 $\pm 10mV$。

当不考虑其他 D/A 转换误差时，D/A 的转换精度即为其分辨率的大小，所以要获得高精度的 D/A 转换结果，首先要保证选择有足够分辨率的 D/A 转换器。但是 D/A 转换精度还与外接电路的配置有关，当外接电路的器件或电源误差较大时，会造成较大的 D/A 转换误差，当这些误差超过一定程度时，会使增加 D/A 转换位数失去意义。在 D/A 转换中，影响转换精度的主要误差因素有非线性误差、增益误差、失调误差、微分非线性误差等。

10.2.2　典型 D/A 转换器芯片 DAC0832 及应用

（1）DAC0832 的特性

美国国家半导体公司生产的 DAC0832 芯片是具有 2 个输入数据寄存器的 8 位 DAC，它能直接与 AT89S51 单片机连接。DAC0832 引脚见图 10-7。其主要特性如下。

① 分辨率为 8 位，转换电流建立时间为 $1\mu s$。

② 可双缓冲输入、单缓冲输入或直接数字输入。

③ 逻辑电平输入与 TTL 兼容。

④ 单一电源供电（$+5 \sim +15$V）。

⑤ 低功耗，20mW。

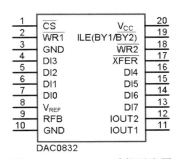

图 10-7　DAC0832 功能引脚图

（2）各引脚的功能

DI0～DI7：8 位数字信号输入端，用于接收单片机送来的待转换的数字量。

$\overline{CS}$：片选端，当 $\overline{CS}$ 为低电平时，本芯片被选中。

ILE：数据锁存允许控制端，高电平有效。

$\overline{WR1}$：第一级输入寄存器写选通控制，低电平有效，当 $\overline{CS}$=0、ILE=1、$\overline{WR1}$=0 时，数据信号被锁存到第一级 8 位输入寄存器中。

$\overline{XFER}$：数据传送控制信号，低电平有效。

$\overline{WR2}$：DAC 寄存器写选通控制端，低电平有效。当 $\overline{XFER}$=0，$\overline{WR2}$=0 时，输入寄存器状态传入第二级 8 位输入寄存器中。

IOUT1：D/A 转换器电流输出 1 端。输入数字量全为 1 时，IOUT1 输出最大；全为 0 时，IOUT1 输出最小。

IOUT2：D/A 转换器电流输出 2 端，IOUT1+ IOUT2=常数。

RFB：外部反馈信号输入端，内部已有反馈电阻，根据需要也可外接反馈电阻。

V_{CC}：电源输入端，可在+5～+15V 范围内。

GND（10 脚）：数字信号地。

GND（3 脚）：模拟信号地，最好与基准电压共地。

（3）DAC0832 的应用特性

① 有两级锁存控制功能，能够实现多通道 D/A 的同步转换输出。

② 内部无参考电压，需外接参考电压电路。

③ 为电流输出型 D/A 转换器，要获得模拟电压输出时，需要外加转换电路。

（4）DAC0832 的应用

DAC0832 内部有输入寄存器和 DAC 寄存器，ILE、$\overline{CS}$、$\overline{WR1}$、$\overline{WR2}$、$\overline{XFER}$ 5 个控制端能够实现直通方式、单缓冲方式和双缓冲方式 3 种工作方式。

① 直通方式。

直通方式是指两个寄存器的有关控制信号都预先置为有效，两个寄存器都开通。只要数字量送到数据输入端，就立即进入 D/A 转换器进行转换输出。

② 单缓冲方式。

单缓冲方式是指 DAC0832 内部的一个寄存器受到控制，将另一个寄存器的有关控制信号预置为有效，使之开通；或者将两个寄存器的控制信号连在一起，两个寄存器合为一个使用。在实际应用时，如果只有一路模拟量输出，或多路模拟量输出预置为有效但不要求多路输出同步的情况下，就可采用单缓冲方式。单缓冲方式的接口仿真电路图如图 10-8 所示，两级寄存器的写信号都由单片机的 $\overline{WR}$ 端控制，当地址线选择 DAC0832 后，只要输出 $\overline{WR}$ 控制信号，DAC0832 就能完成数字量的输入锁存和 D/A 转换。

参考程序如下。

```
#include <reg51.h>
#define uchar unsigned char
#define unit unsigned int
#define out P0
sbit  DAC_CS=P2^7;          //定义 P2.7 与 CS 相连
sbit  DAC_WR=P3^6;          //定义 P3.6 与 WR1、WR2 相连
```

```
void main(void)
    {
    uchar temp, i=255;
while (1)
    {
        out=temp;
        DAC_CS=0;
        DAC_WR=0;
        DAC_CS=1;
        DAC_WR=1;
        temp++;
        while(--i);
        while(--i);
        }
    }
```

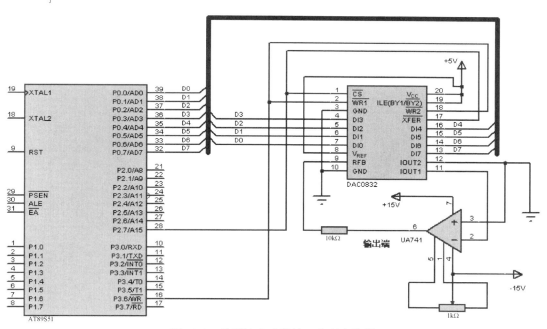

图 10-8　单缓冲方式的接口仿真电路图

③ 双缓冲方式。

对于多路的 D/A 转换，要求同步输出时，必须采用双缓冲同步方式。图 10-9 所示是一个两路模拟量同步输出的接口仿真电路，DAC0832 的数据线连接单片机的 P0 端口。允许锁存信号 ILE 接+5V，两个写信号 $\overline{WR1}$、$\overline{WR2}$ 都接到单片机的写信号线 $\overline{WR}$ 上，数据传送控制信号 $\overline{XFER}$ 接到单片机 P2.7 上，用于控制同步转换输出，$\overline{CS}$ 分别接单片机 P2.5 和 P2.6 上，实现输入锁存控制，DAC0832 输入锁存器的地址分别为 DFFFH 和 BFFFH，DAC 寄存器具有相同的地址 7FFFH。

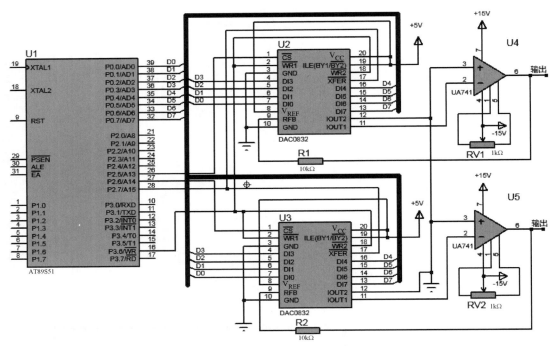

图 10-9   两路模拟量同步输出的接口仿真电路图

【例 10-4】利用图 10-9 所示电路实现两路模拟量同步输出的程序。

解：参考程序如下。

```c
#include <reg51.h>
#include <stdio.h>
#define DAC083201Addr 0xdfff
#define DAC083202Addr 0xbfff
#define DAC0832Addr 0x7fff
#define uchar unsigned char
#define unit unsigned int
sbit  P25=0xa5;
sbit  P26=0xa6;
sbit  P27=0xa7;
void writechip1 (uchar c0832data);
void writechip2 (uchar c0832data);
void transdata (uchar c0832data);
void main (void)
{
 xdata cdigitl1=0;       //1#0832 待转换的数字量
 xdata cdigitl2=0;       //2#0832 待转换的数字量
P0=0xff;
P1=0xff;
P2=0xff;
```

```
P3=0xff;
Delay () ;
while (1)
{
    cdigitl1=0x80;    //1#0832 的地址
    cdigitl2=0xff;
    writechip1 (cdigitl1) ;   //向 1#0832 第一级寄存器写入数据
    writechip2 (cdigitl2) ;   //向 2#0832 第一级寄存器写入数据
    transdata (0x00) ;        //控制两片 0832 第二级寄存器同时转换
         }
  }
  void writechip1 (uchar c0832data)   //向 1#0832 芯片写入数据函数
  {
  * ( (uchar xdata *) DAC083201Addr) =c0832data;
  }
  void writechip2 (uchar c0832data)   //向 2#0832 芯片写入数据函数
  {
  * ( (uchar xdata *) DAC083202Addr) =c0832data;
  }
  void transdata (uchar c0832data)   //两片 0832 芯片同时进行转换的函数
  {
  * ( (uchar xdata *) DAC0832Addr) =c0832data;
  }
void delay ()   //延时程序
{ uint i;
for (i=0; i<200; i++) ;
}
```

10.2.3 串行 10 位 DAC 芯片 TLC5615 及应用

随着 SPI 技术的快速发展，基于 SPI 串行接口的 DAC 的使用越来越普遍。TLC5615 是 TI 公司生产的 10 位串行 DAC 芯片，电压输出型，并且带有上电复位功能。TLC5615 通过 3 条串行总线就可以完成 10 位数据的串行输入，易于和工业标准的微处理器或单片机连接。另外，8 个引脚的小型 D 封装允许在空间受限制的应用中实现模拟功能的数字控制。因此，其在电池供电测试仪表、电池工作/远程工业控制、移动电话等场合得到了广泛的应用。

（1）TLC5615 引脚

TLC5615 芯片的引脚如图 10-10 所示。引脚功能如下。

DIN：串行数据输入端。

SCLK：串行时钟输入端。

$\overline{CS}$：片选端，低电平有效。

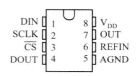

图 10-10　TLC5615 芯片的引脚图

DOUT：用于级联时的串行数据输出端。

AGND：模拟地。

REFIN：输入基准电压，2V～（V_{DD}–2）。

OUT：DAC 模拟电压输出端。

V_{DD}：正电源端，4.5～5.5V，通常取 5V。

（2）内部结构和工作方式

TLC5615 芯片的内部功能框图如图 10-11 所示。它主要包括以下几部分。

- 10 位 DAC 电路。
- 一个 16 位移位寄存器，接收串行移入的二进制数，并且有一个级联的数据输出端 DOUT。
- 并行输入输出的 10 位 DAC 寄存器，为 10 位 DAC 电路提供待转换的二进制数据。
- 电压跟随器为参考电压端 REFIN 提供很高的输入阻抗，大约 10MΩ。
- ×2 电路提供最大值为 2 倍于 REFIN 端电压的输出。
- 上电复位电路和控制逻辑电路。

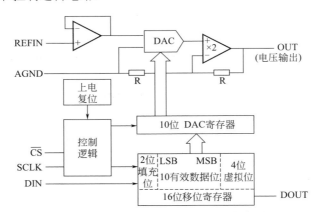

图 10-11　TLC5615 芯片的内部功能框图

TLC5615 有两种工作方式：第一种工作方式是 12 位数据序列，根据图 10-11 可以看出，16 位移位寄存器分为高 4 位虚拟位、10 位有效数据位以及低 2 位填充位。在单片 TLC5615 工作时，只需要向 16 位移位寄存器按先后输入 10 位有效数据位和低 2 位填充位，2 位填充位数据任意。第二种工作方式为级联方式，即 16 位数据列，可以将本片的 DOUT 接到下一片的 DIN，需要向 16 位移位寄存器按先后输入高 4 位虚拟位、10 位有效数据位和低 2 位填充位，由于增加了高 4 位虚拟位，所以需要 16 个时钟脉冲。

无论哪一种工作方式，输出电压为

$$V_{OUT} = 2 \times V_{REFIN} \times \frac{N}{1024}$$

式中　N——输入的二进制数；

V_{REFIN}——参考电压。

（3）工作时序

TLC5615 工作时序如图 10-12 所示。可以看出，只有当片选 $\overline{CS}$ 为低电平时，串行输入数据才能被移入 16 位移位寄存器。当 $\overline{CS}$ 为低电平时，在每一个 SCLK 时钟的上升沿将 DIN 的一位数据移入 16 位移位寄存器。注意：二进制最高有效位被导前移入。接着，$\overline{CS}$ 的上升沿将 16 位移位寄存器的 10 位有效数据锁存在 10 位 DAC 寄存器，供 DAC 电路进行转换。当片选 $\overline{CS}$ 为高电平时，串行输入数据不能被移入 16 位移位寄存器。注意：$\overline{CS}$ 的上升和下降都必须发生在 SCLK 为低电平期间。

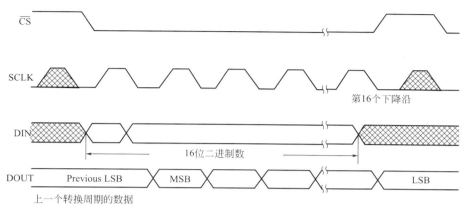

图 10-12 TLC5615 工作时序图

（4）TLC5615 的应用

【例 10-5】AT89S51 单片机控制串行 TLC5615C 进行 D/A 转换的接口电路原理如图 10-13 所示。调节电位器 RV1，使 TLC5615C 芯片的输出电压可在 0～5V 内调节。

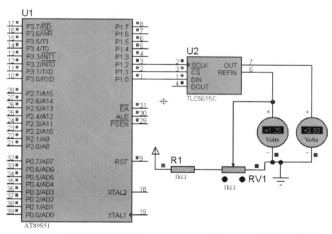

图 10-13 AT89S51 单片机控制串行 TLC5615C 进行 D/A 转换的接口电路原理图

解：根据时序，当 $\overline{CS}$ 为低电平时，在每一个 SCLK 时钟的上升沿将 DIN 的 1 位数据移入 16 位移位寄存器，采用第一种工作方式，移入 12 位数据。

程序如下。

```
#include<reg51.h>
#include<intrins.h>
#define uchar unsigned char
#define  uint unsigned int
sbit    SCL = P1^2;
sbit    CS  = P1^1;
```

```c
sbit     SDA = P1^0;
uchar bdata dat_in_h;
uchar bdata dat_in_l;
sbit h_7 = dat_in_h^7;
sbit l_7 = dat_in_l^7;
void delayms(uint j)
{
 uchar i=250;
 for(; j>0; j--)
    {while(--i);
     i=249;
     while(--i);
     i=250;
    }
}
void Write_12Bits(void)        //一次向 5615C 中写入 12 位数据
{
    uchar i;
    SCL = 0;                   //置零 SCL，为写位做准备
    CS = 0;
    for(i=0; i<2; i++)         //循环 2 次，发送高 2 位
    {
        if(h_7)                //高位先发
           {
                SDA = 1;       //将数据送出
                SCL = 1;       //提升时钟，写操作在时钟上升沿触发
                SCL = 0;       //结束该位传送，为下次写做准备
           }
        else
           {
                SDA = 0;
                SCL = 1;
                SCL = 0;
           }
        dat_in_h <<= 1;
    }

    for(i=0; i<8; i++)         //循环 8 次，发送低 8 位
    {
        if(l_7)
```

```
                {
                    SDA = 1;      //将数据送出
                    SCL = 1;      //提升时钟，写操作在时钟上升沿触发
                    SCL = 0;      //结束该位传送，为下次写做准备
                }
            else
                {
                    SDA = 0;
                    SCL = 1;
                    SCL = 0;
                }
            dat_in_l <<= 1;
            }
    for(i=0; i<2; i++)        //循环 2 次，发送 2 个虚拟位
    {
        SDA = 0;
        SCL = 1;
        SCL = 0;
        }
    CS = 1;
    SCL = 0;
    }
void TLC5615_Start(uint dat_in)  //启动 DAC 转换
{
    dat_in %= 1024;
    dat_in_h = dat_in/256;
    dat_in_l = dat_in%256;
    dat_in_h <<= 6;
    Write_12Bits();
}
void main()
{
    while(1)
    {
     TLC5615_Start(0xffff);
     delayms(1);
    }
}
```

在此例中使用了第一种方式，如果使用第二种方式，程序的设计请读者自己思考。

10.3　案例：波形发生器

【任务目的】了解输入/输出通道设计的基本原理和方法。掌握 DAC0832 芯片与 AT89S51 单片机的接口电路与程序设计。

【任务描述】该任务使用 AT89S51 单片机和 DAC0832 芯片设计正弦波、方波、三角波和锯齿波发生器，分别按下各个按钮输出相应波形。

（1）硬件电路设计

双击桌面上 **ISIS** 图标，打开 ISIS 7 Professional 窗口。单击菜单"File"→"New Design"命令，新建一个"DEFAULT"模板，保存文件名为"波形发生器.DSN"。在"器件选择"按钮 `P L DEVICES` 中单击"P"按钮，或执行菜单"Library"→"Pick Device/Symbol"命令，添加表 10-4 所示的元器件。

表 10-4　波形发生器所用的元器件

序号	元器件	序号	元器件	序号	元器件	序号	元器件	序号	元器件
1	单片机 AT89S51	3	瓷片电容 CAP 30pF	5	晶振 CRYSTAL 12MHz	7	电阻 RES	9	滑动变阻器 POT
2	按钮 BUTTON	4	电解电容 CAP-ELEC	6	D/A 转换器 DAC0832	8	运算放大器 UA741		

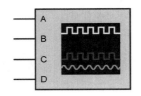

图 10-14　虚拟示波器

在小工具栏中单击"虚拟仪器"按钮，然后在对象选择器中选择"OSCILLOSCOPE"（示波器），如图 10-14 所示。

在 ISIS 原理图编辑窗口中放置元器件，再单击工具箱中的"元器件终端"按钮，在对象选择器中单击"POWER"和"GROUND"放置电源和地。放置好元器件后，布好线。双击各元器件，设置相应元器件参数，完成电路设计，如图 10-15 所示。波形发生器产生波形图如图 10-16 所示。

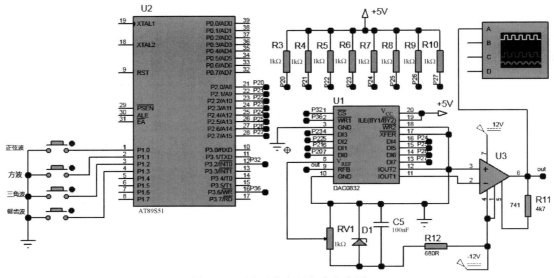

图 10-15　波形发生器电路仿真图

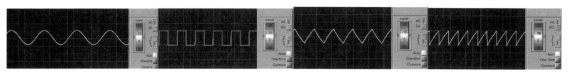

| (a) 正弦波 | (b)方波 | (b)三角波 | (a)锯齿波 |

图 10-16 波形发生器产生波形图

（2）程序设计

```c
#include<reg51.h>
sbit wr=P3^6;
sbit rd=P3^2;
sbit key0=P1^0;
sbit key1=P1^1;
sbit key2=P1^2;
sbit key3=P1^3;
unsigned char flag;       //flag 为 1、2、3、4 时分别为正弦波、方波、三角波、锯齿波

unsigned char const code
ZXB_code[256]={0x80, 0x83, 0x86, 0x89, 0x8c, 0x8f, 0x92, 0x95, 0x98, 0x9c, 0x9f,
0xa2, 0xa5, 0xa8, 0xab, 0xae, 0xb0, 0xb3, 0xb6, 0xb9, 0xbc, 0xbf, 0xc1, 0xc4, 0xc7,
0xc9, 0xcc, 0xce, 0xd1, 0xd3, 0xd5, 0xd8, 0xda, 0xdc, 0xde, 0xe0, 0xe2, 0xe4, 0xe6,
0xe8, 0xea, 0xec, 0xed, 0xef, 0xf0, 0xf2, 0xf3, 0xf4, 0xf6, 0xf7, 0xf8, 0xf9, 0xfa,
0xfb, 0xfc, 0xfc, 0xfd, 0xfe, 0xfe, 0xff, 0xff, 0xff, 0xff, 0xff, 0xff, 0xff, 0xff,
0xff, 0xff, 0xff, 0xfe, 0xfe, 0xfd, 0xfc, 0xfc, 0xfb, 0xfa, 0xf9, 0xf8, 0xf7, 0xf6,
0xf5, 0xf3, 0xf2, 0xf0, 0xef, 0xed, 0xec, 0xea, 0xe8, 0xe6, 0xe4, 0xe3, 0xe1, 0xde,
0xdc, 0xda, 0xd8, 0xd6, 0xd3, 0xd1, 0xce, 0xcc, 0xc9, 0xc7, 0xc4, 0xc1, 0xbf, 0xbc,
0xb9, 0xb6, 0xb4, 0xb1, 0xae, 0xab, 0xa8, 0xa5, 0xa2, 0x9f, 0x9c, 0x99, 0x96, 0x92,
0x8f, 0x8c, 0x89, 0x86, 0x83, 0x80, 0x7d, 0x79, 0x76, 0x73, 0x70, 0x6d, 0x6a, 0x67,
0x64, 0x61, 0x5e, 0x5b, 0x58, 0x55, 0x52, 0x4f, 0x4c, 0x49, 0x46, 0x43, 0x41, 0x3e,
0x3b, 0x39, 0x36, 0x33, 0x31, 0x2e, 0x2c, 0x2a, 0x27, 0x25, 0x23, 0x21, 0x1f, 0x1d,
0x1b, 0x19, 0x17, 0x15, 0x14, 0x12, 0x10, 0xf, 0xd, 0xc, 0xb, 0x9, 0x8, 0x7, 0x6,
0x5, 0x4, 0x3, 0x3, 0x2, 0x1, 0x1, 0x0, 0x0, 0x0, 0x0, 0x0, 0x0, 0x0, 0x0, 0x0,
0x0, 0x0, 0x1, 0x1, 0x2, 0x3, 0x3, 0x4, 0x5, 0x6, 0x7, 0x8, 0x9, 0xa, 0xc, 0xd,
0xe, 0x10, 0x12, 0x13, 0x15, 0x17, 0x18, 0x1a, 0x1c, 0x1e, 0x20, 0x23, 0x25, 0x27,
0x29, 0x2c, 0x2e, 0x30, 0x33, 0x35, 0x38, 0x3b, 0x3d, 0x40, 0x43, 0x46, 0x48, 0x4b,
0x4e, 0x51, 0x54, 0x57, 0x5a, 0x5d, 0x60, 0x63, 0x66, 0x69, 0x6c, 0x6f, 0x73, 0x76,
0x79, 0x7c};                  //用于生成正弦
unsigned char keyscan()    //键盘扫描函数
{
  unsigned char keyscan_num, temp;
  P1=0xff;
```

```c
    temp=P1;
    if(~(temp&0xff))
    {
      if(key0==0)
      {
        keyscan_num=1;
      }
      else if(key1==0)
      {
        keyscan_num=2;
      }
      else if(key2==0)
      {
        keyscan_num=3;
      }
      else if(key3==0)
      {
        keyscan_num=4;
      }
      else
      {
        keyscan_num=0;
      }
      return keyscan_num;
    }
}
void init_DA0832()        //0832芯片准备函数
{
  rd=0;
  wr=0;
}
void ZXB()                //正弦波函数
{
  unsigned int i;
    do{
    P2=ZXB_code[i];
    i=i+1;
    }while(i<256);
}
void FB()                 //方波函数
```

```
{
  EA=1;
  ET0=1;
  TMOD=1;
  TR0=1;
  TH0=0xff;
  TL0=0x83;
}
void SJB()              //三角波函数
{
  P2=0x00;
  do{
    P2=P2+1;
  }while(P2<0xff);
  P2=0xff;
  do{
    P2=P2-1;
  }while(P2>0x00);
  P2=0x00;
}
void JCB()              //锯齿波函数
{
  P2=0x00;
  do{
    P2=P2+1;
  }while(P2<=0xff);
}

void main()            //主函数
{
  init_DA0832();
  do
    {
      flag=keyscan();
    }while(! flag);  //等待按键按下
  while(1)
  {
    switch(flag)
    {
      case 1:
```

```
        do{
          flag=keyscan();
          ZXB();
          }while(flag==1);
        break;
      case 2:
        FB();
        do{
          flag=keyscan();
          }while(flag==2);
          TR0=0;
        break;
      case 3:
        do{
          flag=keyscan();
          SJB();
          }while(flag==3);
        break;
      case 4:
        do{
          flag=keyscan();
          JCB();
          }while(flag==5);
        break;
      default:
        flag=keyscan();
        break;
      }
    }
}


void timer0(void) interrupt 1
{
  P2=~P2;
  TH0=0xff;
  TL0=0x83;
  TR0=1;
}
```

（3）加载目标代码、设置时钟频率

将波形发生器程序生成目标代码文件"波形发生器.hex"，加载到图10-15中单片机"Program

File"属性栏中, 并设置时钟频率为 12MHz。

（4）仿真

单击 ▶ ▮▶ ▮▮ ▮ 中的 ▶ 按钮, 启动仿真。分别按下各个按钮, 输出方波、锯齿波、三角波。

思考题与习题

1. A/D 转换器的作用是什么? D/A 转换器的作用是什么?

2. D/A 转换器的主要性能指标有哪些? 设某 DAC 为二进制 12 位, 满量程输出电压为 5V, 试问它的分辨率是多少?

3. A/D 转换器的主要性能指标有哪些?

4. 某 8 位 D/A 转换器, 输出电压为 0～5V, 当输入数字量为 30H 时, 其对应的输出电压是多少?

5. AT89S51 与 DAC0832 接口时, 有几种连接方式? 各有什么特点? 各适合在什么场合使用?

6. 对于 8 位、12 位、16 位 A/D 转换器, 当满刻度输入电压为 5V 时, 其分辨率各为多少?

7. 判断 A/D 是否转换结束一般可采用几种方式? 每种方式有何特点?

8. 在一个由 AT89S51 单片机与一片 ADC0809 组成的数据采集系统中, ADC0809 的 8 个输入通道的地址为 7FF8H～7FFFH, 试画出有关接口电路图, 并编写程序。要求: 每隔 1min 轮流采集一次, 共采样 20 次, 其采样值存入片外 RAM 2000H 单元开始存储区中。

9. 用 TLC5615 生成周期为 2ms 的等宽方波。

第11章 ▶▶
单片机应用系统设计

 知识目标

（1）掌握单片机应用系统的设计过程。
（2）掌握单片机常用控制部件的基本知识及运用。

 技能目标

（1）掌握 DS1302 数字时钟电路系统的软件、硬件设计并仿真调试。
（2）掌握步进电机控制系统的软件、硬件设计并仿真调试。

11.1 单片机应用系统的设计过程

11.1.1 应用系统开发流程

单片机应用系统是指以单片机为核心，配以一定的外围电路和软件，能实现用户所要求的测控功能的系统。除硬件电路外，还需嵌入系统应用程序。硬件和软件只有紧密配合、协调一致，才能组成高性能的单片机应用系统。在系统的开发过程中，软硬件的功能总是在不断地调整，以便相互适应。硬件设计和软件设计不能截然分开，硬件设计时应考虑软件设计方法，而软件设计时应了解硬件的工作原理，在整个开发过程中互相协调，以利于提高工作效率。

单片机应用系统的开发流程如图 11-1 所示，除产品立项后的方案论证外，主要有总体设计、硬件设计、软件设计、仿真调试和脱机检查 5 个部分。在总体设计完成后，硬件设计和软件设计可以同时进行，而仿真调试则应在硬件设计与软件设计完成后进行。

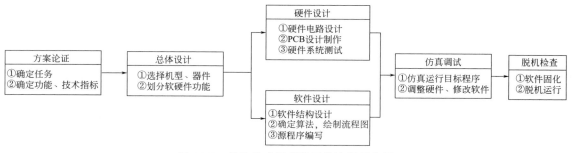

图 11-1　单片机应用系统开发流程示意图

（1）总体设计

通常设计人员在接到项目任务时，首先要进行系统总体方案的规划设计。而总体设计要求设计人员能很好地理解系统要实现的功能以及所要达到的技术指标，要根据系统的工作环境、具体用途、功能和技术指标，拟定一个性能价格比较好的设计方案，这是后续设计工作的前提和指导方向。总体设计包括以下几方面。

① 机型选择　选择单片机机型的出发点主要是根据系统的要求和各种单片机的性能，在考虑市场货源的前提下，选择最容易实现产品技术指标的机型，而且能达到较高的性能价格比；在开发任务重、时间紧的情况下，还需考虑对所选择的机型是否熟悉。

② 器件选择　除单片机以外，系统中还可能需要传感器、模拟电路、输入/输出电路和存储器等对系统性能有重要影响的器件，这些器件的选择应符合系统的精度、速度和可靠性等方面的要求。

③ 软硬件功能划分　系统硬件的配置和软件的设计是紧密联系在一起的，而且在某些场合，硬件和软件具有一定的互换性。有些硬件电路的功能可用软件来实现，反之亦然。

（2）硬件设计

硬件设计是根据总体设计要求，进行系统电路设计和 PCB 绘制。一般而言，在进行系统的硬件设计时应遵循以下几个原则。

① 尽可能采用功能强的芯片。

a. 单片机的选型。随着集成电路技术的飞速发展，单片机的集成度越来越高，许多外围部件都已集成在芯片内，使设计工作大大简化。例如，目前市场上较为流行的 Cygnal 公司的 C8051F020 8 位单片机，片内集成有 8 通道 A/D、两路 D/A、两路电压比较器、内置温度传感器、定时器、可编程数字交叉开关和 64 个通用 I/O 口、电源检测、看门狗、多种类型的串行总线（两个 UART、SPI）等。使用 1 片 C8051F020 8 位单片机就可构成一个应用系统。

b. 优先采用片内带有闪烁存储器的产品。例如，使用 Atmel 公司生产的 AT89C5× 系列产品，可省去片外扩展程序存储器的工作，减少芯片数量，缩小系统体积。

c. RAM 容量考虑。大多数单片机内的 RAM 单元有限，当需增强软件数据处理功能时，往往感觉不足，这就要求系统配置外部 RAM，例如 6264、62256 芯片等。

d. 对 I/O 端口留有余地。在样机研制出来进行现场试用时，往往会发现一些被忽视的问题，而这些问题是不能单靠软件措施来解决的，如有些新的信号需要采集，就必须增加输入检测端，有些物理量需要控制，就必须增加输出端。如果在软件设计之初就多留一些 I/O 端口，这些问题就会迎刃而解了。

e. 预留 A/D、D/A 通道。与上述的 I/O 端口同样的原因，留出一些 A/D、D/A 通道将来会解决大问题。

② 以软代硬。

原则上，只要软件能够做到且能满足性能要求，就不用硬件。硬件多了，不但增加成本，而且系统故障率也会提高，以软代硬的实质，是以时间换空间，软件的执行过程需要消耗时间，因此这种代替带来的问题就是实时性下降。在实时性要求不高的场合，以软代硬是很合算的。

③ 工艺设计。

工艺设计包括机箱、面板、配线、接插件等，必须考虑安装、调试、维修的方便。另外，硬件的抗干扰措施也必须在硬件设计时一并考虑。

典型单片机应用系统框图如图 11-2 所示。

典型的单片机应用系统主要由单片机基本部分、输入部分和输出部分组成。

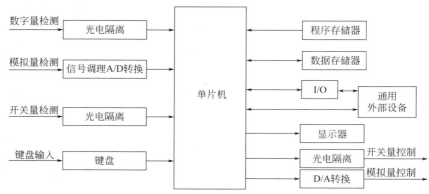

图 11-2　典型单片机应用系统框图

（3）软件设计

单片机应用系统软件的设计是系统设计中工作量较大的部分。软件设计包括拟定程序的总体方案、画出程序流程图、编制具体程序以及程序的检查修改等。

① 程序的总体设计　这是指从系统高度考虑程序结构、数据形式和程序功能的实现手法及手段。在拟定总体设计方案时，要求设计者根据系统的总任务选用切合实际的程序设计方法，画出程序的总体框图及子模块的所有流程图。

② 程序的编制　程序流程图绘制完成后，整个程序的轮廓和思路已十分清楚。设计者就可统筹考虑和安排一些带有全局性的问题，例如程序地址空间分配、工作寄存器安排、数据结构、端口地址和输入/输出格式等，然后依照流程图来编制具体程序。

③ 程序的检查和修改　一个实际的应用程序编好以后，往往会有不少潜在隐患和错误，因此，源程序编好后在上机调试前进行静态检查是十分必要的。静态检查采用自上而下的方法进行，发现错误及时修改，可以加快整个程序的调试进程。

（4）仿真调试

在硬件系统测试合格且应用程序通过汇编检查合格后，方能进入仿真调试。

传统开发过程中的仿真调试是在开发装置在线仿真环境下进行的，其主要任务是排除样机硬件故障，完善硬件结构，试运行所设计的程序，排除程序错误，优化程序结构，使系统达到期望的功能。

① 硬件调试　单片机应用系统的硬件和软件调试是交叉进行的，但通常是先排除样机中明显的硬件故障（逻辑错误、元器件失效及电源故障等），才能安全地和仿真器相连，进行综合调试。

② 软件调试　汇编后的应用程序形成一个可执行的目标文件下载到仿真器上，系统在仿真器的支持下，对应用程序进行调试。软件调试与所选用的软件结构和程序设计技术有关。如果采用实时多任务操作系统，一般是逐个任务进行调试，在调试某个任务时，同时也调试相关的子程序、中断服务程序和一些操作系统的程序；如果采用模块程序设计技术，则逐个模块（子程序、中断程序和 I/O 程序等）调好以后，再连成一个大的程序，然后进行系统程序综合调试。在调试过程中，应不断修改和完善应用程序。

出现计算机的单片机仿真技术之后，其强大的单片机系统设计与仿真功能，使其成为单片机系统应用开发和改进的手段之一。例如，采用 Proteus 软件进行开发，全部过程都是在 ISIS 平台上完成的。仿真阶段将目标代码文件加载到单片机系统中，并实现单片机系统的实时交互、协同仿真，在相当程度上反映了实际单片机系统的运行情况。

（5）脱机检查

系统应用程序调试合格后，利用程序写入器将应用程序固化到单片机的程序存储器中，然后将应用系统脱离仿真器进行上电运行检查。由于单片机实际运行环境和仿真调试环境的差异，即使仿真调试合格，脱机运行时也可能出错，所以这时应进行全面检查，针对可能出现的问题，修改硬件、软件或总体设计方案。

11.1.2　应用系统可靠性设计

功能性设计、产品化设计和可靠性设计构成了单片机应用系统设计的三位一体。功能性设计是为了满足系统控制、运算等基本运行能力的设计；产品化设计是保证构成实用产品必须解决的环境适应性、使用条件适应性以及满足使用者人体工程的设计；可靠性设计则是保证正常使用条件下，系统有良好的运行可靠性与安全性。

功能性是基础，可靠性是保障。因此，学习中应在掌握功能性设计的基础上，了解可靠性设计的内容。减少系统的错误或故障，提高系统可靠性的措施如下。

（1）采用抗干扰措施

① 抑制电源噪声干扰。安装低通滤波器，减少印制板上交流电引进线长度，电源的容量留有余地，完善滤波系统、逻辑电路和模拟电路的合理布局等。

② 抑制输入/输出通道的干扰。使用双绞线、光电隔离等方法和外部设备传送信息。

③ 抑制电磁场干扰。电磁屏蔽。

（2）提高元器件可靠性

① 选用质量好的元器件并进行严格的老化测试、筛选。

② 设计时技术参数留有一定余量。

③ 印制板和组装的工艺质量。

④ E^2ROM 型和 Flash 型单片机不宜在环境恶劣的系统中使用。

（3）采用容错技术

① 信息冗余　通信中采用奇偶校验、累加和校验、循环码校验等措施，使系统具有检错和纠错能力。

② 使用系统正常工作监视器　当 AT89S51 应用系统受到干扰可能会失控，会引起程序"跑飞"或使程序陷入"死循环"。这时系统将完全瘫痪。如果操作人员在场，可按下人工复位按钮，强制系统复位。但操作人员不可能一直监视着系统，即使监视着系统，也往往是在引起不良后果之后才进行人工复位。能不能不用人来监视，使系统摆脱"死循环"，重新执行正常的程序呢？采用"看门狗"（Watch-Dog，简写为 WDT）技术可解决这一问题。

AT89S51 的开门狗电路是由一个 14 位的 WDT 计数器和一个看门狗复位寄存器 WDTRST 组成的，看门狗复位寄存器 WDTRST 占用的 SFR 地址为 A6H。外部复位时，看门狗 WDT 默认为关闭状态。要打开 WDT，用户必须向看门狗复位寄存器 WDTRST 先写入 1EH，再写入 E1H，即可激活看门狗。看门狗被激活后，WDT 会在每个机器周期计数一次，当 14 位的 WDT 计数器计到 16383 时，WDT 将溢出，会使单片机的复位端 RST 输出高电平的复位脉冲。除硬件或 WDT 溢出外，没有其他方法关闭 WDT。当 WDT 打开后，需要在一定的时间间隔内写 1EH 和 E1H 到

WDTRET，避免 WDT 计数溢出。WDT 计数器既不可写，也不可读。

在程序初始化时用下列程序激活看门狗。

```
sfr WDTRST = 0xA6;

WDTRST=0x1E; //在主程序中要有下列喂狗指令

WDTRST=0xE1;

WDTRST=0x1E;

WDTRST=0xE1;
```

11.2　常用的控制部件

11.2.1　DS1302 芯片

（1）DS1302 时钟芯片简介

DS1302 是 Dallas 公司推出的 SPI 总线涓流充电时钟芯片，内含一个实时时钟/日历和 31 字节静态 RAM，通过简单的串行接口与单片机进行通信。实时时钟/日历电路提供秒、分、时、星期、日、月、年的信息，每月的天数和闰年的天数可自动调整，时钟操作可通过 AM/PM 指示决定采用 24 或 12 小时格式。DS1302 与单片机之间能简单地采用同步串行的方式进行通信，仅需用到 $\overline{\text{RST}}$（复位）、I/O（数据线）、SCLK（串行时钟）3 个口线。时钟/RAM 数据的读/写以一个字节方式或多达 31 个字节的字符组方式通信。

DS1302 是 DS1202 的升级产品，增加了主电源 V_{CC2} 和备份电源 V_{CC1} 双电源引脚，同时提供了对后备电源进行涓流充电的能力。DS1302 芯片有以下特性。

① 实时时钟具有计算 2100 年之前的秒、分、时、日、星期、年的能力，还有闰年调整的能力。

② 31B 的 8 位暂存数据存储 RAM。

③ 串行 I/O 口方式，使得引脚数量最少。

④ 工作电压 2.0～5.5V。

⑤ 2.5V 时耗电流小于 300nA。

⑥ 读/写时钟或 RAM 数据时有单字节传送和多字节传送字符组两种传送方式。

⑦ DS1302 工作时的功率小于 1mW。

⑧ 简单 3 线接口。

⑨ 与 TTL 兼容 V_{CC}=5V。

⑩ 可选工业级温度范围–40 +85℃。

（2）DS1302 时钟芯片的封装及引脚描述

DS1302 包含 8 脚 DIP 封装和 8 脚 SOIC 封装（表面装配）两种形式，如图 11-3 所示，引脚功能见表 11-1。

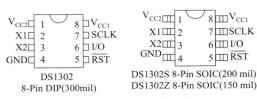

图 11-3　DS1302 的封装

表 11-1　DS1302 引脚描述

引脚号	符　号	描　述	引脚号	符　号	描　述
1	V_{CC2}	主电源引脚	5	$\overline{RST}$	复位引脚
2	X1	晶振引脚	6	I/O	数据输入/输出引脚
3	X2	晶振引脚	7	SCLK	串行时钟输入引脚
4	GND	电源地引脚	8	V_{CC1}	备份电源引脚

（3）DS1302 的命令字节格式

每一数据的传送由命令字节进行初始化，DS1302 的命令字节格式见表 11-2，最高位 MSB（D7 位）必须为逻辑 1，如果为 0，则禁止写 DS1302。D6 位为逻辑 0（$\overline{CLK}$），指定读/写操作为时钟/日历数据；D6 位为逻辑 1（RAM），指定读/写操作为 RAM 数据。D5～D1 位（A4～A1 地址）指定进行输入或输出的特定寄存器。最低有效位 LSB（D0 位）为逻辑 0，指定进行写操作（输入）；为逻辑 1，指定读操作（输出）。命令字节总是从最低有效位 LSB（D0）开始输入，命令字节中的每一位是在 SCLK 的上升沿送出的。

表 11-2　DS1302 的命令字节格式

D7（MSB）	D6	D5	D4	D3	D2	D1	D0（LSB）
1	RAM/$\overline{CLK}$	A4	A3	A2	A1	A0	RD/$\overline{W}$

（4）DS1302 内部寄存器

DS1302 内部寄存器地址（命令）及数据寄存器分配情况如图 11-4 所示。图 11-4 中，RD/$\overline{W}$ 为读/写保护位：RD/$\overline{W}$=0，寄存器数据能够写入；RD/$\overline{W}$=1，寄存器数据不能写入，只能读出。A/P 为上/下午模式选择位：A/P=1，下午模式；A/P=0，上午模式。TCS 为涓流充电选择位：TCS=1010，使能涓流充电；TCS=其他，禁止涓流充电。DS 为二极管选择位：DS=01，选择一个二极管；DS=10，选择两个二极管；DS=00 或 11 时，即使 TCS=1010，充电功能也被禁止。RS 位功能见表 11-3。

表 11-3　RS 位功能表

RS 位	电阻	典型位/kΩ	RS 位	电阻	典型位/kΩ
00	无	无	10	R2	4
01	R1	2	11	R3	8

11.2.2　步进电机的控制

步进电机是一种以脉冲信号控制转速的电动机，很适合使用单片机来进行控制。在数控机床、医疗器械、仪器仪表、机器人以及其他自动设备中得到了广泛应用。步进电机如图 11-5 所示。

（1）步进电机的工作原理

我国使用的步进电机多为反应式步进电机。步进电机的工作原理实际上是电磁铁的作用原理。图 11-5 所示是一种最简单的反应式步进电机，下面以它为例来说明步进电机的工作原理。

图 11-6（a）中，当 A 相绕组通以直流电流时，根据电磁学原理，便会在 AA 方向上产生一磁场，在磁场电磁力的作用下，吸引转子，使转子的齿与定子 AA 磁极上的齿对齐。若 A 相断电，B 相通电，这时新的磁场的电磁力又吸引转子的两极与 BB 磁极齿对齐，转子沿顺时针转过 60°。通常，步进电机绕组的通断电状态每改变一次，其转子转过的角度α 称为步距角。因此，图 11-6（a）

所示步进电机的步距角 α 等于 60°。如果控制线路不停地按 A→B→C→A⋯的顺序控制步进电机绕组的通断电，步进电机的转子便不停地顺时针转动。若通电顺序改为 A→C→B→A⋯，步进电机的转子将逆时针不停地转动。

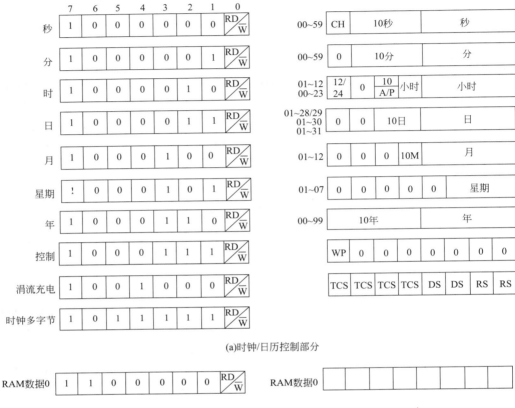

(a)时钟/日历控制部分

(b)RAM控制部分

图 11-4　DS1302 内部寄存器地址（命令）及数据寄存器分配示意图

图 11-5　步进电机

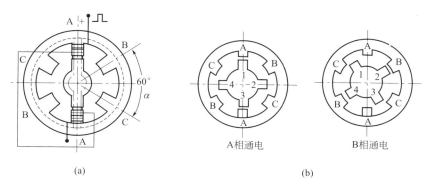

图 11-6　步进电机工作原理图

图 11-6（b）中的步进电机，定子仍是 A、B、C 三相，每相两极，但转子不是两个磁极而是 4 个。当 A 相通电时，是 1 和 3 极与 A 相的两极对齐，很明显，当 A 相断电、B 相通电时，2 和 4 极将与 B 相两极对齐。这样，在三相三拍的通电方式中，步距角等于 30°，在三相六拍通电方式中，步距角 α 则为 15°。

综上所述，可以得到以下结论。

① 步进电机定子绕组的通电状态每改变一次，它的转子便转过一个确定的角度，即步进电机的步距角 α。

② 改变步进电机定子绕组的通电顺序，转子的旋转方向随之改变。

③ 步进电机定子绕组通电状态的改变速度越快，其转子旋转的速度越快，即通电状态的变化频率越高，转子的转速越高。

（2）步进电机的驱动

将单片机系统的 I/O 口分别接到步进电机的绕组，然后根据所选定的步进电机的型号和控制要求来决定控制方式，并写出相应的步进电机转相表，通过单片机系统的 I/O 口将电动机转相表的数学模型传递给步进电机的绕组，使之按照一定的顺序轮流通电，就可以使步进电机按照一定的方向运行。步进电机有 3 种工作方式：单拍、双拍和多拍。下面以三相步进电机为例来说明步进电机各工作方式的数学控制方式。

① 单三拍：通电顺序为 A→B→C 循环，见表 11-4。

表 11-4　单三拍通电顺序

步序	控制位			工作状态	控制模型
	C 相	B 相	A 相		
1	0	0	1	A	01H
2	0	1	0	B	02H
3	1	0	0	C	04H

② 双三拍：通电顺序为 AB→BC→CA 循环，见表 11-5。

表 11-5　双三拍通电顺序

步序	控制位			工作状态	控制模型
	C 相	B 相	A 相		
1	0	1	1	AB	03H
2	1	1	0	BC	06H
3	1	0	1	CA	05H

③ 三相六拍：通电顺序为 A→AB→B→BC→C→CA 循环，见表 11-6。

表 11-6　三相六拍通电顺序

步序	控制位			工作状态	控制模型
	C 相	B 相	A 相		
1	0	0	1	A	01H
2	0	1	1	AB	03H
3	0	1	0	B	02H
4	1	1	0	BC	06H
5	1	0	0	C	04H
6	1	0	1	CA	05H

单片机的输出电流太小，不能直接驱动步进电机，需要加驱动电路。对于电流小于 0.5A 的步进电机，可以采用 ULN2003 驱动 IC。

11.3　案例：电子时钟设计

【任务目的】了解 DS1302 的基本工作原理，掌握利用 DS1302 构成电子时钟系统的软、硬件设计方法，熟悉 Proteus 仿真软件的使用。

【任务描述】用 DS1302 电子时钟芯片设计电子时钟；用 LED 数码管动态显示时、分、秒；时钟具有调时功能。

（1）硬件设计

双击桌面上 图标，打开 ISIS 7 Professional 窗口。单击菜单"File"→"New Design"命令，新建一个"DEFAULT"模板，保存文件名为"电子时钟设计.DSN"。在"器件选择"按钮 中单击"P"按钮，或执行菜单"Library"→"Pick Device/Symbol"命令，添加表 11-7 所示的元器件。

表 11-7　电子时钟设计所用的元器件

序号	元器件	序号	元器件	序号	元器件	序号	元器件
1	单片机 AT89S51	4	电子时钟芯片 DS1302	7	BCD-七段译码驱动器 74LS47	10	LED 数码管 7SEG-MPX6-CA-BLUE
2	按钮 BUTTON	5	四输入或非门 4002	8	双向三态数据缓冲器 74LS245		
3	电容 CAP	6	电源 CELL	9	晶振 CRYSTAL	11	电阻排 RX8

在 ISIS 原理图编辑窗口中放置元器件，再单击工具箱中的"元器件终端"按钮 ，在对象选择器中单击"POWER"和"GROUND"放置电源和地。放置好元器件后，布好线。双击各元器件，设置相应元器件参数，完成原理图设计，如图 11-7 所示（其中的时钟电路及复位电路未画出）。

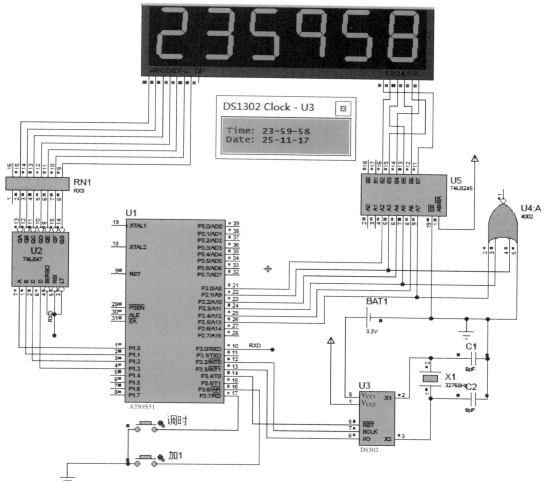

图 11-7　电子时钟电路仿真图

（2）程序设计

```c
#include <reg51.h>
#include<intrins.h>                // 用于 nop 延时
#define uint unsigned int    // 定义 用 uint 代替 unsigned int
#define uchar unsigned char
#define RST_CLR          RST=0     /*电平置低*/
#define RST_SET          RST=1     /*电平置高*/
/*双向数据*/
#define SDA_CLR          SD=0  /*电平置低*/
#define SDA_SET          SD=1  /*电平置高*/
#define SDA_R            SD    /*电平读取*/
/*时钟信号*/
#define SCK_CLR          SCK=0     /*时钟信号*/
#define SCK_SET          SCK=1     /*电平置高*/
```

```
bdata uchar temp2, temp;
sbit bflag=temp2^7;
sbit flag=temp^0;        //为后面的串行数据做准备
sbit RST =P3^4;
sbit SD=P3^3;            //1302 接口定义
sbit SCK=P3^2;
sbit JIA1=P3^6;
sbit TSH=P3^7;
uint shi, ge, sec, min, hour, day, mou, year, weekday;
uchar write_add[7]={0x8c, 0x8a, 0x88, 0x86, 0x84, 0x82, 0x80}; //1302 的写寄存器
                                                                地址
uchar time_data[7]={0x17, 0x06, 0x11, 0x25, 0x23, 0x59, 0x55}; //1302 初始时间
bdata uchar dat;
uchar SS;
void Delayms ( unsigned int delay)
{
        unsigned char i,  j;
        while (delay--)
        {
                _nop_ ();
                _nop_ ();
                _nop_ ();
                i = 11;
                j = 190;
                do
                {
                 while (--j);
                } while (--i);
        }
}

void Write_Ds1302_Byte (unsigned char dat)
{
        unsigned char i;
        SCK_CLR;
        for (i=0; i<8; i++)
        {
                if (dat & 0x01)   // 等价于 if ((addr & 0x01) ==1)

                {
```

```
                               SDA_SET;       //#define SDA_SET SDA=1 /*电平置高*/
                             }
                             else
                             {
                               SDA_CLR;       //#define SDA_CLR SDA=0 /*电平置低*/
                             }
                             SCK_SET;
                             SCK_CLR;
                             dat = dat >> 1;
            }
}


unsigned char Read_Ds1302_Byte（void）   //单字节读出一字节数据
{
            unsigned char i, dat=0;
            SCK_CLR;
            for (i=0; i<8; i++)
            {
                             dat = dat >> 1;
                             if （SDA_R）  //等价于 if（SDA_R==1） #define SDA_R
                                          SDA /*电平读取*/
                             {
                               dat |= 0x80;
                             }
                             else
                             {
                               dat &= 0x7F;
                             }
                             SCK_SET;
                             SCK_CLR;
            }
            SDA_CLR;
            return dat;
}


void Ds1302_Single_Byte_Write（unsigned char addr, unsigned char dat）//0x80
{                            //向 DS1302 单字节写入一字节数据

            RST_CLR;                     /*RST 脚置低，实现 DS1302 的初始化*/
            SCK_CLR;                     /*SCK 脚置低，实现 DS1302 的初始化*/
```

```
        RST_SET;                /*启动 DS1302 总线，RST=1 电平置高 */
        addr = addr & 0xFE;  //写操作
        Write_Ds1302_Byte (addr);  /*写入目标地址：addr，保证是写操作，写之前将
                                       最低位置零*/
        Write_Ds1302_Byte (dat);  /*写入数据：dat*/
        RST_CLR;                /*停止 DS1302 总线*/
}


unsigned char Ds1302_Single_Byte_Read (unsigned char addr)  //从 DS1302 单字节
                                                               读出一字节数据
{
        unsigned char temp;
        RST_CLR;                /*RST 脚置低，实现 DS1302 的初始化*/
        SCK_CLR;                /*SCK 脚置低，实现 DS1302 的初始化*/
        RST_SET;                /*启动 DS1302 总线，RST=1 电平置高 */
        addr = addr | 0x01;
        Write_Ds1302_Byte (addr);  /*写入目标地址：addr，保证是读操作，写之前将
                                       最低位置高*/
        temp=Read_Ds1302_Byte ();  /*从 DS1302 中读出一个字节的数据*/
        RST_CLR;                   /*停止 DS1302 总线*/
        return temp;
}


void init () //1302
{
  uchar i;
  Ds1302_Single_Byte_Write (0x8e, 0x00);     //撤销写保护
        for (i=0; i<7; i++)                //向 1302 写初始时间
        {
                Ds1302_Single_Byte_Write(write_add[i],time_data[i]);
        }
        Ds1302_Single_Byte_Write (0x8e, 0x80);         //1302 写保护
}


void time ()
{
        time_data[7]=Ds1302_Single_Byte_Read (0x81)/16;       //读秒
        time_data[6]=Ds1302_Single_Byte_Read (0x81)%16;
        time_data[5]=Ds1302_Single_Byte_Read (0x83)/16;       //读分
        time_data[4]=Ds1302_Single_Byte_Read (0x83)%16;
```

```
                time_data[3]=Ds1302_Single_Byte_Read (0x85) /16;          //读小时
                time_data[2]=Ds1302_Single_Byte_Read (0x85) %16;
                Delayms (1) ;
}


void display ()
{
                P2=0xfe;
                P1=time_data[7];
                Delayms (1) ;
                P2=0xfd;
                P1=time_data[6];
                Delayms (1) ;
                P2=0xfb;
                P1=time_data[5];
                Delayms (1) ;
                P2=0xf7;
                P1=time_data[4];
                Delayms (1) ;
                P2=0xef;
                P1=time_data[3];
                Delayms (1) ;
                P2=0xdf;
                P1=time_data[2];
                Delayms (1) ;
}
void tiaozheng ()
{
                if (TSH==1) return;
                while (TSH==0) ;
                while (TSH==1)
                {
                        if (JIA1==0)
                        {
                         Delayms (1) ;
                         if (JIA1==0)
                         {
                            if (time_data[7]*10+time_data[6]>=24)
                            {
                                time_data[6]=time_data[7]=0;
```

```
                                    time_data[7]++;
                             }
                             if (time_data[6]>=10) time_data[6]=0;
                             while (JIA1==0) display () ;
                         }
                     }
                 display () ;
         }
     while (TSH==0) ;
     while (TSH==1)
     {
                     if (JIA1==0)
                     {
                      Delayms (1) ;
                      if (JIA1==0)
                      {
                          if ( ( (time_data[5]/16) *10+time_data[5]%16)
                          ==60) time_data[5]=0;
                          else time_data[5]++;
                          while (JIA1==0) display () ;
                      }
                     }
                 display () ;
     }

     while (TSH==0) ;
     while (TSH==1)
     {
                     if (JIA1==0)
                     {
                      Delayms (1) ;
                      if (JIA1==0)
                      {
                          if ( ( (time_data[6]/16) *10+time_data[6]%16)
                          ==60) time_data[6]=0;
                          else time_data[6]++;
                          while (JIA1==0) display () ;
                      }
                     }
```

```
                    display ();
            }
        init ();
}
void main ()
{
        init ();
        while (1)
        {
                time ();
                display ();
                tiaozheng ();
        }
}
```

（3）加载目标代码、设置时钟频率

将电子时钟控制汇编程序生成目标代码文件"DS1302.hex"，加载到图 11-7 中单片机"Program File"属性栏中，并设置时钟频率为 12MHz。

（4）仿真

单击 ▶ ▮▶ ▮▮ ▮ 中的按钮 ▮▶ ，启动仿真。上电后时钟开始显示时间，按下调时按钮时，则进入调校时间状态，可依次调校时、分、秒。调校时，显示屏中"时"显示闪烁，这时按"加 1"按钮，调校"时"，每按一次，加 1 个小时；调好后再按"调时"按钮，则"分"显示闪烁，这时按"加 1"按钮，调校"分"，每按一次，加 1 分钟；调好后再按"调时"按钮，则"秒"显示闪烁，这时按"加 1"按钮，调校"秒"，每按一次，加 1 秒；调好后再按"调时"按钮，退出调时状态。

11.4 案例：单片机控制步进电机的设计

【任务目的】了解步进电机的相关知识，掌握利用单片机控制步进电机的各种动作。

【任务描述】用 AT89S51 单片机控制步进电机正转/反转；用 Proteus 实现电路设计和程序设计，并进行实时交互仿真。

（1）硬件电路设计

双击桌面上 🍱 图标，打开 ISIS 7 Professional 窗口。单击菜单"File"→"New Design"命令，新建一个"DEFAULT"模板，保存文件名为"步进电机控制.DSN"。在"器件选择"按钮 P L DEVICES 中单击"P"按钮，或执行菜单"Library"→"Pick Device/Symbol"命令，添加表 11-8 所示的元器件。

表 11-8 步进电机控制所用的元器件

序号	元器件	序号	元器件	序号	元器件
1	单片机 AT89S51	3	电阻 RES10K	5	反相器 74LS04
2	按钮 BUTTON	4	运放 ULN2003A	6	单极性步进电机 MOTOR-STEPPER

在 ISIS 原理图编辑窗口中放置元器件，再单击工具箱中的"元器件终端"按钮 ，在对象选择器中单击"POWER"和"GROUND"放置电源和地。放置好元器件后，布好线。双击各元器件，设置相应元器件参数，完成原理图设计，如图 11-8 所示（其中的时钟电路及复位电路未画出）。

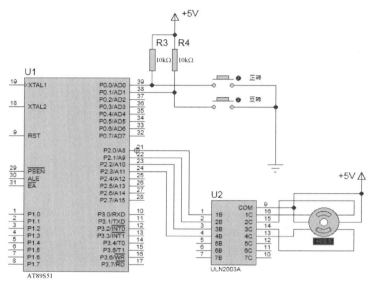

图 11-8　步进电机控制电路仿真图

（2）程序设计

```c
#include "reg51.h"
#define uchar unsigned char
#define uint unsigned int
#define out  P2
sbit pos=P0^0;
sbit neg=P0^1;
void delayms (uint);
uchar code turn[]={0x02, 0x06, 0x04, 0x0c, 0x08, 0x09, 0x01, 0x03};
void main (void)
{
        uchar i;
        out=0x03;
        while (1)
        {
                if (! pos)
                {
                i = i < 8 ?  i+1 :  0;
                out=turn[i];
                delayms (50);
                }
```

```
                                else if (! neg)
                                {
                                  i = i > 0 ?  i-1 :  7;
                                  out=turn[i];
                                  delayms (50);
                                }
                }
        }


void delayms (uint j)
{
                uchar i;
                for (; j>0; j--)
                {
                                i=250;
                                while (--i);
                                i=249;
                                while (--i);
                }
}
```

（3）加载目标代码、设置时钟频率

将步进电机控制汇编程序生成目标代码文件 "步进电机.hex"，加载到图 11-8 中单片机 "Program File" 属性栏中，并设置时钟频率为 12MHz。

（4）仿真

单击▶ ▮▶ ▮▮ ▮■中的按钮▶，启动仿真。"启动/停止" 按钮▮▶控制电动机的启动、停止；"正/反转" 按钮▮▮控制电动机的正转、反转，按键闭合时电动机为正转，打开时为反转；"快/慢速" 按钮▮■控制电动机的转动速度，按钮闭合时电动机为快速，打开时为慢速。

11.5　案例：电梯运行控制的楼层显示

【任务目的】掌握 C51 设计单片机应用系统的方法。

【任务描述】设计采用单片机控制 8×8 LED 点阵屏来模仿电梯运行的楼层显示装置。电梯楼层显示器初始显示 0。单片机的 P1 口的 8 个引脚接有 8 个按键开关 K1～K8，这 8 个按键开关 K1～K8 分别代表 1～8 楼。如果某一楼层的按键按下，单片机控制的点阵屏将从当前位置向上或向下平滑滚动显示到指定楼层的位置。

在上述功能基础上，还设有 LED 指示灯和蜂鸣器，在到达指定楼层后，蜂鸣器发出短暂声音且 LED 闪烁片刻。系统还应同时识别依次按下的多个按键，例如，当前位置在 1 层时，用户依次按下 6、5 时，则数字分别向上滚动到 5、6 时暂停且 LED 闪烁片刻，同时蜂鸣器发出提示音。如在待去楼层的数字中，有的在当前运行的反方向，则数字先在当前方向运行完毕后，再依次按顺序前往反方向的楼层位置。

（1）硬件电路设计

双击桌面上 📟 图标，打开 ISIS 7 Professional 窗口。单击菜单"File"→"New Design"命令，新建一个"DEFAULT"模板，保存文件名为"电梯运行控制的楼层显示.DSN"。在"器件选择"按钮 P L DEVICES 中单击"P"按钮，或执行菜单"Library"→"Pick Device/Symbol"命令，添加表 11-9 所示的元器件。

表 11-9 电梯运行控制的楼层显示所需元器件

序号	元器件	序号	元器件	序号	元器件
1	单片机 AT89S51	4	蜂鸣器 BUZZER	7	二极管 LED-RED
2	按钮 BUTTON	5	三极管 PNP	8	电阻 RES
3	驱动器 74LS245	6	电阻排 RES16DIPIS	9	8×8 LED 点阵屏　MATRIX-8X8-GREEN

在 ISIS 原理图编辑窗口中放置元器件，再单击工具箱中的"元器件终端"按钮 🖥，在对象选择器中单击"POWER"和"GROUND"放置电源和地。放置好元器件后，布好线。双击各元器件，设置相应元器件参数，完成电路设计，如图 11-9 所示。

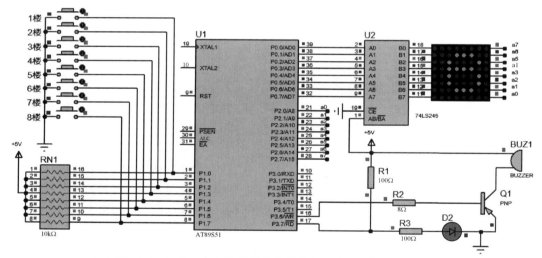

图 11-9 8×8 LED 点阵屏模仿电梯数字滚动显示电路仿真图

（2）程序设计

参考程序如下。

```c
#include"reg51.h"
#include"intrins.h"
#define uchar unsigned char
#define uint unsigned int
sbit p36=P3^6;
sbit p37=P3^7;
void delay(uint t);        //定义全局变量
```

```c
uint terminal;
uint outset=0;
uint flag=0;
uint flag1=0;
uint flag2=0;
uchar code scan[]={0x01, 0x02, 0x04, 0x08, 0x10, 0x20, 0x40, 0x80}; //扫描代码
                       //以下为显示"0，1，2，3，4，5，6，7，8"的 8×8 点阵代码
uchar code zm[]={0x00, 0x18, 0x24, 0x24, 0x24, 0x24, 0x18, 0x00, 0x00, 0x10,
0x1c, 0x10, 0x10, 0x10,
    0x3c, 0x00, 0x00, 0x38, 0x44, 0x40, 0x20, 0x10, 0x7c, 0x00, 0x00, 0x38, 0x44, 0x30,
0x40, 0x44, 0x38, 0x00, 0x00, 0x20, 0x30, 0x28, 0x24, 0x7e, 0x20, 0x00, 0x00, 0x7c,
0x04, 0x3c, 0x40, 0x40, 0x3c, 0x00,
    0x00, 0x38, 0x44, 0x3c, 0x44, 0x44, 0x38, 0x00, 0x00, 0x7e, 0x40, 0x40, 0x20, 0x10,
0x10, 0x00, 0x00,
    0x38, 0x44, 0x38, 0x44, 0x44, 0x38, 0x00};
void soundandled(uint j) //函数：提示楼层到，蜂鸣器发声及 LED 闪亮
{
uint i, k;
P0=0xff; P2=0xff;
for(i=0; i<20; i++)
{
p36=0;
delay(10);
p36=1;
for(k=0; k<8; k++)
{
P0=scan[k];
P2=zm[j*8+k];        //
p37=1;
delay(5);
p37=0;
}
}
}
unsigned int keyscan(void)      //键盘扫描函数
{
if(P1! =0xff)
{
switch(P1)
{
```

```
case 0x7f: {return(8); break; }
case 0xbf: {return(7); break; }
case 0xdf: {return(6); break; }
case 0xef: {return(5); break; }
case 0xf7: {return(4); break; }
case 0xfb: {return(3); break; }
case 0xfd: {return(2); break; }
case 0xfe: {return(1); break; }
default: return(0);
}
}
else
    return(0);
}
void downmove(uint m, uint n)        //电梯下行函数
{
uint k, j, i;
for(k=m*8; k>n*8; k--)
{
for(j=0; j<30; j++)
{
for(i=7; i>=0&&i<8; i--)
{
if(P1! =0xff)
{
outset=keyscan();
if((outset>n)&&(outset<m))
{
flag1=outset;
outset=n;
n=flag1;
terminal=n;
}while(P1! =0xff);
}                //在最里面循环中加判别，可增加按键灵敏度，如果不加，则只能是运行完所有循环
                    后才进入下一步
P0=scan[i];
P2=zm[(i+k)%72]; //
delay(1);
}
}
```

```
        }
    }
    void upmove(unsigned int m, unsigned int n)   //电梯上行函数
    {
    uint k, j, i;
    for(k=m*8; k<n*8; k++)
    {
    for(j=0; j<30; j++)
    {
    for(i=0; i<8; i++)
    {
    if(P1! =0xff)
    {
    outset=keyscan();
    if((outset>m)&&(outset<n))
    {
    flag1=outset;
    outset=n;
    n=flag1;
    terminal=n;
    }
    while(P1! =0xff);
    }              //在最里面循环中加入判别，可增加按键灵敏度，如不加，则只能运行完所有循环才
                     进入下一步
    P0=scan[i];
    P2=zm[(i+k)%72];    //
    delay(1);
    }
    }
    }
    }
    void show(unsigned int i)   //电梯静止，并等待键盘函数
    {
    uint k;
    while(P1! =0xff);
    while(P1==0xff)
    {

    for(k=0; k<8; k++)
    {
```

```
P0=scan[k];
P2=zm[i*8+k];   //

delay(1);


}


}


}
void main()                    //主函数
{
p37=0;
P2=0xff;
P0=0x00;
while(1)
{
show(flag);                    //显示电梯初始位置，等待按键动作
terminal=keyscan();            //获取键值
if(terminal>flag)
{
upmove(flag, terminal);        //如键值大于初始位置，电梯上行
soundandled(terminal);
}
if(terminal<flag)
{
downmove(flag, terminal);      //如键值大于初始位置，电梯下行
soundandled(terminal);
}
flag=terminal;
if(outset! =0)
{
if(outset>terminal)
{
upmove(terminal, outset);
soundandled(outset);
}
if(terminal>outset)
{
downmove(terminal, outset);
soundandled(outset);
```

```
    }
    flag=outset;
    outset=0;
    }
    }
    }
void delay(uint t)
{
uchar a;
while(t--)
for(a=0; a<122; a++) ;
}
```

（3）加载目标代码、设置时钟频率

将电梯运行控制的楼层显示 C51 语言程序生成目标代码文件"电梯运行控制的楼层显示.hex"，加载到图 11-9 中单片机"Program File"属性栏中，并设置时钟频率为 12MHz。

（4）仿真

单击 ▶ ⏭ ⏸ ⏹ 中的按钮 ▶，启动仿真。显示屏上显示"0"，当按下某楼层按钮时，屏幕向上（或向下）滚动显示连续数字，到达相应的楼层后，屏幕停止滚动，显示相应的楼层，且蜂鸣器发出"嘟嘟"响声。

11.6　案例：8 位竞赛抢答器设计

【任务目的】掌握 AT89S51 单片机应用系统的设计方法。

【任务描述】设计一个以单片机为核心的 8 位竞赛抢答器，要求如下。

① 抢答器同时供 8 名选手或 8 个代表队比赛使用，分别用 8 个按键 S0～S7 表示。

② 设置一个系统清除和抢答控制开关 S，该开关由主持人控制。

③ 抢答器具有锁存与显示功能。即选手按动按键，锁存相应的编号，且优先抢答选手的编号一直保持到主持人将系统数据清除为止。

④ 抢答器具有定时抢答功能，且一次抢答时间由主持人设定（如 30s）。当主持人启动"开始"键后，定时器进行减计时，同时扬声器发出短暂声响，声响持续时间为 0.5s 左右。

⑤ 参赛选手在设定的时间内进行抢答，抢答有效，定时器停止工作，显示器上显示选手的编号和抢答剩余时间，并保持到主持人将系统清除为止。

⑥ 如定时时间已到，无人抢答，本次抢答无效，系统报警并禁止抢答，定时显示器上显示 00。

通过键盘改变可抢答时间，可把定时时间变量设为全局变量，通过键盘扫描程序使每按下一次按键，时间加 1（超过 30 时置 0）。同时单片机不断进行按键扫描，当参赛选手的按键按下时，用于产生时钟信号的定时计数器停止计数，同时将选手编号（按键号）和抢答时间分别显示在 LED 上。

（1）硬件电路设计

双击桌面上 ⬛ 图标，打开 ISIS 7 Professional 窗口。单击菜单"File"→"New Design"命令，

新建一个"DEFAULT"模板，保存文件名为"8 位竞赛抢答器.DSN"。在"器件选择"按钮 ![P L DEVICES] 中单击"P"按钮，或执行菜单"Library"→"Pick Device/Symbol"命令，添加表 11-10 所示的元器件。

表 11-10　8 位竞赛抢答器所需元器件

序号	元器件	序号	元器件	序号	元器件	序号	元器件
1	单片机 AT89S51	3	蜂鸣器 SOUNDER	5	7 段共阴两位蓝色数码管 7SEG-MPX2-CC-BLUE	7	串行输入输出共阴极数码管显示驱动器 MAX7219
2	按钮 BUTTON	4	电阻 RES	6	7 段共阴两位红色数码管 7SEG-MPX2-CC		

在 ISIS 原理图编辑窗口中放置元器件，再单击工具箱中的"元器件终端"按钮 ![图标]，在对象选择器中单击"POWER"和"GROUND"放置电源和地。放置好元器件后，布好线。双击各元器件，设置相应元器件参数，完成电路设计，如图 11-10 所示。

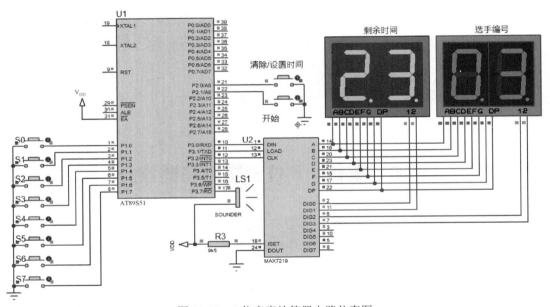

图 11-10　8 位竞赛抢答器电路仿真图

（2）程序设计

参考程序如下。

```c
#include<reg51.h>
#include<reg51.h>
sbit DIN=P3^0;          //与 MAX7219 接口定义
sbit LOAD=P3^1;
sbit CLK=P3^2;
sbit key0=P1^0;         //8 路抢答器按键
sbit key1=P1^1;
sbit key2=P1^2;
sbit key3=P1^3;
```

```c
sbit key4=P1^4;
sbit key5=P1^5;
sbit key6=P1^6;
sbit key7=P1^7;
sbit key_clear=P2^0;            //主持人时间设置、清除
sbit begin=P2^1;                //主持人开始按按键
sbit sounder=P3^7;              //蜂鸣器
unsigned char second=30;        //秒表计数值
unsigned char counter=0;        //counter 每计 100, second 减 1
unsigned char people=0;         //抢答结果
unsigned char
num_add[]={0x01, 0x02, 0x03, 0x04, 0x05, 0x06, 0x07, 0x08};
                                //max7219 读写地址、内容
unsigned char num_dat[]={0x80, 0x81, 0x82, 0x83, 0x84, 0x85, 0x86, 0x87, 0x88,
0x89};
unsigned char keyscan ()     //键盘扫描函数
{
unsigned char keyvalue, temp;
keyvalue=0;
P1=0xff;
temp=P1;
if（～（P1&temp））
            {
    switch (temp)
            {
                case 0xfe:
                            keyvalue=1;
                            break;
            case 0xfd:
                            keyvalue=2;
                            break;
            case 0xfb:
                            keyvalue=3;
                            break;
            case 0xf7:
                            keyvalue=4;
                            break;
case 0xef:
                            keyvalue=5;
                            break;
```

```
                        case 0xdf:
                                        keyvalue=6;
                                        break;
                        case 0xbf:
                                        keyvalue=7;
                                         break;
                        case 0x7f:
                                        keyvalue=8;
                                        break;
                                        default:
                                        keyvalue=0;
                                        break;
                                        }
                }
                        return keyvalue;
                        }
void max7219_send (unsigned char add, unsigned char dat)    //向 MAX7219 写命令函数
{
unsigned char ADS, i, j;
 LOAD=0;
i=0;
while (i<16)
 {
if (i<8)
                {
                   ADS=add;
                }
else
                {
                   ADS=dat;
                }
for (j=8; j>=1; j--)
                {
                DIN=ADS&0x80;
                ADS=ADS<<1;
                CLK=1;
                CLK=0;
                }
i=i+8;
}
```

```
 LOAD=1;
}
void max7219_init ()                  // MAX7219初始化函数
{
        max7219_send (0x0c, 0x01);
        max7219_send (0x0b, 0x07);
        max7219_send (0x0a, 0xf5);
        max7219_send (0x09, 0xff);
}
void time_display (unsigned char x)      //时间显示函数
{
        unsigned char i, j;
        i=x/10;
        j=x%10;
        max7219_send (num_add[1], num_dat[j]);
        max7219_send (num_add[0], num_dat[i]);
}
 void scare_display (unsigned char x)    //抢答结果显示函数
{
        unsigned char i, j;
        i=x/10;
        j=x%10;
max7219_send (num_add[3], num_dat[j]);
        max7219_send (num_add[2], num_dat[i]);
}
void holderscan ()                       //抢答时间设置函数
{
        time_display (second);
        scare_display (people);
        if (~key_clear)                  //如果有按键按下，改变抢答时间
        {
        while (~key_clear);
                if (people)   //如果抢答结果没有清空，抢答器重置
                {
                second=30;
people=0;
                }
                if (second<60)
                {
                second++;
```

```
                                  }
                                  else
                                  {
                                  second=0;
                                  }
                      }
          }
void timer_init ()              //定时器 T0 初始化函数
{
EA=1;
ET0=1;
TMOD=0x01;                      //定时器 T0 方式 0 定时
TH0=0xd8;                       //装入定时器定时常数，设定 10ms 中断一次
TL0=0xef;
}
 void main ()                   //主函数
{
while (1)
{
 do
{
 holderscan () ;
 }while (begin) ;               //开始前进行设置，若未按下开始按键
 while (~begin) ;               //防抖
 max7219_init () ;              //芯片初始化
 timer_init () ;                //中断初始化
 TR0=1;                         //开始中断
 do
{
time_display (second) ;
 scare_display (people) ;
 people=keyscan () ;
 }while ( (! people) && (second) ) ;    //运行直到抢答结束或时间结束
 TR0=0;
 }
}
void timer0 ()  interrupt 1 //定时器 T0 中断函数
{
if (counter<100)
{
```

```
        counter++;
            if（counter==50）
             {
              sounder=0;
             }
}
else
{
  sounder=1;
  counter=0;
second=second-1;
}
  TH0=0xd8; //重新装载
  TL0=0xef;
  TR0=1;
}
```

（3）加载目标代码、设置时钟频率

将 8 位竞赛抢答器 C51 语言程序生成目标代码文件"8 位竞赛抢答器.hex"，加载到图 11-10 中单片机"Program File"属性栏中，并设置时钟频率为 12MHz。

（4）仿真

单击 ▶ ▶ ▮▮ ▮ 中的按钮 ▶ ，启动仿真。按下"开始"按钮后，剩余时间数码管显示 "30"且每秒依次减 1，同时扬声器发出"哒哒"的响声；当某选手按下按键，则数码管显示该选手号码，同时剩余时间数码管显示当前剩余时间，不再变化；图 11-10 所示的仿真电路图为 3 号选手抢答，剩余 23s。

思考题与习题

1. 单片机应用系统开发流程是什么？
2. 应用系统可靠性设计方法有哪些？
3. 说明"看门狗"摆脱"死循环"和程序"跑飞"的工作原理。

第12章
Proteus 可视化设计

 知识目标

掌握基于 Arduino 的 Proteus 可视化设计方法。

 技能目标

熟悉 Proteus 可视化设计方法，能使用 Proteus 可视化设计方法设计简单电路。

单片机工程开发周期长，通常需要选择芯片、确定方案、设计硬件、编写功能代码、仿真测试、系统测试等。在硬件电路设计方面，开发者需要查阅硬件手册，弄清元器件的引脚用途、控制器的存储接口等，而且控制方式复杂。在软件设计方面，开发者至少要先学习一门编程语言，一般常用"C、C++"或汇编语言，然后再将两者综合应用起来。对于初学者来说，难度较大。

Proteus 可视化设计包含 Arduino 功能扩展板和 Grove 模块，库中包括所有常用的显示器、按钮、开关、传感器和电动机，以及 TFT 显示屏、SD 卡和音频播放等功能强大的器件。Arduino 是一个开放源码的软硬件平台，用户可以以拖放的方式来设计原理图，可视化设计简化了编程和控制外设的方式。因此，开发者仅需要掌握微控制器的基本架构，就可以进行可视化设计，大大降低了对编程和控制逻辑的设计要求。完整的 Arduino 和 Grove 工程可以在没有硬件设备的情况下进行仿真功能设计和开发，节省硬件验证的时间。用户也可以继续在 Proteus VSM 工作环境下用"C++"或汇编语言对同一个硬件编程。

12.1　新建工程

下面以一个具体的例子说明，基于 Arduino 的 Proteus 可视化设计方法，通过工程向导新建工程，如图 12-1 所示。

图 12-1　新建工程

设置工程名称和保存路径，如图 12-2 所示。

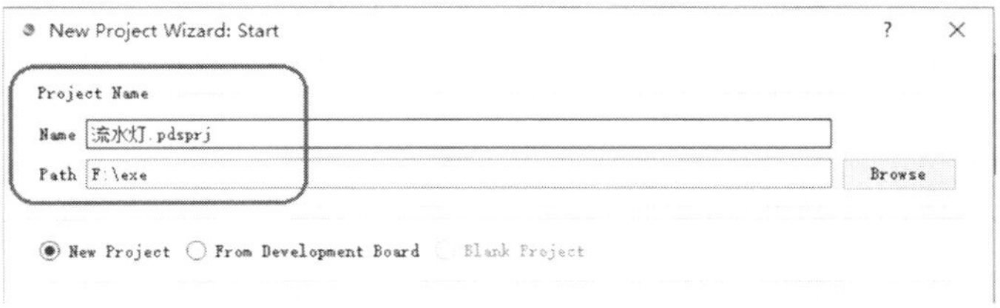

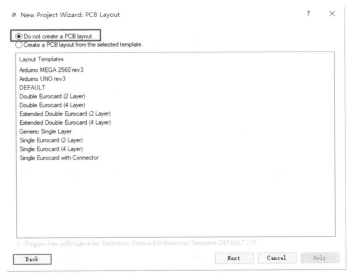

图 12-2　设置工程名称和保存路径

选择原理图规格，如图 12-3 所示。

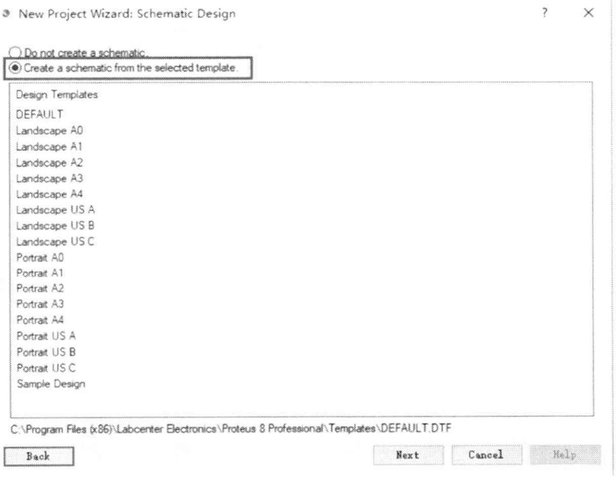

图 12-3　设置原理图规格

PCB 布局设置如图 12-4 所示。

图 12-4　PCB 布局

　　进行固件屏幕的设置，选择流程图工程单选按钮，然后从控制器组合框中选择"ARDUINO"系列和"Arduino Uno"或"Arduino Mega"，如图 12-5 所示。

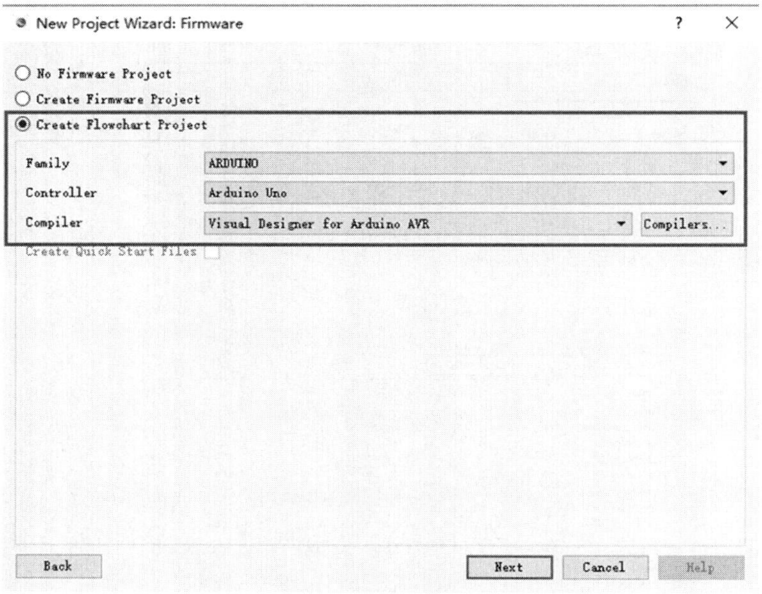

図 12-5　固件屏幕设置

最后，会看到工程摘要信息，如图 12-6 所示。

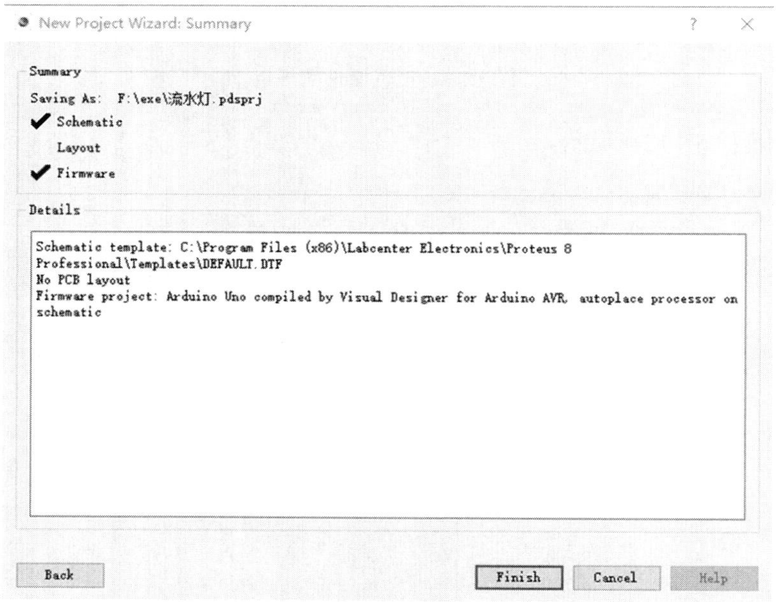

図 12-6　工程摘要信息

　　工程创建完成之后，用户将看到仅包含"Arduino"处理器的原理图和包含"SETUP"和"LOOP"流程图的"Visual Designer"窗口，如图 12-7 所示。

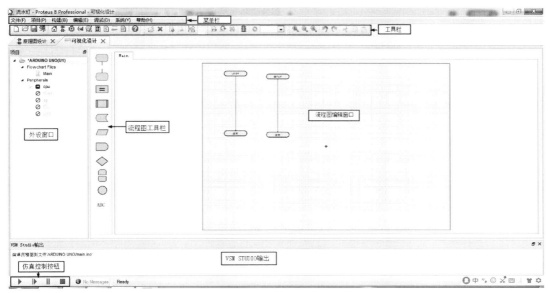

图 12-7　工程初始界面

12.2　界面简介

（1）外设窗口

外设窗口又称项目树。在此窗口中，用户可以通过使用鼠标右键单击，然后在弹出的快捷菜单中选择添加流程图、添加外设或添加资源文件等命令，如图 12-8 所示。

当用户选择某一个外设时，同样可以通过使用鼠标右键单击的方法，实现外设的删除、重命名等操作。

如果外设成功添加到工程中，使用鼠标右键单击外设左侧箭头，用户即可看到此外设所包含的所有方法。用户可以通过拖放的方式，将方法放置到流程图编辑窗口内，以实现其功能。这个过程大大简化了初学者的学习难度。

注意：每个设备要有不同的 ID。具有相同名称的端子被认为通过不可见线连接（网络标号）。

（2）流程图工具栏

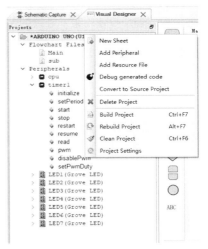

图 12-8　外设窗口

用户可以利用拖放的方法直接从外设窗口中或者从流程图工具栏将各方法拖到流程图编辑窗口。流程图工具栏中包括事件模块（📮）、结束模块（⬠）、分配模块（▤）、子程序调用模块（▣）、存储数据模块（▱）、I/O 操作（▱）、延时模块（▭）、条件模块（◇）、循环结构模块（▤）、内部标号（○）、文本注释（ABC）等工具。

① 分配模块。

在这个模块中，用户可以对变量进行操作。例如，新建变量，设置变量类型、变量初值等，如图 12-9 所示。这个模块中的操作，等价于在程序设计时的变量定义以及初始化操作。

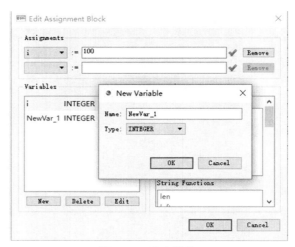

图 12-9　分配模块

② 子程序调用模块。

用户可以通过这个模块实现其他子流程图中事件的调用，如图 12-10 所示。用户在"Sheet"下拉列表中选择流程图表名，在"Method"下拉列表中选择所需事件。这个设置相当于程序设计中的函数调用。

③ I/O 操作。

Proteus 为外设提供了一些默认的方法，例如 LED 的 on、off 方法。因此，当用户成功在工程中添加外设后，若想要使用某一外设的某一方法，就可以在这一对话框中进行设置，如图 12-11 所示。

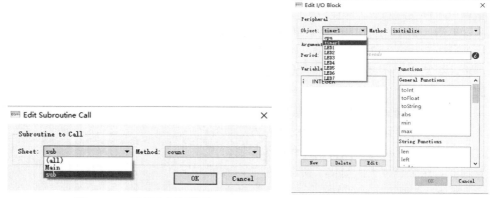

图 12-10　子程序调用模块　　　　　图 12-11　I/O 操作

"Object"下拉列表中，列出了所有已添加到工程中的外设，"Method"下拉列表中列出了所选外设具有的方法。

④ 延时模块。

创建工程后，默认包含定时器"timer1"。用户可以利用延时模块设置延时时间，如图 12-12 所示。在左侧文本框中，输入延时时间；在右侧的下拉列表中，用户可以设定延时时间单位。

⑤ 条件模块。

在条件模块中，用户可以设置程序执行条件，如图 12-13 所示。这一过程的作用相当于程序设计中条件结构的条件设置。

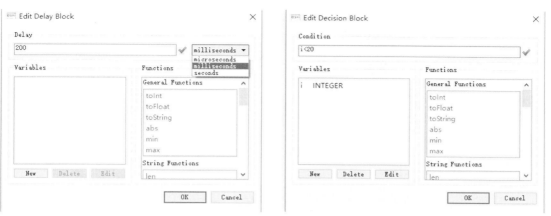

图 12-12　延时　　　　　　　　　　　　　图 12-13　条件模块

⑥ 循环结构模块。

这一模块中，提供了 4 种循环方式，分别为计数循环、For-Next 循环、While-Wend 循环、Repeat-Until 循环。这一设计过程等价于程序设计中的循环结构，如图 12-14 所示。

图 12-14　循环

其中，计数循环为减 1 循环，即循环次数和计数值相同；For-Next 循环中，可以设置循环变量的初值、终值、步长等；While-Wend 循环为当型循环，当循环条件为真时，循环执行，否则循环停止；Repeat-Until 为直到型循环，即循环先做一次，再判断循环条件，直到循环条件为假停止，所以，循环至少执行一次。

（3）流程图编辑窗口

工程创建之后，流程图编辑窗口中默认包含一个名为"Main"的选项卡。如果程序流程图很多，用户不妨将它们放到不同的图纸上。这一操作可以通过在外设窗口中的"添加图表"这一功能完成。若有多个图表时，用户可以看到流程图编辑窗口中会包含多个选项卡。用户可以利用选项卡进行当前图表和其他图表之间的切换。

（4）仿真控制按钮

仿真控制按钮包含 4 个，如图 12-15 所示。

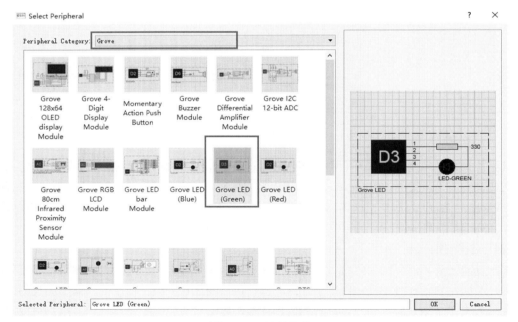

"Play"按钮 ▶ 表示开始仿真。"Step"按钮 ▶ 允许用户以 图 12-15　仿真控制按钮
定义的速率逐步浏览动画。"Pause"按钮 ‖ 用于暂停仿真，然后可
以通过再次单击"Pause"按钮恢复或通过按下"Step"按钮单步进行恢复。"Stop"按钮 ■ 告诉
系统停止进行实时仿真，所有动画停止，模拟器从内存中卸载，所有指示器都复位到无效状态，但
制动器（开关等）保持现有设置。

12.3　案例：流水灯可视化设计

图 12-16　添加外设

【任务目的】掌握 Proteus 可视化设计方法。

【任务描述】实现 6 个 LED 轮流点亮。每个灯亮时间为
300ms。由 timer1 实现延时功能。

（1）添加外设

在"外设窗口"中使用鼠标右键单击，在弹出的快捷菜单中
选择添加外设命令 Add Peripheral，如图 12-16 所示，然后在弹出
的选择外设对话框中，外设分类下选择"Grove"，再在下面列出
的外设中选择"Grove LED（Green）"。选中外设后，用户会在
右侧的预览区域中看到外设，如图 12-17 所示。图 12-17 中的"D3"
为外设的 ID。

图 12-17　选择外设

　　单击"OK"按钮后，在"外设窗口"中即可看到添加的外设名称以及该外设已有的方法。同时，软件也会自动将外设添加至原理图中，如图 12-18 所示。

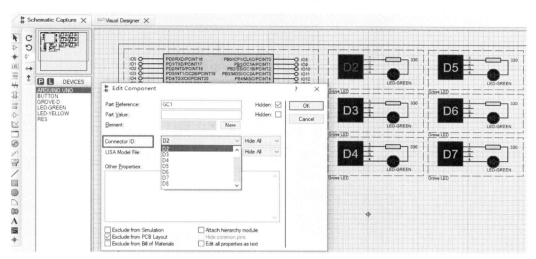

图 12-18　原理图

　　这里，用户应注意修改外设的 ID 号。双击元件，然后在弹出的编辑元件对话框中"ID"下拉列表中选择元件的 ID 号。注意不要重复。用户不用进行外设与 CPU 的连接操作，Proteus 软件自动实现外设和 CPU 的连接。这对初学者来说大大降低了难度。

（2）设计流程图

　　工程创建后，流程图编辑窗口的初始状态如图 12-19 所示。流程图编辑窗口中仅包含一个名为"Main"的 Sheet，用户可以通过在"外设窗口"中使用鼠标右键单击，然后在弹出的快捷菜单中选择添加图表命令，实现其他图纸的添加。这里的"Main"图表的内容，实际上相当于程序设计中的主函数功能。最初的"Main"包含"SETUP"模块和"LOOP"模块。"SETUP"模块中，通常设置外设初始状态或变量的初始值。"LOOP"模块为循环结构，在这一模块中设置的动作，将贯穿于整个工程的执行过程。

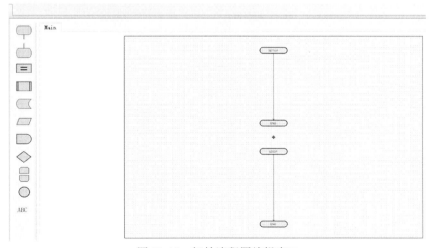

图 12-19　初始流程图编辑窗口

　　用户可以在"流程图工具栏"窗口中，利用拖拽的方法或在"外设窗口"中直接拖拽的形式，将方法添加至"流程图编辑窗口"。其中，外设所包含的各种方法已在 Proteus 软件中实现。这样就大大降低了对初学者的编程要求。用户可以通过"工程""导出 PDF"将流程图导出，最终流程图如图 12-20 所示。

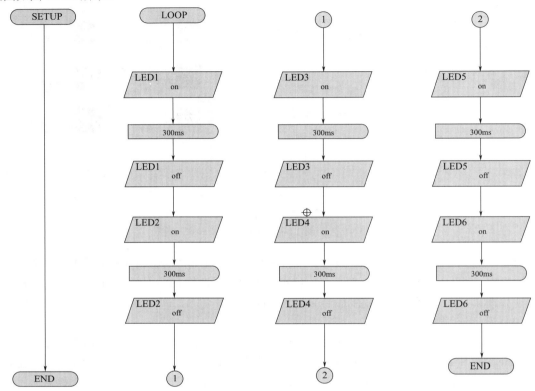

图 12-20　最终流程图

（3）仿真调试

　　用户可以通过单击窗口左下方的"仿真控制"按钮，进行功能的仿真与调试。如果原理图或流程图中有错误，则会在 VSM Studio 输出窗口报错。用户可以根据提示进行修改。若工程中没有错误，用户即会看到仿真效果，如图 12-21 所示。

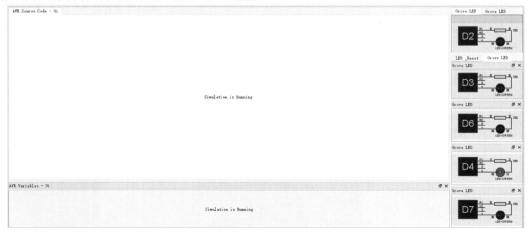

图 12-21　仿真效果

通过案例，我们可以看到，基于流程图的 Proteus 可视化设计方法，大大降低了对用户的编程和控制逻辑的设计要求。开发者仅需要掌握微控制器的基本架构，弄懂功能流程，通过拖拽的方式，即可实现相应功能，类似于"乐高"式学习，大大激发了初学者的学习兴趣。

同时，Proteus 也提供了反编译的功能，即可将流程图反编译为 C 代码。所以，也可以满足用户的后续学习要求，以提升用户设计能力和编程能力。

12.4　案例：基于 Arduino 可视化设计的智能交通灯

【任务目的】掌握 Proteus 可视化设计方法。

【任务描述】设计要求如下。

① 东西路口红灯亮，南北路口绿灯亮，同时开始 25s 倒计时，以七段数码管显示时间。

② 计时到最后 5s 时，南北路口的绿灯闪烁，计时到最后 2s 时，南北路口黄灯亮。

③ 25s 结束后，南北路口红灯亮，东西路口绿灯亮，并重新 25s 倒计时，依此循环。

（1）工程基本的框架

智能交通灯电路主要由 LED 灯显示电路、LED 数码管显示电路和 Arduino UNO 处理器电路三部分组成，工程基本的框架如图12-22 所示。

① LED 灯显示电路，模拟十字路口交通灯的亮灭情况。

② LED 数码管显示电路，将十字路口交通灯的倒计时情况显示出来。

图 12-22　工程基本的框架

③ Arduino UNO 处理器电路，根据片内计时驱动数码管显示相应的时间，并且控制红、绿、黄灯的亮灭。

（2）系统的工作原理

系统的工作原理如图 12-23 所示。

① LED 灯显示电路。

LED 发光二极管的控制电路，东西、南北方向各自有 3 路（红、绿、黄）灯，方便 Arduino UNO 控制每一路的导通。每一路由相同的灯连接到 Arduino UNO 的同一端口。在相应的时刻，Arduino UNO 给相应的 I/O 口输出相应的高电平，即可点亮相应颜色的发光二极管。

② LED 数码管显示电路。

LED 数码管显示电路由 1 片 TM1637 和 4 位一体数码管组成。TM1637 是一种带键盘扫描接口的 LED 驱动控制专用电路。

③ Arduino UNO 处理器电路。

Arduino UNO 工作时，Arduino UNO 判断内部计时是否达到相应的时间，来控制 LED 灯显示电路成为相应的状态。

（3）可视化程序设计

本次设计主要由 Arduino UNO 内部定时器定时，并由计数器计数，将时间显示在数码管上，计数到相应的时间后，Arduino UNO 输出相应的控制信号控制对应的 LED 灯亮或者闪烁。可视化程序流程如图 12-24 所示。

（4）仿真调试

用户可以通过单击窗口左下方的"仿真控制"按钮，进行功能的仿真与调试。如果原理图或流程图中有错误，则会在 VSM Studio 输出窗口报错，用户可以根据提示进行修改。若工程中没有错误，用户即会看到仿真效果，如图 12-23 所示。

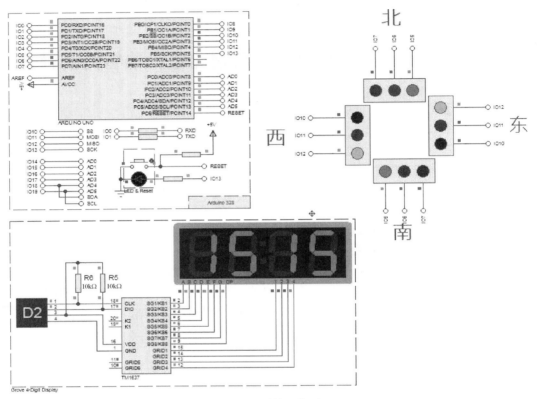

图 12-23　系统工作原理

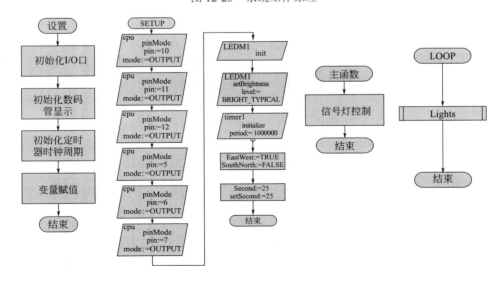

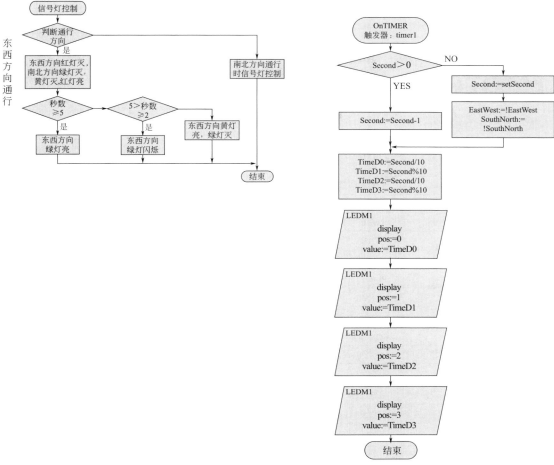

图 12-24　可视化程序流程

元器件符号	元器件名称	元器件中文注释
	RES	通用电阻符号
	CAP	通用电容符号
	CAP-ELEC	通用电解电容
	INDUCTOR	通用电感
	NPN	通用 NPN 型双极性晶体管
	PNP	通用 PNP 型双极性晶体管
	PMOSFET	通用 P 型金属氧化物半导体场效应晶体管
	SCR	通用晶闸管整流器
	TRIAC	通用三端双向晶闸管开关元件
	SOUNDER	压电发声模型
	BATTERY	直流电压源
	CELL	单电池
	BUZZER	直流蜂鸣器
	CRYSTAL	石英晶体
	RELAY	继电器
	CAP-VAR	可变电容
	SPEAKER	喇叭模型
	LED-GREEN	绿色发光二极管
	LED-RED	红色发光二极管
	LED-BLUE	蓝色发光二极管
	AERIAL	天线符号
	7SEG-DIGITAL	数字式七段数码管
	DIODE-TUN	通用沟道二极管
	ISINE	正弦波交流电流源
	VSINE	正弦波交流电压源
	THYRISTOR	通用半导体晶闸管
	PULLUP	上拉电阻
	POT-HG	可变电阻
	POT-LIN	可变电阻
	BUTTON	按钮
	DISPW-4	4 独立开关组
	LM016L	16×2 字符液晶

续表

元器件符号	元器件名称	元器件中文注释
	7SEG-BCD	七段 BCD 码显示器
	7805	5V，1A 稳压器
	7SEG-COM-AN-GRN	七段有公共端的共阳绿色数码管
	7SEG-COM-CAT-BLUE	七段有公共端的共阴蓝色数码管
	7SEG-MPX4-CA-BLUE	4 位七段共阴蓝色数码管
	555	555 电路
	AT89C51	8051 微控器
	AND	二输入与门
	OR	二输入或门
	XOR	二输入异或门
	NAND	二输入与非门
	NOR	二输入或非门
	NOT	非门
	RESPACK-8	带公共端的 8 电阻排
	RX8	8 电阻排
	LAMP	动态灯泡模型
	TRAFFIC LIGHTS	动态交通灯模型
	PIN	单脚终端接插件
	SWITCH	带锁存开关
	FUSE	动态保险丝模型
	MOTOR-STEPPER	动态单极性步进电机模型
	CLOCK	动态数字方波源
	24C02C	I2C 存储器
	VOLTMETER	伏特计
	MOTOR	直流电动机模型
	MOTOR SERVO	伺服电机
	VARISTOR	变阻器
	TRSAT2P2S	变压器
	CONN-DIL14	排座
	LDR	光敏电阻
	BUFFER	缓冲器
	74LS74	双 D 触发器
	74LS112	双 JK 触发器
	ULN2003	达林顿晶体管阵列

续表

元器件符号	元器件名称	元器件中文注释
	74LS138	3-8 译码器
	DS1302	时钟芯片
	DS18B20	温度传感器
	BRIDGE	桥式整流电路
	DIODE-SC	稳压管
	74LS00	4-2 输入与非门
	74LS20	2-4 输入与非门
	74LS04	6 非门
	74HC74	D 触发器
	74HC112	JK 触发器

附录 B
Proteus 常用快捷键

快捷键	功能	快捷键	功能
Ctrl+O	打开设计	Ctrl+Z	撤销
Ctrl+S	保存设计	Ctrl+Y	恢复
R	刷新	E	查找并编辑元件
G	背景栅格	Ctrl+B	放在后面
O	原点	Ctrl+F	放在前面
X	X 轴指针	Ctrl+N	实时标注
F1	栅格尺寸为 10	W	自动布线
F2	栅格尺寸为 50	T	搜索并标注
F3	栅格尺寸为 100	A	属性分配工具
F4	栅格尺寸为 500	Ctrl+A	网络表导入 ARES
F5	选择显示中心	Page-Up	前一个原理图
F6	缩小	Page-Down	下一个原理图
F7	放大	Alt+X	设计浏览
F8	显示全部	Ctrl+A	增加跟踪曲线
Space	仿真图形	Ctrl+F12	断点运行
Ctrl+V	查看日记	F10	单步运行
Ctrl+F12	运行/停止调试	F11	跟踪
Pause	暂停运行	Ctrl+F11	单步跳出
Shift+ Pause	停止运行	Ctrl+F10	重置弹出窗口
F12	运行	P	选择元件/符号

附录 C ▶▶
美国标准信息交换代码（ASCII 码）

高位 MSD / 低位 LSD		0	1	2	3	4	5	6	7
		000	001	010	011	100	101	110	111
0	0000	NUL	DLE	SP	0	@	P	、	p
1	0001	SOH	DC1	!	1	A	Q	a	q
2	0010	STX	DC2	"	2	B	R	b	r
3	0011	ETX	DC3	#	3	C	S	c	s
4	0100	EOT	DC4	$	4	D	T	d	t
5	0101	ENQ	NAK	%	5	E	U	e	u
6	0110	ACK	SYN	&	6	F	V	f	v
7	0111	BEL	ETB	'	7	G	W	g	w
8	1000	BS	CAN	(	8	H	X	h	x
9	1001	HT	EM	)	9	I	Y	i	y
A	1010	LF	SUB	*	:	J	Z	j	z
B	1011	VT	ESC	+	;	K	[	k	{
C	1100	FF	FS	,	<	L	\	l		
D	1101	CR	GS	–	=	M	]	m	}
E	1110	SO	RS	.	>	N	^	n	~
F	1111	SI	US	/	?	O	_	。	DEL

附录 D▶▶
MCS-51 系列单片机指令表

指令	指令功能简介	代码（16 进制）	字节数	周期数
ACALL addr11	绝对调用子程序	$a_{10}a_9a_8$00001 addr$_{7\sim0}$	2	2
ADD A，Rn	寄存器中的内容加到累加器	28～2F	1	1
ADD A，direct	直接寻址单元中的内容加到累加器	25	2	1
ADD A，@Ri	间接寻址 RAM 单元中的内容加到累计器	26～27	1	1
ADD A，#data	立即数加到累加器	24 data	2	1
ADDC A，Rn	寄存器的内容和进位加到累加器	38～3F	1	1
ADDC A，direct	直接寻址单元的内容和进位加到累加器	35 direct	2	1
ADDC A，@Ri	间接寻址 RAM 单元的内容和进位加到累加器	36～37	1	1
ADDC A，#data	立即数和进位加到累加器	34data	2	1
AJMP addr11	绝对转移	$a_{10}a_9a_8$00001 addr$_{7\sim0}$	2	2
ANL A，Rn	寄存器内容逻辑与到累加器	58～5F	1	1
ANL A，direct	直接寻址内容逻辑与到累加器	55 direct	2	1
ANL A，@Ri	间接寻址 RAM 内容逻辑与到累加器	56～57	1	1
ANL A，#data	立即数逻辑与到累加器	54 data	2	1
ANL direct，A	累计器内容逻辑与到直接寻址单元	52 direct	2	1
ANL direct，#data	立即数逻辑与到直接寻址单元	53 direct data	3	1
ANL C，bit	直接寻址位逻辑与到进位标志位	82 bit	2	2
ANL C，/bit	直接寻址位取反后逻辑与到进位标志位	B0 bit	2	2
CJNE A，direct，rel	累计器内容与直接寻址单元中的内容比较，若不相等，则转移	B5 direct rel	3	2
CJNE A，#data，rel	累计器与立即数比较，若不相等，则转移	B4 data rel	3	2
CJNE Rn，#data，rel	寄存器和立即数比较，若不相等，则转移	B8～BF data rel	3	2
CJNE @Ri，#dat，rel	间接寻址 RAM 单元与立即数比较，若不相等，则转移	B6～B7 data rel	3	2
CLR A	累计器清零	E4	1	1
CLR C	进位标志位清零	C3	1	1
CLR bit	直接寻址位清零	C2 bit	2	1
CPL A	累计器按位取反	F4	1	1
CPL C	进位标志位取反	B3	1	1
CPL bit	直接寻址位取反	B2 bit	2	1
DA A	累加器十进制调整	D4	1	1
DEC A	累加器减 1	14	1	1
DEC Rn	寄存器减 1	18～1F	1	1
DEC direct	直接寻址单元减 1	15 direct	2	1
DEC @Ri	间接寻址 RAM 单元减 1	16～17	1	1
DIV AB	累加器除以寄存器 B	14	1	4

续表

指令	指令功能简介	代码（16进制）	字节数	周期数
DJNZ Rn，rel	寄存器的内容减1，若不为零，则转移	D8～DF rel	2	2
DJNZ direct，rel	直接寻址单元的内容减1，若不为零，则转移	D5 direct rel	3	2
INC A	累加器加1	04	1	1
INC Rn	寄存器加1	08～0F	1	1
INC direct	直接寻址单元加1	05 direct	2	1
INC @Ri	间接寻址RAM单元加1	06～07	1	1
INC DPTR	数据指针加1	A3	1	2
JB bit，rel	直接寻址位为1则转移	20 bit rel	3	2
JBC bit，rel	直接寻址位为1则转移，并将该位清0	10 bit rel	3	2
JC rel	进位标志位为1则转移	40 rel	2	2
JMP @A+DPTR	相对DPTR的间接转移	73	1	2
JNB bit，rel	直接寻址位为0则转移	30 bit rel	3	2
JNC rel	进位标志位为0则转移	50rel	2	2
JNZ rel	累计器不为0则转移	70rel	2	2
JZ rel	累计器为0则转移	60 rel	2	2
LCALL addr16	长调用子程序	12 addr$_{16}$	3	2
LJMP addr16	长转移	02 addr$_{16}$	3	2
MOV A，Rn	寄存器内容传送到累加器	E8～EF	1	1
MOV A，direct	直接寻址单元内容传送到累加器	E5 direct	2	1
MOV A，@Ri	间接寻址RAM单元内容传送到累加器	E6～E7	1	1
MOV A，#data	立即数传送到累加器	74 data	2	1
MOV Rn，A	累加器内容传送到寄存器	F8～FF	1	1
MOV Rn，driect	直接寻址单元内容传送到寄存器	A8～FF direct	2	2
MOV Rn，#data	立即数传送到寄存器	78～7F data	2	1
MOV direct，A	累加器传送到直接寻址单元	F5 direct	2	1
MOV direct，Rn	寄存器传送到直接寻址单元	88～8F direct	2	2
MOV direct1，direct2	直接寻址单元2传送到直接寻址单元1	85 direct direct	3	2
MOV direct，@Ri	间接寻址RAM单元传送到直接寻址单元	86～87 direct	2	2
MOV direct，#data	立即数传送到直接寻址单元	75 direct data	3	2
MOV @Ri，A	累加器的内容传送到间接寻址RAM单元	F6～F7	1	1
MOV @Ri，direct	直接寻址单元传送到间接寻址RAM单元	A6～A7 diect	2	2
MOV @Ri，#data	立即数传送到间接寻址RAM单元	76～77 data	2	1
MOV C，bit	直接寻址位传送到进位标志位	A2 bit	2	2
MOV bit，C	进位标志位传送到直接寻址位	92 bit	2	2
MOV DPTR，#data16	16位立即数传送到数据指针	90 data$_{15-8}$ data$_{7-0}$	3	2
MOVC A，@A+DPTR	程序存储器代码字节传送到累加器	93	1	2
MOVC A，@A+PC	程序存储器代码字节传送到累加器	83	1	2
MOVX A，@Ri	外部RAM（8位地址）传送到累加器	E2～E3	1	2
MOVX A，@DPTR	外部RAM（16位地址）传送到累加器	E0	1	2
MOVX @Ri，A	累加器传送到外部RAM（8位地址）	F2～F3	1	2
MOVX @DPTR，A	累加器传送到外部RAM（16位地址）	F0	1	2
MUL AB	累计器和寄存器B相乘	A4	1	4

续表

指令	指令功能简介	代码（16 进制）	字节数	周期数
NOP	空操作	00	1	1
ORL　A，Rn	寄存器内容逻辑或到累加器	48～4F	1	1
ORL　A，direct	直接寻址单元内容逻辑或到累加器	45 direct	2	1
ORL　A，@Ri	间接寻址 RAM 的内容逻辑或到累加器	46～47	1	1
ORL　A，#data	立即数逻辑或到累加器	44 data	2	1
ORL　direct，A	累计器内容逻辑或到直接寻址单元	42 direct	2	1
ORL　direct，#data	立即数逻辑或到直接寻址单元	43 direct data	3	2
ORL　C，bit	直接寻址位逻辑或到进位标志位	72 bit	2	2
ORL　C，/bit	直接寻址位取反后逻辑或到进位标志位	A0 bit	2	2
POP　direct	栈顶内容弹到直接寻址单元	D0 direct	2	2
PUSH　direct	直接寻址单元内容压入堆栈	C0 direct	2	2
RET	子程序返回	22	1	2
RETI	中断子程序返回	32	1	2
RL　A	累计器循环左移	23	1	1
RLC　A	将累加器 A 的内容连同进位标志位循环左移	33	1	1
RR　A	累计器循环右移	03	1	1
RRC　A	将累加器 A 的内容连同进位标志位循环右移	13	1	1
SETB　C	进位标志位置 1	D3	1	1
SETB　bit	直接寻址位置 1	D2 bit	2	1
SJMP　rel	短转移	80 rel	2	2
SUBB　A，Rn	累计器的内容减去寄存器和借位	98～9F	1	1
SUBB　A，direct	累计器的内容减去直接寻址单元中的内容和借位	95 direct	2	1
SUBB　A，@Ri	累计器的内容减去间接寻址单元中的内容和借位	96～97	1	1
SUBB　A，#data	累计器的内容减去立即数和借位	94 data	2	1
SWAP　A	累加器的内容高低半字节交换	C4	1	1
XCH　A，Rn	寄存器和累计器的内容交换	C8～CF	1	1
XCH　A，direct	直接寻址单元的内容和累计器的内容交换	C5 direct	2	1
XCH　A，@Ri	间接寻址 RAM 单元的内容和累计器的内容交换	C6～C7	1	1
XCHD　A，@Ri	间接寻址 RAM 单元和累计器交换低半字节	C6～D7	1	1
XRL　A，Rn	寄存器内容逻辑异或到累加器	68～6F	1	1
XRL　A，direct	直接寻址单元内容逻辑异或到累加器	65 direct	2	1
XRL　A，@Ri	间接寻址 RAM 单元的内容逻辑异或到累加器	66～67	1	1
XRL　A，#data	立即数逻辑异或到累加器	64 data	2	1
XRL　direct，A	累计器内容逻辑异或到直接寻址单元	62 direct	2	1
XRL　direct，#data	立即数逻辑异或到直接寻址单元	63 direct data	3	2

参考文献

[1] 张靖武，周灵彬. 单片机原理、应用与 PROTEUS 仿真[M]. 北京：电子工业出版社，2008.

[2] 张春芝，荆珂. 单片机技术与应用[M]. 北京：煤炭工业出版社，2007.

[3] 郭天祥. 新概念 51 单片机 C 语言教程[M]. 北京：电子工业出版社，2009.

[4] 杨欣，张延强，张铠麟. 实例解读 51 单片机完全学习与应用[M]. 北京：电子工业出版社，2011.

[5] 孙育才，孙华芳. MCS-51 系列单片机及其应用[M]. 南京：东南大学出版社，2012.

[6] 陈蕾. 单片机原理与接口技术[M]. 北京：机械工业出版社，2012.

[7] 陈铁军，余旺新. 单片机原理与应用技术[M]. 成都：西南交通大学出版社，2014.

[8] 基于 PROTEUS 的电路设计、位真与制版[M]. 北京：电子工业出版社，2013.

[9] 胡汉才. 单片机原理及接口技术[M]. 3 版. 北京：清华大学出版社，2010.

[10] 刘建清. 轻松玩转 51 单片机 C 语言[M]. 北京：北京航空航天大学出版社，2011.

[11] 程国钢. 51 单片机应用开发案例手册[M]. 北京：电子工业出版社，2011.

[12] 李晓林，牛昱光，阎高伟. 单片机原理与接口技术[M]. 2 版. 北京：电子工业出版社，2011.

[13] 张毅刚. 单片机原理及应用 C51 编程+Proteus 仿真. 北京：高等教育出版社，2012. 11

[14] 李学礼. 基于 Proteus 的 8051 单片机实例教程[M]. 北京：电子工业出版社，2008.

[15] 徐爱钧. 单片机原理与应用：基于 Proteus 虚拟仿真技术[M]. 北京：机械工业出版社，2010.

[16] 姜志海，黄玉清，刘连鑫. 单片机原理及应用[M]. 北京：电子工业出版社，2013.

[17] 蓝天，陈永，王婷，等. 单片机原理及实用技术[M]. 成都：西南交通大学出版社，2014.

[18] 宏晶科技. STC12C5A60S2 系列单片机器件手册[EB/OL]. https://www.stcmcudata.com.

[19] 先锋工作室. 单片机程序设计实例[M]. 北京：清华大学出版社，2002.

[20] 楼然苗，李光飞. 51 系列单片机设计实例[M]. 北京：北京航空航天大学出版社，2003.